程序员
面试笔试通关宝典

聚慕课教育研发中心 编著

清华大学出版社

北京

内容简介

本书深入解析企业面试与笔试真题，并在解析过程中结合职业需求深入地融入并扩展了核心编程技术。本书是专门为程序员求职和提升核心编程技能量身打造的编程技能学习与求职用书。

全书共 10 章。首先讲解了求职者在面试过程中的礼仪和技巧；接着带领读者学习数据类型、面向对象、字符串和数组、算法等基础知识，并深入讲解了泛型、集合、框架以及异常处理等核心编程技术；同时还深入探讨了在 Java 开发中的线程、Servlet 和 JavaScript 基础等高级应用技术；最后，对数据库中的核心技术进行了扩展性介绍。

本书多角度、全方位竭力帮助读者快速掌握程序员的面试及笔试技巧，构建从高校到社会的就职桥梁，让有志于从事软件行业的读者轻松步入职场。另外，本书赠送资源比较多，我们在本书前言部分对资源包的具体内容、获取方式以及使用方法等做了详细说明。

本书适合想从事软件行业或即将参加程序员面试求职的读者阅读，也可作为计算机相关专业毕业生的求职指导用书。

图书在版编目（CIP）数据

程序员面试笔试通关宝典 / 聚慕课教育研发中心编著. —北京：清华大学出版社，2021.1
ISBN 978-7-302-56380-8

Ⅰ．①程… Ⅱ．①聚… Ⅲ．①程序设计—资格考试—自学参考资料 Ⅳ．①TP311.1

中国版本图书馆 CIP 数据核字（2020）第 166870 号

责任编辑：张　敏
封面设计：杨玉兰
责任校对：胡伟民
责任印制：沈　露

出版发行：清华大学出版社
　　　　　网　　　址：http://www.tup.com.cn, http://www.wqbook.com
　　　　　地　　　址：北京清华大学学研大厦 A 座　　　邮　　编：100084
　　　　　社 总 机：010-62770175　　　　　　　　　邮　　购：010-83470235
　　　　　投稿与读者服务：010-62776969, c-service@tup.tsinghua.edu.cn
　　　　　质量反馈：010-62772015, zhiliang@tup.tsinghua.edu.cn
印　刷　者：北京富博印刷有限公司
装　订　者：北京市密云县京文制本装订厂
经　　销：全国新华书店
开　　本：185mm×260mm　　印　　张：15　　字　　数：408 千字
版　　次：2021 年 3 月第 1 版　　印　　次：2021 年 3 月第 1 次印刷
定　　价：59.80 元

产品编号：085835-01

前 言

PREFACE

本书内容

全书分为 10 章。每章均设置有"本章导读"和"知识清单"版块，便于读者熟悉和自测本章必须掌握的核心要点；同时采用知识点和面试、笔试试题相互依托、贯穿的方式进行讲解，借助面试、笔试真题让读者对求职身临其境，从而掌握解题思路和解题技巧；最后通过"名企真题解析"版块让读者进行真正的演练。

第 1 章为面试礼仪和技巧。主要讲解面试前的准备、面试中的应对技巧以及面试结束后的礼节，全面揭开了求职的神秘面纱。

第 2～4 章为编程面试基础。主要讲解数据类型、常量和变量、运算符和表达式、流程控制语句、面向对象、字符串和数组以及算法等基础知识。

第 5、6 章为 Java 核心技术。主要讲解泛型、集合、框架以及异常处理等内容。学习完本章内容，读者将对 Java 有更全面、深入的认识。

第 7～9 章为高级应用技术。主要讲解线程和进程、Servlet 以及 JavaScript 等高级应用技术。通过本环节的学习，读者不仅可以提高自己的高级编程能力，而且还可以为求职迅速积累工作经验。

第 10 章为求职面试、笔试核心考核模块，即数据库。主要讲解数据库的基本分类、SQL、视图、触发器、存储过程、事务、并发控制和死锁、索引以及数据库的安全机制等内容。

全书不仅融入了作者丰富的工作经验和多年人事招聘感悟，还融入了技术达人面试、笔试众多经验与技巧，更全面剖析了众多企业招聘中面试、笔试真题。

本书特色

1. 结构科学，易于自学

本书在内容组织和题型设计中充分考虑到不同层次读者的特点，由浅入深，循序渐进，无论读者的基础如何，都能从本书中找到最佳的切入点。

2. 题型经典，解析透彻

为降低学习难度，提高学习效率。本书样题均选自经典题型和名企真题，通过细致的题型解析让读者迅速补齐技术短板，轻松获取面试及笔试经验，从而晋级为技术大咖。

3. 超多、实用、专业的面试技巧

本书结合实际求职中的面试、笔试真题逐一讲解程序开发中的各种核心技能，同时从求职者角度为读者全面揭开求职谜团，并对求职经验和技巧进行了汇总和提炼，让读者在演练中掌握知识，轻松获取面试 Offer。

4. 专业创作团队和技术支持

本书由聚慕课教育研发中心编著和提供在线服务。读者在学习过程中遇到任何问题，可加入图书读者服务（技术支持）QQ 群（661907764）进行提问，作者和资深程序员将为读者在线答疑。

本书附赠超值王牌资源库

本书附赠了极为丰富的超值王牌资源库，具体内容如下：

（1）王牌资源 1：随赠"职业成长"资源库，突破读者职业规划与发展瓶颈。

- 职业规划库：程序员职业规划手册、程序员开发经验及技巧集、软件工程师技能手册。
- 软件技术库：200 例常见错误及解决方案、Java 软件开发技巧查询手册。

（2）王牌资源 2：随赠"面试、求职"资源库，补齐读者的技术短板。

- 面试资源库：程序员面试技巧、400 套求职常见面试（笔试）真题与解析。
- 求职资源库：206 套求职简历模板库、210 套岗位竞聘模板、680 套毕业答辩与学术开题报告 PPT 模板库。

（3）王牌资源 3：随赠"程序员面试与笔试"资源库，拓展读者学习本书的深度和广度。

- 本书全部程序源代码（85 个实例及源代码注释）。
- 编程水平测试系统：计算机水平测试、编程水平测试、编程逻辑能力测试、编程英语水平测试。
- 软件学习必备工具及电子书资源库：Java 类库查询电子书、Java 函数速查手册、数据库命令速查手册、Oracle 常用命令电子书、JavaScript 实用案例电子书、前端各大框架集合电子书。

上述资源的获取及使用

注意：由于本书不配送光盘，书中所用及上述资源均需借助网络下载才能使用。

采用以下任意途径，均可获取本书所附赠的超值王牌资源库。

（1）加入本书微信公众号"聚慕课 jumooc"，下载资源或者咨询关于本书的任何问题。

（2）加入本书图书读者服务（技术支持）QQ 群（661907764），读者可以打开群"文件"中对应的 Word 文件，获取网络下载地址和密码。

本书适合哪些读者阅读

本书非常适合以下人员阅读。

- 准备从事程序员工作的人员。
- 准备参加程序员求职面试的人员。
- 正在进行软件开发计算机相关专业的毕业生。
- 准备从事软件开发行业的计算机爱好者。

创作团队

本书由聚慕课教育研发中心编著，参与本书编写的人员主要有陈梦、李良、王闪闪、朱性强、陈献凯等。

在编写过程中，我们尽己所能将最好的讲解呈现给读者，但也难免有疏漏和不妥之处，敬请读者不吝指正。

编　者

目 录
CONTENTS

第1章 面试礼仪和技巧 ·· 001

1.1 面试前的准备 ·· 001

  1.1.1 了解面试企业的基本情况以及企业文化 ·· 001

  1.1.2 了解应聘职位的招聘要求以及自身的优势和劣势 ··························· 003

  1.1.3 简历的投递 ··· 003

  1.1.4 礼貌答复面试或笔试通知 ·· 004

  1.1.5 了解公司的面试流程 ··· 005

  1.1.6 面试前的心理调节 ··· 006

  1.1.7 仪容仪表 ··· 006

1.2 面试中的应对技巧 ·· 007

  1.2.1 自我介绍 ··· 007

  1.2.2 面试中的基本礼仪 ··· 008

  1.2.3 如何巧妙地回答面试官的问题 ·· 009

  1.2.4 如何回答技术性的问题 ··· 010

  1.2.5 如何应对自己不会的题 ··· 011

  1.2.6 如何回答非技术性的问题 ·· 011

  1.2.7 当与面试官对某个问题持有不同观点时，应如何应对 ······················· 012

  1.2.8 如何向面试官提问 ··· 012

  1.2.9 明人"暗语" ·· 013

1.3 面试结束 ·· 014

  1.3.1 面试结束后是否会立即收到回复 ·· 014

  1.3.2 面试没有通过是否可以再次申请 ·· 015

  1.3.3 怎样处理录用与被拒 ··· 015

  1.3.4 录用后的薪资谈判 ··· 016

  1.3.5 入职准备 ··· 016

第2章 编程面试基础 ·· 017

2.1 Java核心知识 ··· 017

  2.1.1 数据类型 ··· 017

  2.1.2 常量和变量 ··· 019

  2.1.3 运算符和表达式 ··· 020

  2.1.4 流程控制语句 ·· 022

2.2 面向对象 …………………………………………………………………………… 024
  2.2.1 面向对象的三大特性 …………………………………………………………… 024
  2.2.2 类和对象 ………………………………………………………………………… 025
  2.2.3 抽象类和抽象方法 ……………………………………………………………… 026
  2.2.4 接口 ……………………………………………………………………………… 027
2.3 精选面试、笔试题解析 ……………………………………………………………… 028
  2.3.1 Java基本数据类型之间如何转换 ……………………………………………… 028
  2.3.2 谈谈你对面向对象的理解 ……………………………………………………… 029
  2.3.3 Java中的访问修饰符有哪些 …………………………………………………… 029
  2.3.4 重载和重写 ……………………………………………………………………… 029
  2.3.5 什么是构造方法 ………………………………………………………………… 030
  2.3.6 局部变量与成员变量有什么区别 ……………………………………………… 031
  2.3.7 解释一下break、continue以及return的区别 ………………………………… 032
  2.3.8 Java中的基本数据类型有哪些 ………………………………………………… 033
  2.3.9 Java中this的用法 ……………………………………………………………… 034
  2.3.10 接口和抽象类 ………………………………………………………………… 034
2.4 名企真题解析 ………………………………………………………………………… 035
  2.4.1 值传递和引用传递 ……………………………………………………………… 035
  2.4.2 什么是类的反射机制 …………………………………………………………… 036
  2.4.3 Java创建对象的方式有哪几种 ………………………………………………… 037

第3章 字符串和数组 …………………………………………………………………… 038
3.1 字符串 ………………………………………………………………………………… 038
  3.1.1 String类 ………………………………………………………………………… 038
  3.1.2 字符串的创建 …………………………………………………………………… 039
  3.1.3 字符串的连接 …………………………………………………………………… 040
  3.1.4 字符串的基本操作 ……………………………………………………………… 041
  3.1.5 字符串的类型转换 ……………………………………………………………… 042
3.2 一维数组 ……………………………………………………………………………… 043
  3.2.1 数组的定义 ……………………………………………………………………… 043
  3.2.2 数组的声明 ……………………………………………………………………… 043
3.3 二维数组 ……………………………………………………………………………… 044
  3.3.1 数组的定义 ……………………………………………………………………… 044
  3.3.2 数组的声明 ……………………………………………………………………… 045
3.4 数组的排序 …………………………………………………………………………… 045
3.5 精选面试、笔试题解析 ……………………………………………………………… 047
  3.5.1 String是基本的数据类型吗 …………………………………………………… 047
  3.5.2 StringBuffer和StringBuilder有什么区别 …………………………………… 047
  3.5.3 求顺序排列数组中绝对值最小的数 …………………………………………… 048
  3.5.4 统计字符中的字母、空格、数字和其他字符个数 ………………………… 050
  3.5.5 比较两个字符串是否相等 ……………………………………………………… 050

3.5.6 用quicksort算法实现对整数数组的排序 ·· 051

3.5.7 输入字符串，打印出该字符串的所有排列 ······································ 052

3.5.8 求最大值与最小值 ··· 053

3.5.9 在字符串中找出第一个只出现一次的字符 ······································ 054

3.5.10 求中位数 ·· 055

3.5.11 反转句子的顺序 ··· 056

3.5.12 一个字符串中包含*和数字，将*放到数字的前面 ····················· 057

3.6 名企真题解析 ·· 058

3.6.1 检查输入的字符串是否是回文（不区分大小写） ······················· 058

3.6.2 如何对数组进行旋转 ··· 059

第4章 算法 ··· 061

4.1 栈和队列 ··· 061

4.1.1 栈和队列的使用 ··· 061

4.1.2 栈和队列的实现 ··· 062

4.2 链表 ··· 066

4.3 树 ··· 067

4.3.1 二叉树 ·· 067

4.3.2 二叉树的遍历 ·· 068

4.4 排序 ··· 069

4.4.1 归并排序 ·· 069

4.4.2 桶排序 ·· 069

4.4.3 堆排序 ·· 070

4.4.4 快速排序 ·· 070

4.5 精选面试、笔试题解析 ·· 070

4.5.1 如何在单链表中插入节点 ·· 070

4.5.2 如何判断两棵二叉树是否相等 ·· 072

4.5.3 冒泡排序的基本思想是什么，它是如何实现的 ··································· 073

4.5.4 常用排序算法总结 ·· 073

4.5.5 如何打印两个链表的公共部分 ·· 075

4.5.6 在给定数组中，找到需要排序的最短子数组长度 ······························ 075

4.5.7 如何判断二叉树是否为平衡二叉树 ·· 076

4.5.8 如何根据入栈序列判断可能的出栈顺序 ·· 077

4.5.9 如何使用两个栈来实现一个队列 ·· 078

4.5.10 如何实现最小栈 ·· 079

4.6 名企真题解析 ·· 080

4.6.1 如何使用一个数组来实现m个栈 ·· 080

4.6.2 如何找出单向链表中的倒数第n个节点 ··· 081

4.6.3 如何使用先序遍历和中序遍历重建二叉树 ·· 082

4.6.4 如何删除单向链表中的节点 ·· 083

第 5 章 泛型、集合和框架 ·· 084

5.1 泛型 ··· 084
   5.1.1 什么是泛型 ·· 084
   5.1.2 泛型接口和方法 ·· 085

5.2 集合 ··· 088
   5.2.1 Collection集合 ·· 088
   5.2.2 List集合 ··· 089
   5.2.3 Set集合 ·· 090
   5.2.4 Map集合 ·· 090
   5.2.5 集合的遍历 ··· 091

5.3 框架 ··· 093
   5.3.1 Spring ·· 093
   5.3.2 Spring MVC ·· 093
   5.3.3 Struts2 ··· 093
   5.3.4 Hibernate ·· 094

5.4 精选面试、笔试题解析 ·· 094
   5.4.1 泛型 ·· 094
   5.4.2 什么是限定通配符和非限定通配符 ··································· 095
   5.4.3 Spring和Spring MVC有什么区别 ·································· 096
   5.4.4 什么是AOP ·· 096
   5.4.5 Collection接口 ··· 097
   5.4.6 HashMap和HashTable有什么区别 ·································· 099
   5.4.7 垃圾回收机制 ·· 100
   5.4.8 Set里的元素如何区分是否重复 ····································· 101
   5.4.9 Spring设计模式 ··· 101
   5.4.10 接口的继承 ·· 103

5.5 名企真题解析 ··· 103
   5.5.1 创建Bean的三种方式 ··· 104
   5.5.2 遍历一个List有哪些不同的方式？ ·································· 105
   5.5.3 如何实现边遍历，边移除Collection中的元素 ······················ 105
   5.5.4 拦截器和过滤器 ·· 106

第 6 章 异常处理 ·· 107

6.1 知识总结 ··· 107
   6.1.1 什么是异常 ··· 107
   6.1.2 Java内置异常类 ··· 108
   6.1.3 异常处理机制 ·· 109
   6.1.4 throws/throw关键字 ··· 110
   6.1.5 finally关键字 ·· 112
   6.1.6 自定义异常 ··· 113

6.2 精选面试、笔试题解析 ·· 114

6.2.1　Java里的异常包括哪些 ·· 114

6.2.2　异常处理机制的原理和应用 ···································· 115

6.2.3　throw和throws有什么区别 ···································· 116

6.2.4　Java中如何进行异常处理 ······································ 117

6.2.5　Java中如何自定义异常 ··· 119

6.2.6　在声明方法中是抛出异常还是捕获异常 ················· 119

6.2.7　什么时候使用throws ·· 120

6.2.8　Java中Error和Exception有什么区别 ···················· 121

6.2.9　Java中的finally是否一定会执行 ···························· 121

6.2.10　运行时异常和检查异常有什么区别 ······················ 124

6.3　名企真题解析 ·· 124

6.3.1　请说一下Java中的异常处理机制 ··························· 124

6.3.2　什么是异常链 ··· 125

6.3.3　finally块中的代码执行问题 ··································· 127

6.3.4　final、finally和finalize有什么区别？ ···················· 127

第7章　线程 ··· 129

7.1　线程基础知识 ·· 129

7.1.1　线程和进程 ·· 129

7.1.2　线程的创建 ·· 130

7.1.3　线程的生命周期 ·· 132

7.1.4　线程同步机制 ··· 132

7.1.5　线程的交互 ·· 133

7.1.6　线程的调度 ·· 133

7.2　精选面试、笔试题解析 ·· 134

7.2.1　线程 ··· 134

7.2.2　死锁与活锁、死锁与饥饿 ······································ 135

7.2.3　Java中用到的线程调度算法是什么 ························· 136

7.2.4　多线程同步和互斥 ··· 136

7.2.5　怎样唤醒一个阻塞的线程 ······································ 137

7.2.6　启动一个线程是用run()方法还是start()方法 ·············· 138

7.2.7　notify()方法和notifyAll()方法有什么区别 ················ 139

7.2.8　乐观锁和悲观锁 ··· 139

7.2.9　线程安全 ··· 141

7.2.10　线程设计 ·· 144

7.3　名企真题解析 ·· 145

7.3.1　如何停止一个正在运行的线程 ································ 145

7.3.2　导致线程阻塞的原因有哪些 ··································· 147

7.3.3　写一个生产者—消费者队列 ··································· 148

7.3.4　在Java中wait()和sleep()方法有什么不同 ················· 149

第8章 Servlet ··· 151

8.1　Servlet 基础 ·· 151

8.1.1　Servlet简介 ··· 151

8.1.2　Servlet的生命周期 ································· 152

8.1.3　get()和post()方法 ································· 153

8.1.4　Servlet HTTP状态码 ···························· 154

8.1.5　Servlet过滤器 ··· 157

8.1.6　Cookie和Session ··································· 159

8.2　精选面试、笔试题解析 ································· 160

8.2.1　什么是Servlet ··· 160

8.2.2　Servlet是如何运行的 ····························· 161

8.2.3　常见的状态码有哪些 ······························ 162

8.2.4　GET和POST的区别 ······························ 163

8.2.5　如何获取请求参数值 ······························ 165

8.2.6　重定向和转发 ··· 166

8.2.7　过滤器、拦截器和监听器分别是什么 ······· 167

8.2.8　JSP的内置对象和方法 ···························· 168

8.2.9　Cookie和Session有什么区别 ················ 170

8.2.10　Servlet执行时一般实现哪几个方法 ······· 171

8.2.11　Servlet是线程安全的吗 ························· 172

8.3　名企真题解析 ··· 173

8.3.1　JSP和Servlet有哪些相同点和不同点 ······ 173

8.3.2　Servlet的生命周期是什么 ······················ 173

8.3.3　如何实现Servlet的单线程模式 ··············· 174

8.3.4　四种会话跟踪技术 ·································· 174

第9章 JavaScript 基础 ·· 176

9.1　JavaScript ·· 176

9.1.1　组成结构 ··· 176

9.1.2　核心语法 ··· 177

9.1.3　函数的定义和调用 ·································· 179

9.1.4　JavaScript操作BOM对象 ······················ 179

9.1.5　JavaScript操作DOM对象 ······················ 180

9.2　jQuery ··· 181

9.2.1　jQuery工作原理 ····································· 181

9.2.2　事件与动画 ·· 182

9.2.3　使用jQuery操作DOM ···························· 183

9.3　Vue.js ·· 184

9.3.1　Vue.js简介 ··· 184

9.3.2　基础语法 ··· 184

9.3.3　Vue.js组件 ··· 185

9.4　AngularJS ·· 186

　　9.4.1　AngularJS表达式 ··· 186

　　9.4.2　AngularJS指令 ··· 186

　　9.4.3　AngularJS Scope ··· 188

　　9.4.4　事件、模块和表单 ·· 189

9.5　精选面试、笔试题解析 ··· 190

　　9.5.1　如何实现DOM对象和jQuery对象间的转换 ··················· 190

　　9.5.2　AngularJS的双向数据绑定原理是什么 ························· 191

　　9.5.3　如何使用jQuery实现隔行变色的效果 ·························· 191

　　9.5.4　谈谈你对Vue.js是一套渐进式框架的理解 ····················· 192

　　9.5.5　如何改变浏览器地址栏中的网址 ······························ 192

　　9.5.6　jQuery操作select下拉框的多种方法 ·························· 193

　　9.5.7　如何在Vue.js中实现组件之间的传值 ·························· 194

　　9.5.8　什么是vue的计算属性 ··· 194

　　9.5.9　如何在页面上实现前进、后退 ·································· 195

　　9.5.10　JavaScript访问HTML元素的几种方式 ······················ 196

　　9.5.11　在HTML页面中如何引用JavaScript ························· 197

　　9.5.12　请解释JavaScript中this是如何工作的 ······················ 197

　　9.5.13　v-if和v-show有什么区别 ····································· 198

　　9.5.14　请简述$compile的用法 ·· 199

9.6　名企真题解析 ··· 199

　　9.6.1　如何使用JavaScript实现冒泡排序 ···························· 199

　　9.6.2　如何取消$timeout()以及停止一个$watch() ·················· 200

　　9.6.3　JavaScript实现倒计时 ··· 200

　　9.6.4　请写出完整的vue-router导航解析流程 ······················ 201

第10章　数据库 ··· 203

10.1　数据库的分类 ·· 203

　　10.1.1　关系数据库 ··· 203

　　10.1.2　非关系数据库 ·· 204

10.2　SQL ·· 204

10.3　数据库对象 ·· 205

　　10.3.1　视图 ·· 205

　　10.3.2　触发器 ·· 205

　　10.3.3　存储过程 ·· 206

10.4　事务 ·· 206

　　10.4.1　事务特性 ·· 207

　　10.4.2　隔离级别 ·· 207

10.5　并发控制和死锁 ·· 208

　　10.5.1　并发控制 ·· 208

　　10.5.2　死锁和活锁 ··· 208

    10.5.3　封锁协议和两段锁协议 ··· 209
10.6　索引 ··· 209
10.7　安全机制 ·· 210
    10.7.1　用户标识与鉴别 ··· 210
    10.7.2　存取控制 ··· 211
    10.7.3　视图机制 ··· 213
    10.7.4　审计技术 ··· 213
    10.7.5　数据加密 ··· 214
10.8　精选面试、笔试题解析 ··· 214
    10.8.1　什么是数据的物理独立性和逻辑独立性 ····························· 214
    10.8.2　关于数据库的概念区分 ·· 214
    10.8.3　SQL中提供了哪些自主存取控制语句 ································ 215
    10.8.4　数据库系统的安全性控制方法 ·· 215
    10.8.5　产生死锁的原因有哪些 ·· 216
    10.8.6　SQL的约束有哪几种 ·· 217
    10.8.7　数据库中表和视图有什么关系 ·· 218
    10.8.8　数据库中的索引在什么样的情况下会失效 ·························· 218
    10.8.9　自主存取控制和强制存取控制 ·· 219
    10.8.10　存储过程 ·· 219
    10.8.11　数据库的触发器是什么 ·· 220
    10.8.12　索引有什么作用，优缺点有哪些 ···································· 220
    10.8.13　数据库的完整性规则指什么 ··· 221
    10.8.14　什么是关系数据库，它有哪些特点 ································· 222
10.9　名企真题解析 ·· 223
    10.9.1　什么是视图，是否可以更改 ·· 223
    10.9.2　存储过程和函数有什么区别 ·· 223
    10.9.3　权限的授予和回收应如何实现 ·· 223
    10.9.4　数据库中的SQL语句怎样优化 ·· 225

第1章

面试礼仪和技巧

所有人都说求职比较难,其实主要难在面试。在面试中,个人技能只是一部分,还有一部分在于面试的技巧。

本章将带领读者学习面试中的礼仪和技巧,不仅包括面试现场的过招细节,而且包括阅人无数的面试官们亲口讲述的职场规划和面试流程,站在面试官的角度来教会读者怎样设计简历、搜集资料、准备面试和完美的表达等。

知识清单

本章要点(已掌握的在方框中打钩)
- ☐ 简历的投递
- ☐ 了解面试流程
- ☐ 仪容仪表
- ☐ 巧妙回答面试中的问题
- ☐ 等候面试通知

1.1 面试前的准备

如果应聘者想在面试中脱颖而出,面试之前的准备工作是非常重要的。本节将告诉读者在面试之前应该准备哪些工作。

1.1.1 了解面试企业的基本情况以及企业文化

在进行真正的面试之前,了解招聘公司的基本情况和企业文化是最好的选择,这不仅能让应聘者积极地面对可能出现的挑战,而且还能机智、从容地应对面试中的问题。了解招聘公司的最低目标是尽可能多地了解该公司的相关信息,并基于这些信息建立起与该公司的共识,帮助自己更好地融入招聘公司的发展规划,同时能够让公司发展得更好。

1. 对招聘公司进行调研

对招聘公司进行调研是让应聘者掌握更多关于该公司的基本信息。无论应聘者的业务水平如何，都应该能够根据常识来判断和运用所收集的信息。

1）了解招聘公司的基本情况一般包括以下几个方面：

（1）了解招聘公司的行业地位，是否有母公司或下属公司。

（2）了解招聘公司的规模、地址、联系电话、业务描述等信息，如果是上市公司，还要了解其股票代码、净销售额、销售总量以及其他相关信息。

（3）招聘公司的业务是什么类型？其公司都有哪些产品和品牌？

（4）招聘公司所处的行业规模有多大？公司所处行业的发展前景预测如何？其行业是欣欣向荣的、停滞不前的还是逐渐没落的？

（5）招聘公司都有哪些竞争对手，应聘者对这些竞争对手都有哪些了解？该公司与其竞争对手相比较，优势和劣势分别有哪些？

（6）了解招聘公司的管理者。

（7）招聘公司目前是正在扩张、紧缩，还是处于瓶颈期？

（8）了解招聘公司的历史，经历过哪些重要事件。

2）了解企业的基本方法。

应聘者可以通过互联网查询的方法来了解招聘公司的更多信息。但互联网的使用不是唯一途径，之所以选择使用互联网，是因为它比纸质材料的查询更便捷，节省时间。

（1）公司官网

访问招聘公司的官方网站是必须的。了解招聘公司的产品信息，关注其最近发布的新闻。访问招聘公司官方网站获取信息能让应聘者对招聘公司的业务运营和业务方式有基本的了解。

（2）搜索网站

在网站输入招聘公司的名称、负责招聘的主管名字以及任何其他相关的关键词和信息，如行业信息等。

（3）公司年报

一个公司的年报通常包含公司使命、运营战略方向、财务状况以及公司运营情况的健康程度等信息，它能够让应聘者迅速地掌握招聘公司的产品和组织结构。

2. 企业文化

几乎在每场面试中，面试官都会问"公司的企业文化，你了解多少？"那么如何正确并且得体地回答该问题呢？

1）了解什么是企业文化

企业文化是指一个企业所特有的价值观与行为习惯，突出体现在一个企业倡导什么、摒弃什么、禁止什么、鼓励什么。企业文化包括精神文化（企业价值观、企业愿景、企业规则制度）、行为文化（行为准则、处事方式、语言习惯等）和物质文化（薪酬制度、奖惩措施、工作环境等）三个层面，无形的文化却实实在在影响到有形的方方面面。所以企业文化不仅关系企业的发展战略部署，也直接影响着员工的成长与才能发挥。

2）面试官询问应聘者对企业文化了解的目的

（1）通过应聘者对该企业文化的了解程度判断应聘者的应聘态度和诚意，一般而言应聘者如果比较重视所应聘的岗位，有进入公司工作的实际意愿，会提前了解所应聘公司的基本情况，当然也会了解到该公司的企业文化内容。

（2）通过应聘者对该企业文化的表述语气或认知态度，判断应聘者是否符合公司的用人价值标准（不是技能标准），预判应聘者如果进入公司工作，能否适应公司环境，个人才能能否得到充分发挥。

3. 综合结论

面试之前要做充分的准备，尤其是在招聘公司的企业文化方面。

（1）面试之前，在纸上写下招聘公司的企业文化，不需要全部写出来，以要点的方式列出即可，这样就能够记住所有的关键点，起到加深记忆的功效。

（2）另外，需要写上应聘者理想中的企业文化、团队文化以及如何实现或建设这些理想文化。

完成这些工作，不仅仅能让应聘者在面试中力压竞争对手，脱颖而出，更能让应聘者在未来的工作中成为一个好的团队成员或一个好的领导者。

1.1.2　了解应聘职位的招聘要求以及自身的优势和劣势

面试前的准备是为了提供面试时遇到问题的解决方法，那么应聘者首先就需要明确招聘公司对该职位的招聘要求。

1. 了解应聘职位的要求

首先应聘者需要对所应聘的职位有一个准确的认知和了解，从而对自己从事该工作后的情况要有一个判断，比如应聘驾驶员就要预期可能会有工作时间不固定的情况。

一般从公司招聘的信息上可以看到岗位的工作职责和任职资格，应聘前可以详细了解，一方面能够对自己选择岗位有所帮助（了解自己与该职位的匹配度以决定是否投递），二是能够更好地准备面试。

面试官一般通过应聘者对岗位职能的理解和把握来判断应聘者对于该工作领域的熟悉程度，这也是鉴别"应聘者是否有相关工作经验"的专项提问。

2. 自身优势和劣势

首先，结合岗位的特点谈谈自身的优势，这些优势必须是应聘岗位所要求的，可以从专业、能力、兴趣、品质等方面展开论述。

其次，客观诚恳地分析自身的缺点，这部分要注意措辞，不能将缺点说成缺陷，要尽量使面试官理解并接受。同时表明决心，要积极改进不足，提高效率，保证按时保质完成任务。

最后，总结升华，在今后的工作中发挥优势、改正缺点，成为一名合格的工作人员。

1.1.3　简历的投递

1. 设计简历

很多人在求职过程中不重视简历的制作。"千里马常有，而伯乐不常有"，一个职位有时候有成百上千人在竞争，要想在人海中突出自己，简历是非常重要的。

求职简历是应聘者与招聘公司建立联系的第一步。要在"浩如烟海"的求职简历里脱颖而出，必须对其进行精心且不露痕迹的包装，既投招聘人员之所好，又要重点突出应聘者的竞争优势，这样自然会获得更多的面试机会。

在设计简历时需要注意以下几点：

1）简历篇幅

篇幅较短的简历通常会令人印象更为深刻。招聘人员浏览一份简历一般只会用 10 秒钟左右。如果应聘者的简历言简意赅，恰到好处，招聘人员一眼就能看到，有些招聘人员遇上较长的简历可能都不会阅读。

如果应聘者总在担心自己的工作经验比较丰富，1、2 页篇幅根本放不下，怎么办？其实，简历写得洋洋洒洒并不代表你经验丰富，反而只会显得你完全抓不住重点。

2）工作经历

在写工作经历时，应聘者只需筛选出与之相关的工作经历即可，否则显得太过累赘，不能给招聘人员留下深刻印象。

3）项目经历

写明项目经历会让应聘者看起来非常专业，对大学生和毕业不久的新人尤其如此。

简历上应该只列举 2～4 个最重要的项目。描述项目要简明扼要，如使用哪些语言或哪种技术。当然也可以包括细节，比如该项目是个人独立开发还是团队合作的成果。独立项目一般说来比课程设计会更加出彩，因为这些项目会展现出应聘者的主动性。

项目也不要列太多，否则会显得鱼龙混杂，效果不佳。

4）简历封面

在制作简历时建议取消封面，以确保招聘人员拿起简历就可以直奔主题。

2. 投递简历

在投递简历时应聘者首先要根据自身优势选择适合自己的职位再投递简历，简历的投递方式有以下几种：

（1）网申。这是最普遍的一种途径。每到招聘时节，网络上就会有各种各样的招聘信息。常用的求职网站有 51job、Boss 直聘、拉钩网等。

（2）电子邮箱投递。有些招聘公司会要求通过电子邮箱投递。大多数招聘公司在开宣讲会时会接收简历，部分公司还会做现场笔试或者初试。

（3）大型招聘会。这是一个广撒网的机会，不过应聘者还是要找准目标，有针对性地投简历。

（4）内部推荐是投简历最高效的一种方式。

1.1.4　礼貌答复面试或笔试通知

招聘公司通知应聘者面试，一般通过两种方式：电话通知或者电子邮件通知。

1. 电话通知

一旦发出求职信件，就要有一定的心理准备，那就是接听陌生的来电。接到面试通知的电话时，应聘者一定要在话语中表现出热情。声音是另外一种表情，对方根据你说话的声音就能判断出其当时的表情以及情绪，所以，一定要注意说话的语气以及音调。如果应聘者因为另外有事而不能如约参加面试，应该在语气上表现得非常歉意，并且要积极地主动和对方商议另选时间，只有这样，才不会错失一次宝贵的面试机会。

2. 电子邮件通知

（1）开门见山告诉对方收到邮件了，并且明确表示会准时到达。

（2）对收到邮件表示感谢。

（3）为了防止面试时间发生变动，要注意强调自己的联系方式，也就是暗示对方如果改变时间了，可以通知变更，防止自己扑空或者错过面试时间。

1.1.5 了解公司的面试流程

在求职面试时，如果应聘者能了解到企业的招聘流程和面试方法，那么就可以充分准备去迎接面试了。以下总结了一些知名企业的招聘流程。

1）微软公司招聘流程

微软公司的面试招聘被应聘者称为"面试马拉松"。应聘者需要与部门工作人员、部门经理、副总裁、总裁等五六个人交谈，每人大概 1 小时，交谈的内容各有不同。除涉及信仰、民族歧视、性别歧视等敏感问题之外，其他问题几乎都可能涉及。面试时，应聘者尤其应重视以下几点：

（1）应聘者的反应速度和应变能力。

（2）应聘者的口才。口才是表达思维、交流思想感情、促进相互了解的基本功。

（3）应聘者的创新能力。只有经验没有创新能力、只会墨守成规的工作方式，这不是微软公司提倡和需要的。

（4）应聘者的技术背景。要求应聘者当场编程。

（5）应聘者的性格爱好和修养。一般通过与应聘者共进午餐或闲谈了解。

微软公司面试应聘者，一般是面对面地进行，但有时候也会通过长途电话。

当应聘者离去之后，每一个面试官都会立即给其他面试官发出电子邮件，说明他对你的赞赏、批评、疑问以及评估。评估分为四个等级：强烈赞成聘用；赞成聘用；不能聘用；绝对不能聘用。应聘者在几分钟后走进下一个面试官的办公室时，根本不知道他对应聘者先前的表现已经了如指掌。

在面试过程中如果有两个面试官对应聘者说"No"，那这个应聘者就被淘汰了。一般说来，应聘者见到的面试官越多，应聘者的希望也就越大。

2）腾讯公司招聘流程

腾讯公司首先在各大高校举办校园招聘会，主要招聘技术类和业务类。技术类主要招聘三类人才：

（1）网站和游戏的开发。

（2）腾讯产品 QQ 的开发，主要是 VC 方面。

（3）腾讯服务器方面：Linux 下的 C/C++ 程序设计。

技术类的招聘分为一轮笔试和三轮面试。笔试分为两部分：首先是回答几个问题，然后才是技术类的考核。考试内容主要包括：指针、数据结构、Unix、TCP/UDP、Java 语言和算法。题目难度相对较大。

第一轮面试是一对一的，比较轻松，主要考查两个方面：一是应聘者的技术能力，主要是通过询问应聘者所做的项目来考查；二是一些应聘者个人的基本情况以及应聘者对腾讯公司的了解和认同。

第二轮面试：面试官是招聘部门的经理，会问一些专业问题，并就应聘者的笔试情况进行讨论。

第三轮面试：面试官是人力资源部的员工，主要是对应聘者做性格能力的判断和综合能力测评。一般会要求应聘者做自我介绍，考查应聘者的反应能力，了解应聘者的价值观、求职意向以及对腾讯文化的认同度。

腾讯公司面试常见问题如下：

（1）说说你以前做过的项目。

（2）你们开发项目的流程是怎样的?

（3）请画出项目的模块架构。

（4）请说说 Server 端的机制和 API 的调用顺序。

3）华为公司招聘流程

华为公司的招聘一般分为技术类和营销管理类，总共分为一轮笔试和四轮面试。

（1）华为公司笔试

华为软件笔试题：35 个单选题，每题 1 分；16 道多选题，每题 2.5 分。主要考察 C/C++、软件工程、操作系统及网络，涉及少量关于 Java 的题目。

（2）华为公司面试

华为公司的面试被应聘者称为"车轮战"，在 1～2 天内要被不同的面试官面试 4 次，都可以立即知道结果，很有效率。第一轮面试以技术面试为主，同时会谈及应聘者的笔试；第二轮面试也会涉及技术问题，但主要是问与这个职位相关的技术以及应聘者拥有的一些技术能力；第三轮面试主要是性格倾向面试，较少提及技术，主要是问应聘者的个人基本情况、应聘者对华为文化的认同度、应聘者是否愿意服从公司安排以及应聘者的职业规划等；第四轮一般是用人部门的主要负责人面试，面试的问题因人而异，既有一般性问题也有技术问题。

1.1.6　面试前的心理调节

1. 调整心态

面试之前，适度的紧张有助于应聘者保持良好的备战心态，但如果过于紧张可能会导致应聘者手足无措，影响面试时的发挥。因此要调整好心态，从容应对。

2. 相信自己

对自己进行积极的暗示，积极的自我暗示并不是盲目乐观，脱离现实，以空幻美妙的想象来代替现实，而是客观、理性地看待自己，并对自己有积极的期待。

3. 保证充足的睡眠

面试之前，很多人都睡不好觉，焦虑，但要记着充足的睡眠是面试时具有良好精神状态的保证。

1.1.7　仪容仪表

应聘者面试的着装是非常重要的，因为通过应聘者的穿着面试官可以看出应聘者对这次面试的重视程度。如果应聘者的穿着和招聘公司的要求比较一致，可能会拉近应聘者和面试官的心理距离。因此，根据招聘公司和职位的特点来决定应聘者的穿着是很重要的。

1）对于男士而言

男士在夏天和秋天时，主要以短袖或长袖衬衫搭配深色西裤最为合适。衬衫的颜色最好是没有格子或条纹的白色或浅蓝色。衬衫要干净，不能有褶皱，以免给面试官留下邋遢的不好印象。冬天和春天时可以选择西装，西装的颜色应该以深色为主，最好不要穿纯白色和红色的西装，否则给面试官的感觉比较花哨、不稳重。

其次，领带也很重要，领带的颜色与花纹要与西服相搭配。领带结要打结实，下端不要长过腰带，但也不可太短。面试时可以带一个手包或公文包，颜色以深色和黑色为宜。

一般来说，男士的发型不能怪异，普通的短发即可。面试前要把头发梳理整齐，胡子刮干净。不要留长指甲，指甲要保持清洁，口气要清新。

2）对于女士而言

女士在面试时最好穿套装，套装的款式保守一些比较好，颜色不能太过鲜艳。另外，穿裙装的话要过膝，上衣要有领有袖。可以适当化一个淡妆。不能佩带过多的饰物，尤其是一动就叮当作响的手链。高跟鞋要与套装相搭配。

对于女士的发型来说，简单的马尾或者干练有型的短发都会显示出不同的气质。

（1）长发的女士最好把头发扎成马尾，并注意不要过低，否则会显得不够干练。刘海儿也应该重点修理，以不盖过眉毛为宜，还可以使用合适的发卡把刘海儿夹起来，或者直接梳到脑后，具体根据个人习惯进行。

（2）半披肩的头发则要注意不要太过凌乱，有长短层次的刘海儿应该斜梳定型，露出眼睛和眉毛，显得端庄文雅。

（3）短发的女士最好不要烫发，那样会显得不够稳重。

☆**注意**☆　头发最忌讳的一点是有太多的头饰。在面试的场合，大方自然才是真。所以，不要戴过多的颜色鲜艳的发夹或头花，披肩的长发也要适当地加以约束。

1.2　面试中的应对技巧

在面试的过程中难免会遇到一些这样或那样的问题，本节总结了一些在面试过程中要注意的问题，教会应聘者在遇到这些问题时应该如何应对。

1.2.1　自我介绍

自我介绍是面试进行的第一步，本质在于自我推荐，也是面试官对应聘者的第一印象。

应聘者可以按照时间顺序来组织自我介绍的内容，这种结构适合大部分人，步骤总结如下：

1）目前的工作概述

例如：我目前是 Java 工程师，在微软公司已经从事软件开发工作两年了。

2）大学时期

例如：我是计算机科学与技术专业出身，在郑州大学读的本科，暑假期间在几家创业公司参加实习工作。

3）毕业后

例如：毕业以后就去了腾讯公司做开发工作。那段经历令我受益匪浅：我学到了许多有关项目模块框架的知识，并且推动了网站和游戏的研发。这实际上表明，应聘者渴望加入一个更具有创业精神的团队。

4）目前的工作详述

例如：之后我进入了微软公司工作，主要负责初始系统架构，它具有较好的可扩展性，能够跟得上公司的快速发展步伐，由于表现优秀之后开始独立领导 Java 开发团队。尽管只管理手下几个人，但我的主要职责是提供技术领导，包括架构、编程等。

5）兴趣爱好

如果应聘者的兴趣爱好只是比较常见的滑雪、跑步等活动，这会显得比较普通，可以选择一些在技术上的爱好进行说明。这不仅能提升应聘者的实践技能，而且也能展现出应聘者对技术的热爱。例如：在业余时间，我也以博主的身份经常活跃在 Java 开发者的在线论坛上，和他们进行技术的切磋和沟通。

6）总结

我正在寻找新的工作机会，而贵公司吸引了我的目光，我始终热爱与用户打交道，并且打心底里想在贵公司工作。

1.2.2　面试中的基本礼仪

当我们不认识一个人的时候，对他的了解并不多，因此只能通过这个人的言行举止来进行判断。应聘者的言行举止占据了整个面试流程中的大部分内容。

1. 肢体语言

通过肢体语言可以让一个人看起来更加自信、强大并且值得信任。肢体语言能够展示什么样的素质，则要取决于具体的环境和场合的需要。

另外，应聘者也需要意识到他人的肢体语言，这可能意味着你需要通过解读肢体语言来判断他们是否对你感兴趣或是否因为你的出现而感到了威胁。如果他们确实因为你的出现感到了威胁，那么你可以通过调整自己肢体语言的方式来让对方感到放松并降低警惕。

2. 眼神交流

人的眼睛是人体中表达力最强的部分，当面试官与应聘者交谈时，如果他们直接注视应聘者的双眼，应聘者也要注视着面试官，表示应聘者在认真聆听他们说话，这也是最基本的尊重。能够保持持续有效的眼神交流才能建立彼此之间的信任。如果面试官与应聘者的眼神交流很少，可能意味着对方并不对应聘者感兴趣。

3. 姿势

姿势展现了应聘者处理问题的态度和方法。正确的姿势是指应聘者的头部和身体的自然调整，不使用身体的张力，也无须锁定某个固定的姿势。每个人都有自己专属的姿势，而且这个姿势是常年累积起来的。

应聘者无论是站立还是坐着，都要保持正直但不僵硬的姿态。身体微微前倾，而不是后倾。注意不要将手臂交叠于胸前、不交叠绕脚。虽然绕脚是可以接受的，但不要隐藏或紧缩自己的脚踝，以显示出自己的紧张。

如果应聘者在与面试官交谈时摆出的姿势是双臂交叠合抱于胸前，双腿交叠跷起且整个身体微微地侧开，给面试官的感觉是应聘者认为交谈的对象很无趣，而且对正在进行的对话心不在焉。

4. 姿态

坐立不安的姿态是最常见的。通常情况下，我们在与不认识的人相处或周围都是陌生人时会出现坐立不安的状态，而应对这种情况的方法就是通过进一步美化自己的外表，让自己看起来更加体面，而且还能提升自信。

1.2.3　如何巧妙地回答面试官的问题

在面试中，难免会遇到一些比较刁钻的问题，那么如何才能让自己的回答很完美呢？

都说谈话是一门艺术，但回答问题也是门艺术，同样的问题，使用不同的回答方式，往往会产生不同的效果。本节总结了一些建议，供读者采纳：

1）回答问题谦虚谨慎

不能让面试官认为自己很自卑、唯唯诺诺或清高自负，而是应该通过回答问题表现出自己自信从容、不卑不亢的一面。

例如，当面试官问"你认为你在项目中起到了什么作用"时，如果求职者回答"我完成了团队中最难的工作"，此时就会给面试官一种居功自傲的感觉，而如果回答"我完成了文件系统的构建工作，这个工作被认为是整个项目中最具有挑战性的一部分内容，因为它几乎无法重用以前的框架，需要重新设计"，则显着不仅不傲慢，反而有理有据，更能打动面试官。

2）在回答问题时要适当地留有悬念

面试官当然也有好奇的心理。人们往往对好奇的事情更加记忆深刻。因此，在回答面试官的问题时，记得要说关键点，通过关键点，来吸引面试官的注意力，等待他们继续"刨根问底"。

例如，当面试官对应聘者简历中一个算法问题感兴趣时，应聘者可以回答："我设计的这种查找算法，可以将大部分的时间复杂度从 $O(n)$ 降低到 $O(\log n)$，如果您有兴趣，我可以详细给您分析具体的细节"。

3）回答尖锐问题时要展现自己的创造能力

例如：当面试官问"如果我现在告诉你，你的面试技巧糟糕透顶，你会怎么反应？"

这个问题测试的是应聘者如何应对拒绝，或者是面对批评时不屈不挠的勇气以及在强压之下保持镇静的能力。关键在于要保持冷静，控制住自己的情绪和思维。如果有可能，了解一下哪些方面应聘者可以进一步提高或改善自己。

完美的回答如下：

我是一个专业的工程师，不是一个专业的面试者。如果您告诉我，我的面试技巧很糟糕，那么我会问您，哪些部分我没有表现好，从而让自己在下一场面试中能够改善和提高。我相信您已经面试了成百上千次，但是，我只是一个业余的面试者。同时，我是一个好学生并且相信您的专业判断和建议。因此，我有兴趣了解您给我提的建议，并且有兴趣知道如何提高自己的展示技巧。

1.2.4 如何回答技术性的问题

在面试中，面试官经常会提出一些关于技术性的问题，尤其是程序员的面试。那么如何回答技术性的问题呢？

1）善于提问

面试官提出的问题，有时候可能过于抽象，让应聘者不知所措，因此，对于面试中的疑惑，应聘者要勇敢地提出来，多向面试官提问。善于提问会产生两方面的积极影响：一方面，提问可以让面试官知道应聘者在思考，也可以给面试官一个心思缜密的好印象；另一方面，方便后续自己对问题的解答。

例如，面试官提出一个问题：设计一个高效的排序算法。应聘者可能没有头绪，排序对象是链表还是数组？数据类型是整型、浮点型、字符型还是结构体类型？数据基本有序还是杂乱无序？

2）高效设计

对于技术性问题，完成基本功能是必需的，但还应该考虑更多的内容，以排序算法为例：时间是否高效？空间是否高效？数据量不大时也许没有问题，如果是海量数据呢？如果是网站设计，是否考虑了大规模数据访问的情况？是否需要考虑分布式系统架构？是否考虑了开源框架的使用？

3）伪代码

有时候实际代码会比较复杂，上手就写很有可能会漏洞百出、条理混乱，所以应聘者可以征求面试官同意，在写实际代码前，写一个伪代码。

4）控制答题时间

回答问题的节奏最好不要太慢，也不要太快，如果实在是完成得比较快，也不要急于提交给面试官，最好能够利用剩余的时间，认真检查边界情况、异常情况及极端情况等，看是否也能满足要求。

5）规范编码

回答技术性问题时，要严格遵循编码规范：函数变量名、换行缩进、语句嵌套和代码布局等。同时，代码设计应该具有完整性，保证代码能够完成基本功能、输入边界值能够得到正确的输出、对各种不合规范的非法输入能够做出合理的错误处理。

6）测试

任何软件都有 bug，但不能因此就纵容自己的代码错误百出。尤其是在面试过程中，实现功能也许并不十分困难，困难的是在有限的时间内设计出的算法，各种异常是否都得到了有效的处理，各种边界值是否都在算法设计的范围内。

测试代码是让代码变得完备的高效方式之一，也是一名优秀程序员必备的素质之一。所以，在编写代码前，应聘者最好能够了解一些基本的测试知识，做一些基本的单元测试、功能测试、边界测试以及异常测试。

☆**注意**☆　在回答技术性问题时，千万别一句话都不说，面试官面试的时间是有限的，他们希望在有限的时间内尽可能地多了解应聘者，如果应聘者坐在那里一句话不说，则会让面试官觉得应聘者不仅技术水平差，而且思考问题能力以及沟通能力都存在问题。

1.2.5　如何应对自己不会的题

俗话说"知之为知之，不知为不知"，在面试的过程中，由于处于紧张的环境中，对面试官提出的问题应聘者并不是都能回答出来。面试过程中遇到自己不会回答的问题时，错误的做法是保持沉默或者支支吾吾、不懂装懂，硬着头皮胡乱说一通，这样无疑是为自己挖了一个坑。

其实面试遇到不会的问题是一件很正常的事情，即使对自己的专业有相当的研究与认识，也可能会在面试中遇到不知道如何回答的问题。在面试中遇到不懂或不会回答的问题时，正确的做法是本着实事求是的原则，态度诚恳，告诉面试官不知道答案。例如，"对不起，不好意思，这个问题我回答不出来，我能向您请教吗？"

在征求面试官的意见时可以说说自己的个人想法，如果面试官同意听了，就将自己的想法说出来，回答时要谦逊有礼，切不可说起来没完。然后应该虚心地向面试官请教，表现出强烈的学习欲望。

1.2.6　如何回答非技术性的问题

在 IT 企业招聘过程的笔试、面试环节中，并非所有的内容都是 C/C++、Java、数据结构与算法及操作系统等专业知识，也包括其他一些非技术类的知识。技术水平测试可以考查一个应聘者的专业素养，而非技术类测试则更强调应聘者的综合素质。

1）笔试中的答题技巧

（1）合理有效的时间管理。由于题目的难易不同，答题要分清轻重缓急，最好的做法是不按顺序答题。不同的人擅长的题型是不一样的，因此应聘者应该首先回答自己最擅长的问题。

（2）做题只有集中精力、全神贯注，才能将自己的水平最大限度地发挥出来。

（3）学会使用关键字查找，通过关键字查找，能够提高做题效率。

（4）提高估算能力，很多时候，估算能够极大地提高做题速度，同时保证正确性。

2）面试中的答题技巧

（1）你一直为自己的成功付出了最大的努力吗？

这是一个简单又狡猾的问题，诚恳回答这个问题，并且向面试官展示，一直以来应聘者是如何坚持不懈地试图提高自己的表现和业绩的。我们都是正常人，因此偶尔的松懈或拖延是正常的现象。

标准回答如下：

我一直都在尽自己最大的努力，试图做到最好。但是，前提是我也是个正常人，而人不可能时时刻刻都保持 100% 付出的状态。我一直努力地去提高自己人生的方方面面，只要我一直坚持努力地去自我提高，我觉得我已经尽力了。

（2）我可以从公司内部提拔一个员工，为什么还要招聘你这样一个外部人员呢？

提这个问题时，面试官的真正意图是询问应聘者为什么觉得自己能够胜任这份工作。因为如果有可能直接由公司内部员工来担任这份工作，不要怀疑，大多数公司会直接这么做的。很显然，这是一项不可能完成的任务，因为他们公开招聘了。在回答的时候，根据招聘公司的需求，陈述自己的关键技术能力和资格，并推销自己。

标准回答如下：

在很多情况下，一个团队可以通过招聘外来的人员，利用其优势来提高团队的业绩或成就，这让经验丰富的员工能够从一个全新的角度看待项目或工作任务。我有五年的企业再造的成功经验可供贵公司利用，我有建立一个强大团队的能力，增加产量的能力以及削减成本的能力，这能让贵公司有很好的定位，并迎接新世纪带来的全球性挑战。

1.2.7 当与面试官对某个问题持有不同观点时，应如何应对

在面试的过程中，对于同一个问题，面试官和应聘者的观点不可能完全一致，当与面试官持有不同观点时，应聘者如果直接反驳面试官，可能会显得没有礼貌，也会导致面试官不高兴，最终的结果很可能会是应聘者得不到这份工作。

如果与面试官持有不一样的观点，应聘者应该委婉地表达自己的真实想法，由于应聘者不了解面试官的性情，因此应该先赞同面试官的观点，给对方一个台阶下，然后再说明自己的观点，尽量使用"同时""而且"类型的词进行过渡，如果使用"但是"这类型的词就很容易把自己放到面试官的对立面。

如果面试官的心胸比较豁达，他不会和应聘者计较这种事情，万一碰到了"小心眼"的面试官，他较真起来，吃亏的还是应聘者。

1.2.8 如何向面试官提问

提问不仅能显示出应聘者对空缺职位的兴趣，而且还能增加自己对招聘公司及其所处行业的了解机会，最重要的是，提问也能够向面试官强调自己为什么才是最佳的候选人。

因此，应聘者需要仔细选择自己的问题，而且需要根据面试官的不同而对提出的问题进行调整和设计。另外，还有一些问题在面试的初期是应该避免提出的，不管面试你的人是什么身份或来自什么部门，都不要提出关于薪水、假期、退休福利计划或任何其他可能让你看起来对薪资福利待遇的兴趣大过于对公司的兴趣的问题。

提问题的原则就是只问那些对应聘者来说真正重要的问题或信息。可以从以下方面来提问：

1. 真实的问题

真实的问题就是应聘者很想知道答案的问题。例如：

（1）在整个团队中，测试人员、开发人员和项目经理的比例是多少？

（2）对于这个职位，除了在公司官网上看到的职位描述之外，还有什么其他信息可以提供？

2. 技术性问题

有见地的技术性问题可以充分反映出自己的知识水平和技术功底。例如：

（1）我了解到你们正在使用 XXX 技术，想问一下它是怎么来处理 Y 问题呢？

（2）为什么你们的项目选择使用 XX 技术而并不是 YY 技术？

3. 热爱学习

在面试中，应聘者可以向面试官展示自己对技术的热爱，让他了解应聘者比较热衷于学习，将来能为公司的发展做出贡献。例如：

（1）我对这门技术的延伸性比较感兴趣，请问有没有机会可以学习这方面的知识？

（2）我对 X 技术不是特别了解，您能多给我讲讲它的工作原理吗？

1.2.9　明人"暗语"

在面试中，听懂面试官的"暗语"是非常重要的。"暗语"已成为一种测试应聘者心理素质、探索应聘者内心真实想法的有效手段。理解面试中的"暗语"对应聘者来说也是必须掌握的一门学问。

常见"暗语"总结如下：

（1）简历先放在这儿吧，有消息我们会通知你的。

当面试官说出这句话时，表示他对应聘者并不感兴趣。因此，作为应聘者不要自作聪明、一厢情愿等待通知，这种情况下，一般是不会有任何消息通知的。

（2）你好，请坐。

"你好，请坐"看似简单的一句话，但从面试官口中说出来的含义就不一样了。一般情况下，面试官说出此话，应聘者回答"你好"或"您好"不重要，主要考验应聘者能否"礼貌回应"和"坐不坐"。

通过问候语，可以体现一个人的基本素质和修养，直接影响应聘者在面试官心目中的第一印象。因此正确的回答方法是"您好，谢谢"然后坐下来。

（3）你是从哪里了解到我们的招聘信息的？

面试官提出这种问题，一方面是在评估招聘渠道的有效性，另一方面是想知道应聘者是否有熟人介绍。一般而言，熟人介绍总体上会有加分，但是也不全是如此。如果是一个在单位里表现不佳的熟人介绍，则会起到相反的效果，而大多数面试官主要是为了评估自己企业发布招聘广告的有效性。

（4）你有没有去其他什么公司面试？

此问题是在了解应聘者的职业生涯规划，同时来评估被其他公司录用或淘汰的可能性。当面试官对应聘者提出这种问题时，表明面试官对应聘者是基本肯定的，只是还不能下决定是否最终录用。如果应聘者还应聘过其他公司，请最好选择相关联的岗位或行业回答。一般而言，如果应聘过其他公司，一定要说自己拿到了其他公司的录用通知，如果其他公司的行业影响力高于现在面试的公司，无疑可以加大应聘者自身的筹码，有时甚至可以因此拿到该公司的顶级录用通知，如果其他公司的行业影响力低于现在面试的公司，回答没有拿到录用通知，则会给面试官一种误导：连这家公司都没有给录用通知，我们如果给录用通知了，岂不是说明我们的实力不如这家公司？

（5）结束面试的暗语。

在面试过程中，一般应聘者进行自我介绍之后，面试官会相应地提出各类问题，然后转向谈工作。面试官通常会把工作的内容和职责大致介绍一遍，接着让应聘者谈谈今后工作的打算，然后再谈及福利待遇问题，谈完之后应聘者就应该主动做出告辞的姿态，不要故意去拖延时间。

面试官认为面试结束时，往往会用暗示的话语来提醒应聘者：

①我很感谢你对我们公司这项工作的关注。

②真难为你了，跑了这么多路，多谢了。

③谢谢你对我们招聘工作的关心，我们一旦做出决定就会立即通知你。

④你的情况我们已经了解。

此时，应聘者应该主动站起身来，露出微笑，和面试官握手并且表示感谢，然后有礼貌地退出面试室。

（6）面试结束后，面试官说"我们有消息会通知你"。

一般而言，面试官让应聘者等通知，有多种可能：①对应聘者不感兴趣；②面试官不是负责人，需要请示领导；③对应聘者不是特别满意，希望再多面试一些人，如果没有更好的，就录取；④公司需要对面试留下的人进行重新选择，安排第二次面试。

（7）你能否接受调岗？

有些公司招收岗位和人员比较多，在面试中，当听到面试官说出此话时，言外之意是该岗位也许已经满员了，但公司对应聘者很有兴趣，还是希望应聘者能成为企业的一员。面对这种提问，应聘者应该迅速做出反应，如果认为对方是个不错的公司，应聘者对新的岗位又有一定的把握，也可以先进单位再选岗位；如果对方公司状况一般，新岗位又不太适合自己，可以当面拒绝。

（8）你什么时候能到岗？

当面试官问及到岗的时间时，表明面试官已经同意录用应聘者了，此时只是为了确定应聘者是否能够及时到岗并开始工作。如果的确有隐情，应聘者也不要遮掩，适当说明情况即可。

1.3　面试结束

面试结束之后，无论结果如何，都要以平常心来对待。即使没有收到该公司的 offer 也没关系，应聘者需要做的就是好好准备下一家公司的面试。当应聘者多面试几家之后，应聘者自然会明白面试的一些规则和方法，这样也会在无形之中提高应聘者面试的通过率。

1.3.1　面试结束后是否会立即收到回复

一般在面试结束后应聘者不会立即收到回复，原因主要是因为招聘公司的招聘流程问题。许多公司，人力资源和相关部门组织招聘，在对人员进行初选后，需要高层进行最终的审批确认，才能向面试成功者发送 offer。

应聘者一般在 3～7 个工作日会收到通知。

（1）公司在结束面试后，会将所有候选人从专业技能、综合素质、稳定性等方面结合起来，进行评估对比，择优选择。

（2）选中候选人之后，还要结合候选人的期望薪资、市场待遇、公司目前薪资水平等因素为候选人定薪，有些公司还会提前制定好试用期考核方案。

（3）薪资确定好之后，公司内部会走签字流程，确定各个相关部门领导的同意。

建议应聘者在等待面试结果的过程中可以继续寻找下一份工作，下一份工作确定也需要几天时间，两者并不影响。如果应聘者在人事部门商讨的回复结果时间内没有接到通知，可以主动打电话去咨询，并明确具体没有通过的原因，以便再做改善。

1.3.2 面试没有通过是否可以再次申请

面试没有通过当然可以再次申请,不过应聘者通常需要等待 6 个月到 1 年的时间才可以再次申请。

目前有很多公司为了能够在一年一度的招聘季节中,提前将优秀的程序员招入自己公司,往往会先下手为强。他们通常采取的措施有两种:一是招聘实习生;二是多轮招聘。很多应聘者可能会担心,万一面试时发挥不好,没被公司选中,会不会被公司写入黑名单,从此再也不能投递这家公司。

一般而言,公司是不会"记仇"的,尤其是知名的大公司,对此都会有明确的表示。如果在公司的实习生招聘或在公司以前的招聘中未被录取,一般是不会被拉入公司的"黑名单"的。在下一次招聘中,和其他应聘者一样,具有相同的竞争机会。上一次面试中的糟糕表现一般不会对应聘者的新面试有很大的影响。例如:有很多人都被谷歌公司或微软公司拒绝过,但他们最后还是拿到了这些公司的录用通知书。

如果被拒绝了,也许是在考验,也许是在等待,也许真的是拒绝。但无论出于什么原因,应聘者此时此刻都不要对自己丧失信心。所以,即使被公司拒绝了也不是什么大事,以后还是有机会的。

1.3.3 怎样处理录用与被拒

面试结束,当收到录取通知时,应聘者是接受该公司的录用还是直接拒绝呢?无论是接受还是拒绝都要讲究方法。

1. 录用回复

公司发出的录用通知大部分都有回复期限,一般为 1～4 周。如果这是应聘者心仪的工作,应聘者需要及时给公司进行回复,但如果应聘者还想要等其他公司的录用通知,应聘者可以请求该招聘公司延长回复期限,如果条件允许,大部分公司都会予以理解。

2. 如何拒绝录用通知

当应聘者发现对该公司不感兴趣时,应聘者需要礼貌地拒绝该公司的录用通知,并与该公司做好沟通工作。

在拒绝录用通知时,应聘者需要提前准备好一个合乎情理的理由。例如:当应聘者要放弃大公司而选择创业型公司时,应聘者可以说自己认为创业型公司是当下最佳的选择。由于这两种公司大不相同,大公司也不可能突然转变为创业型公司,所以他们也不会说什么。

3. 如何处理被拒

当面试被拒时,应聘者也不要气馁,这并不代表你不是一个好的 Java 工程师。有很多公司都明白面试并不都是完美的,因此也丢失了许多优秀的 Java 工程师,所以,有些公司会因为应聘者原先的表现主动进行联系。

当应聘者接到被拒的电话时,应聘者要礼貌地感谢招聘人员为此付出的时间和精力,表达自己的遗憾和对他们做出决定的理解,并询问什么时间可以重新申请。同时还可以让招聘人员给出面试反馈。

1.3.4 录用后的薪资谈判

在进行薪资谈判时，应聘者最担心的事情莫过于招聘公司会因为薪资谈判而改变录用自己的决定。在大多数情况下，招聘公司不仅不会更改自己的决定，而且会因为应聘者勇于谈判、坚持自己的价值而对应聘者刮目相看，这表示应聘者十分看重这个职位并认真对待这份工作。如果公司选择了另一个薪水较低的人员，或者重新经过招聘、面试的流程来选择合适的人选，那么他需要花费的成本远远要高出应聘者要求的薪酬水平。

在进行薪资谈判时要注意以下几点：

（1）在进行薪资谈判之前，要考虑未来自己的职业发展方向。

（2）在进行薪资谈判之前，要考虑公司的稳定性，毕竟没有人愿意被解雇或下岗。

（3）在公司没有提出薪水话题之前不要主动进行探讨。

（4）了解该公司中的员工薪资水平，以及同行业其他公司中员工的薪资水平。

（5）可以适当地高估自己的价值，甚至可以把自己当成该公司不可或缺的存在。

（6）在进行薪资谈判时，采取策略，将谈判的重点引向自己的资历和未来的业绩承诺等核心价值的衡量上。

（7）在进行薪资谈判时，将谈判的重点放在福利待遇和补贴上，而不仅仅关注工资的税前总额。

（8）如果可以避免，尽量不要通过电话沟通和协商薪资和福利待遇。

1.3.5 入职准备

入职代表着应聘者的职业生涯的起点，在入职前做好职业规划是非常重要的，它代表着应聘者以后工作的目标。

1. 制定时间表

为了避免出现"温水煮青蛙"的情况，应聘者要提前做好规划并定期进行检查。需要好好想一想，五年之后想干什么，十年之后身处哪个职位，如何一步步达到目标。另外，每年都需要总结过去的一年里自己在职业与技能上取得了哪些进步，明年有什么规划。

2. 人际网络

在工作中，应聘者要与经理、同事建立良好的关系。当有人离职时，你们也可以继续保持联络，这样不仅可以拉近你们之间的距离，还可以将同事关系升华为朋友关系。

3. 多向经理学习

大部分经理都愿意帮助下属，所以应聘者可以尽可能地多向经理学习。如果应聘者想以后从事更多的开发工作，应聘者可以直接告诉经理；如果应聘者想要往管理层发展，可以与经理探讨自己需要做哪些准备。

4. 保持面试的状态

即使应聘者不是真的想要换工作，也要每年制定一个面试目标。这有助于提高应聘者的面试技能，并让应聘者能胜任各种岗位的工作，获得与自身能力相匹配的薪水。

第 2 章

编程面试基础

从本章开始主要带领读者来学习 Java 的基础知识以及在面试和笔试中常见的问题。本章先告诉读者要掌握的重点知识有哪些，然后教会读者应该如何更好地回答这些问题，最后总结了一些在企业的面试及笔试中较深入的真题。

本章要点（已掌握的在方框中打钩）
- [ ] 数据类型和变量
- [ ] 运算符和流程控制语句
- [ ] 面向对象的特性
- [ ] 抽象类和抽象方法
- [ ] 接口的使用

2.1 Java 核心知识

本节主要讲解 Java 中的基本数据类型、局部变量和成员变量、运算符表达式以及流程控制语句等基础知识。读者只有牢牢掌握这些基础知识才能在面试及笔试中应对自如。

2.1.1 数据类型

Java 中有两大数据类型，分别为基本数据类型和引用数据类型。

基本数据类型如表 2-1 所示。

表 2-1 基本数据类型

数 据 类 型	位数（bit）	表示及作用
byte（位）	8	有符号的、以二进制补码表示的整数，数值取值范围是-128～127

续表

数 据 类 型	位数（bit）	表示及作用
short（短整数）	16	有符号的、以二进制补码表示的整数，数值取值范围是-32 768～32 767
int（整数）	32	有符号的、以二进制补码表示的整数，数值取值范围是-2 147 483 648～2 147 483 647。一般的整型变量默认为 int 类型
long（长整数）	64	有符号的、以二进制补码表示的整数，数值取值范围是-9 223 372 036 854 775 808～9 223 372 036 854 775 807。该类型主要用于比较大的整数的系统
float（单精度）	32	单精度、符合 IEEE754 标准的浮点数，在储存大型浮点数组的时候可节省内存空间。数值取值范围是 1.4E-45～3.4028235E38
double（双精度）	64	双精度、符合 IEEE754 标准的浮点数，浮点数的默认类型为 double 类型。数值取值范围是 4.9E-324～1.7976931348623157E308
boolean（布尔）	1	表示一位的信息；只有两个取值 true 和 false；这种类型只作为一种标志来记录 true/false 的情况
char（字符）	16	char 类型是一个单一的 Unicode 字符，数值取值范围是 0～65 535；char 数据类型可以储存任何字符

引用数据类型包括类、接口、数组等，这些在之后的章节中将会介绍到。

在 Java 中的数据类型的转换有两种方法：

（1）自动类型转换：编译器自动完成类型转换，不需要在程序中编写代码。

（2）强制类型转换：强制编译器进行类型转换，必须在程序中编写代码。

由于在基本数据类型中 boolean 类型不是数字型，所以基本数据类型的转换是除了 boolean 类型以外的其他 7 种类型之间的转换。

自动转换类型的情况如下：

（1）整数类型之间可以相互转换，如 byte 类型的数据可以赋值给 short、int、long 类型的变量；short、char 类型的数据可以赋值给 int、long 类型的变量；int 类型的数据可以赋值给 long 类型的变量。

（2）整数类型转换为 float 类型，如 byte、char、short、int 类型的数据可以赋值给 float 类型的变量。

（3）其他类型转换为 double 类型，如 byte、char、short、int、long、float 类型的数据可以赋值给 double 类型的变量。

1）自动类型转换规则：从存储范围小的类型到存储范围大的类型，即 byte→short（char）→int→long→float→double。

☆**注意**☆ 在整数之间进行类型转换时，数值不发生改变，而将整数类型（尤其是比较大的整数类型）转换成小数类型时，由于存储方式的不同，可能存在数据精度的损失。

2）强制类型转换规则：从存储范围大的类型到存储范围小的类型，即 double→float→long→int→short（char）→byte。

语法格式：

```
（type）value
```

其中，type 是要强制类型转换后的数据类型。如：

```
int a = 123
byte b = (byte)a
```

2.1.2　常量和变量

1．常量

常量即在程序运行过程中一直不会改变的量，常量在整个程序中只能被赋值一次，并且一旦被定义，它的值就不能再被改变。声明常量的语法格式如下：

```
final 数据类型 变量名[=值]
```

常量的名称通常使用大写字母。常量标识符可由任意顺序的大小写字母、数字、下画线（_）和美元符号（$）等组成，标识符不能以数字开头，也不能是 Java 中的保留字和关键字。

当常量用于一个类的成员变量时，必须给常量赋值，否则会出现编译错误。

Java 还允许使用一种特殊形式的字符常量值来表示一些难以用一般字符表示的字符，这种特殊形式的字符是以"\"开头的字符序列，称为转义字符。

Java 中常用的转义字符及含义如表 2-2 所示。

表 2-2　转义字符及含义

转 义 字 符	含 义
\ddd	1～3 位八进制数所表示的字符
\uxxxx	1～4 位十六进制数所表示的字符
\'	单引号字符
\"	双引号字符
\\	双斜杠字符
\r	回车
\n	换行
\b	退格
\t	横向跳格

2．变量

变量代表程序的状态，程序通过改变变量的值来改变整个程序的状态。

在程序中声明变量的语法格式如下：

```
数据类型 变量名称；
```

☆**注意**☆　数据类型和变量名称之间需要使用空格隔开，空格的个数不限，但是至少需要一个；语句使用"；"作为结束。

1）变量的命名规则

（1）变量名必须是一个有效的标识符。

（2）变量名不可以使用 Java 中的关键字。

（3）变量名不能重复。

（4）选择有意义的单词作为变量名。

2）变量的分类

根据作用域的不同，一般将变量分为成员变量和局部变量。

（1）成员变量

成员变量又分为全局变量和静态变量。

全局变量不需要使用 static 关键字修饰，而静态变量则需要使用 static 关键字进行修饰。

全局变量在类定义后就已经存在，占用内存空间，可以通过类名来访问，因此不需要实例化。

（2）局部变量

局部变量是指在方法或者方法代码块中定义的变量，其作用域是其所在的代码块。可分为以下三种：

①方法参数变量（形参）：在整个方法内有效。

②方法局部变量（方法内定义）： 从定义这个变量开始到方法结束这一段时间内有效。

③代码块局部变量（代码块内定义）：从定义这个变量开始到代码块结束这一段时间内有效，常用于 try…catch 代码块中。

2.1.3 运算符和表达式

程序是由许多语句组成的，而语句的基本单位就是表达式与运算符。表达式是由操作数与运算符组成：操作数可以是常量、变量，也可以是方法，而运算符就是数学中的运算符号，如"+""–""*""/""%"等。

1. 算术运算符

常用的算术运算符及含义如表 2-3 所示。

表 2-3　算术运算符及含义

操　作　符	含　　义
+	加法，把运算符两侧的值相加，即 a+b
-	减法，用左边的操作数减去右边的操作数，即 a-b
*	乘法，把运算符两侧的值相乘，即 a×b
/	除法，用左边的操作数除以右边的操作数，即 a/b
%	取余，左边操作数除以右边操作数的余数，即 a%b
++	自增，操作数的值增加 1，即 a++
--	自减，操作数的值减少 1，即 a--

2. 关系运算符

关系运算符也称比较运算符，是指对两个操作数进行关系运算的运算符，主要用于确定两个操作数之间的关系。常用的关系运算符及含义如表 2-4 所示。

表 2-4　关系运算符及含义

操　作　符	含　　义
==	检查两个操作数的值是否相等，如果值相等即 a=b，则条件为真
!=	检查两个操作数的值是否不相等，如果值不相等即 a!=b，则条件为真

操　作　符	含　义
>	检查左操作数的值是否大于右操作数的值，如果大于即 a>b，则条件为真
<	检查左操作数的值是否小于右操作数的值，如果小于即 a<b，则条件为真
>=	检查左操作数的值是否大于或等于右操作数的值，如果 a≥b，则条件为真
<=	检查左操作数的值是否小于或等于右操作数的值，如果 a≤b，则条件为真

3. 逻辑运算符

逻辑运算符用来把各个运算的变量连接起来，组成一个逻辑表达式，判断编程中某个表达式是否成立，判断的结果是 true 或 false。常用的逻辑运算符及含义如表 2-5 所示。

表 2-5　逻辑运算符及含义

操　作　符	含　义
&&	逻辑与运算符，当且仅当两个操作数都为真，条件才为真，即 a&&b
||	逻辑或运算符，如果两个操作数中的任何一个数为真，则条件为真，即 a||b
!	逻辑非运算符，反转操作数的逻辑状态。如果条件为 true，则逻辑非运算符将得到 false，即!（a&&b）

4. 赋值运算符

赋值运算符就是为各种不同类型的变量赋值，简单的赋值运算符由等号（=）来实现，即是把等号右边的值赋给等号左边的变量。常用的赋值运算符及含义如表 2-6 所示。

表 2-6　赋值运算符及含义

操　作　符	含　义
=	简单的赋值运算符，将右操作数的值赋给左操作数，即 c=a+b
+ =	加和赋值运算符，把左操作数和右操作数相加并赋值给左操作数，即 c += a 等价于 c=c+a
- =	减和赋值运算符，把左操作数和右操作数相减并赋值给左操作数，即 c-=a 等价于 c=c-a
* =	乘和赋值运算符，把左操作数和右操作数相乘并赋值给左操作数，即 c*=a 等价于 c=c*a
/ =	除和赋值运算符，把左操作数和右操作数相除并赋值给左操作数，即 c/=a 等价于 c=c/a
（%）=	取模和赋值运算符，把左操作数和右操作数取模后赋值给左操作数，即 c %=a 等价于 c=c%a

5. 位运算符

位运算符主要用来对操作数为二进制的位进行运算，按位运算表示按每个二进制位来进行运算，其操作数的类型是整数类型以及字符型，运算的结果是整数类型。常用的位运算符及含义如表 2-7 所示。

表 2-7　位运算符及含义

操 作 符	含 义
<<=	左移位赋值运算符
>>=	右移位赋值运算符
&=	按位与赋值运算符
^=	按位异或赋值运算符
|=	按位或赋值运算符

2.1.4　流程控制语句

1. 顺序语句

顺序语句的执行顺序是自上而下，依次执行。

2. 条件语句

1）if 语句

```
if(条件表达式){
    条件表达式成立时执行该语句;
}
```

如果条件表达式的值为 true，则执行 if 语句中的代码块，否则执行 if 语句块后面的代码。

2）if…else 语句

```
if(条件表达式){
    条件表达式成立时执行该语句;
}else{
    条件表达式不成立时执行该语句;
}
```

3）if 嵌套语句

```
if(条件表达式1){
  if(条件表达式2){
    语句1;
        }else{
    语句2;
    }
        }else{
    语句3;
    }
```

3. 选择语句

switch 语句判断一个变量与一系列值中某个值是否相等，每个值称为一个分支。

```
switch(表达式){
    case "表达式的结果1":
        语句1;
    break;
    case "表达式的结果2":
        语句2;
    break;
    default:
```

```
        语句 3；
    break；
}
```

（1）switch 语句中的变量类型可以是：byte、short、int 或者 char。

（2）switch 语句可以有多个 case 语句。每个 case 后面跟一个要比较的值和冒号。

（3）case 语句中值的数据类型必须与变量的数据类型相同，而且只能是常量或者字面常量。

（4）当变量的值与 case 语句的值相等时，case 语句之后的语句开始执行，直到 break 语句出现才会跳出 switch 语句。

（5）当出现 break 语句时，switch 语句终止。程序跳转到 switch 语句后面的语句执行。case 语句不包含 break 语句。如果没有 break 语句出现，程序会继续执行下一条 case 语句，直到出现 break 语句为止。

（6）switch 语句可以包含一个 default 分支，该分支必须是 switch 语句的最后一个分支。default 分支在没有 case 语句的值和变量值相等的时候执行。default 分支不需要 break 语句。

4. 循环语句

1）while 语句

while 语句的执行过程是先计算表达式的值，若表达式的值为真（非零），则执行循环体中的语句，继续循环；否则退出该循环，执行 while 语句后面的语句。循环体可以是一条语句或空语句，也可以是复合语句。

```
while(循环条件){
    循环体；
    }
```

2）do…while 语句

```
do{
    循环体；
    }while(循环条件)
```

☆**注意**☆　while 语句属于先判断后执行，而 do…while 语句先执行一次，而后再进行判断。do…while 语句和 while 语句能实现同样的功能。然而在程序运行过程中，这两种语句还是有差别的。如果循环条件在循环语句开始时就不成立，那么 while 语句的循环体一次都不会执行，而 do…while 语句的循环体还是会执行一次。

3）for 语句

```
for (初值；判断条件；赋值增减量)
{
    语句 1 ；
    …
    语句 n ；
}
```

for 关键字后面()中包括了三部分内容：初始化表达式、循环条件和操作表达式，它们之间用;分隔，{}中的执行语句为循环体。

（1）最先执行初始化步骤。可以声明一种类型、初始化一个或多个循环控制变量，也可以是空语句。

（2）判断条件。如果为 true，则循环体被执行。如果为 false，则循环终止，开始执行循环体后面的语句。

（3）执行一次循环后，更新循环控制变量。

（4）再次检测判断条件。循环执行上面的步骤。

2.2　面向对象

Java 是一种面向对象的程序设计语言，了解面向对象的编程思想对于学习 Java 开发尤其重要。面向对象技术是一种将数据抽象和信息隐藏的技术，它使软件的开发更加简单化，不仅符合人们的思维习惯，而且降低了软件的复杂性，同时提高了软件的生产效率，因此得到了广泛的应用。

2.2.1　面向对象的三大特性

几乎所有面向对象的编程设计语言都离不开封装、继承和多态。

1. 封装

面向对象的核心思想就是封装。封装是指将对象的属性和行为进行封装，不需要让外界知道具体实现的细节。封装可以使数据的安全性得到保证，当把过程和数据封装后，只能通过已定义的接口对数据进行访问。

（1）属性：Java 中类的属性的访问权限的默认值不是 private，通过加 private（私有）修饰符来隐藏该属性或方法，从而只能在类的内部进行访问。对于类中的私有属性，要对其给出方法（如：getXxx()，setXxx()）来访问私有属性，保证对私有属性操作的安全性。

（2）方法的封装：对于方法的封装，既需要公开也需要隐藏。方法公开的是方法的声明（定义），只需要知道参数和返回值就可以调用该方法；隐藏方法的实现会使已改变的内容对架构的影响最小化。

（3）封装的优点：良好的封装能够减少耦合；类内部的结构可以自由修改；可以对成员变量进行更精确的控制；隐藏信息，实现细节。

2. 继承

继承主要指的是类与类之间的关系。通过继承，可以更高效地对原有类的功能进行扩展。继承不仅增强了代码的复用性，提高了开发效率，更为程序的修改补充提供了便利。

Java 中的继承要使用 extends 关键字，并且 Java 中只允许单继承，即一个类只能有一个父类。这样的继承关系呈树状，体现了 Java 的简单性。子类只能继承在父类中可以访问的属性和方法，实际上父类中私有的属性和方法也会被继承，只是子类无法访问。

子类并不能全部继承父类的成员变量或成员方法，规则如下：

（1）能够继承父类的 public 和 protected 成员变量（方法），但不能继承父类的 private 成员变量（方法）。

（2）对于父类的包的访问成员变量（方法）的权限，如果子类和父类在同一个包下，则子类能够继承；否则，子类不能够继承。

（3）对于子类可以继承父类的成员变量（方法），如果在子类中出现了同名称的成员变量（方法），则会发生隐藏现象，即子类的成员变量（方法）会屏蔽掉父类的同名成员变量（方法）。

如果要在子类中访问父类中同名成员变量（方法），需要使用 super 关键字来进行引用。

3. 多态

（1）多态是同一个行为具有多个不同表现形式或形态的能力。

（2）多态是把子类型对象主观地看作其父类型的对象，因此其父类型就可以是很多种类型。

（3）多态的特性：对象实例确定则不可改变（客观不可改变）；只能调用编译时的类型所定义的方法；运行时会根据运行时的类型去调用相应类型中定义的方法。

2.2.2　类和对象

类是一个模板，它描述一类对象的行为和状态。

对象是类的一个实例，有状态和行为。

1. 类

1）类的声明

在使用类之前，必须先声明，类的声明格式如下：

```
[标识符] class 类名称
{
    //类的成员变量
    //类的方法
}
```

（1）声明类需要使用关键字 class，在 class 之后是类的名称。

（2）标识符可以是 public、private、protected 或者完全省略。

（3）类名应该是由一个或多个有意义的单词连缀而成，每个单词首字母大写，单词之间不要使用其他分隔符。

2）类的方法

类的方法有四个要素，分别是方法名称、返回值类型、参数和方法体。定义一个方法的语法格式如下：

```
修饰符 返回值类型 方法名称（参数列表）
{
    //方法体
    return 返回值;
}
```

方法包含一个方法头和一个方法体。方法头包括修饰符、返回值类型、方法名称和参数列表。

（1）修饰符：定义了该方法的访问类型，是可选的。

（2）返回值类型：指定了方法返回的数据类型。它可以是任意有效的类型，如果方法没有返回值，则其返回类型必须是 void，不能省略。方法体中的返回值类型要与方法头中定义的返回值类型一致。

（3）方法名称：要遵循 Java 标识符命名规范，通常以英文中的动词开头。

（4）参数列表：由类型、标识符组成的，每个参数之间使用逗号分隔开。方法可以没有参数，但方法名后面的括号不能省略。

（5）方法体：指方法头后{}内的内容，主要用来实现一定的功能。

2. 对象

对象是根据类创建的。在 Java 中，使用关键字 new 来创建一个新的对象。创建对象的过程如下：

（1）声明：声明一个对象，包括对象名称和对象类型。

（2）实例化：使用关键字 new 来创建一个对象。

（3）初始化：使用 new 创建对象时，会调用构造方法初始化对象。

对象（object）是对类的实例化。在 Java 的世界里，"一切皆为对象"，面向对象的核心就是对象。由类产生对象的格式如下：

```
类名 对象名 = new 类名( );
```

访问对象的成员变量或者方法格式如下：

```
对象名称.属性名
对象名称.方法名()
```

3. 构造方法

在创建类的对象时，对类中的所有成员变量都要初始化。Java 允许对象在创建时进行初始化，初始化的实现是通过构造方法来完成的。

在创建类的对象时，使用 new 关键字和一个与类名相同的方法来完成，该方法在实例化过程中被调用，成为构造方法。构造方法是一种特殊的成员方法，主要特点如下：

（1）构造方法的名称必须与类的名称完全相同。

（2）构造方法不返回任何数据类型，也不需要使用 void 关键字声明。

（3）构造方法的作用是创建对象并初始化成员变量。

（4）在创建对象时，系统会自动调用类的构造方法。

（5）构造方法一般用 public 关键字声明。

（6）每个类至少有一个构造方法。如果不定义构造方法，Java 将提供一个默认的不带参数且方法体为空的构造方法。

☆**注意**☆　类是对某一类事物的描述，是抽象的、概念上的定义，对象是实际存在的该类事物的个体。对象和对象之间可以不同，改变其中一个对象的某些属性，不会影响到其他的对象。

2.2.3　抽象类和抽象方法

在面向对象中，所有的对象都是通过类来实现的，但是反过来，并不是所有的类都是用来描绘对象的，若一个类中没有包含足够的信息来描绘一个具体的对象，这样的类就是抽象类。抽象方法指一些只有方法声明，而没有具体方法体的方法。抽象方法一般存在于抽象类或接口中。

1. 抽象类

1）抽象类的使用原则

（1）抽象方法必须为 public 或者 protected，默认为 public。

（2）抽象类不能直接实例化，需要依靠子类采用向上转型的方式处理。

（3）抽象类必须有子类，使用 extends 继承，一个子类只能继承一个抽象类。

（4）子类如果不是抽象类，则必须重写抽象类之中的全部抽象方法。

（5）抽象类不能使用 final 关键字声明，因为抽象类必须有子类，而 final 定义的类不能有子类。

2）抽象类在应用的过程中，需要注意以下几点：

（1）抽象类不能被实例化，如果被实例化，就会报错，编译无法通过。只有抽象类的非抽象子类可以创建对象。

（2）抽象类中不一定包含抽象方法，但是有抽象方法的类必定是抽象类。

（3）抽象类中的抽象方法只是声明，不包含方法体，就是不给出方法的具体实现，也就是方法的具体功能。

（4）构造方法，类方法（用 static 修饰的方法）不能声明为抽象方法。

（5）抽象类的子类必须给出抽象类中的抽象方法的具体实现，除非该子类也是抽象类。

2. 抽象方法

1）抽象方法的声明

声明一个抽象类的语法格式如下：

```
abstract 返回类型 方法名([参数表]);
```

☆**注意**☆　抽象方法没有定义方法体，方法名后面直接跟一个分号，而不是花括号。

2）抽象方法的实现

继承抽象类的子类必须重写父类的抽象方法，否则，该子类也必须声明为抽象类。最终，必须有子类实现父类的抽象方法，否则，从最初的父类到最终的子类都不能用来实例化对象。

2.2.4　接口

接口在 Java 编程语言中是一个抽象类型，是抽象方法的集合。接口通常以 interface 来声明。一个类通过继承接口的方式来继承接口的抽象方法。

1. 接口的声明

```
interface 接口名称 [extends 其他的接口名] {
    //声明变量
    //抽象方法
}
```

2. 接口的实现

当类实现接口时，类要实现接口中所有的方法。否则，类必须声明为抽象类。类使用 implements 关键字实现接口。在类声明中，implements 关键字放在 class 声明后面。

```
class 类名称 implements 接口名称[,其他接口]{
    ...
}
```

3. 接口与抽象类的异同

相同点：

（1）都可以被继承。

（2）都不能被直接实例化。

（3）都可以包含抽象方法。

（4）派生类必须实现未实现的方法。

不同点：

（1）接口支持多继承；抽象类不能实现多继承。

（2）一个类只能继承一个抽象类，而一个类却可以实现多个接口。

（3）接口中的成员变量只能是 public、static、final 类型的；抽象类中的成员变量可以是各种类型的。

（4）接口只能定义抽象方法；抽象类既可以定义抽象方法，也可以定义实现的方法。

（5）接口中不能含有静态代码块以及静态方法（用 static 修饰的方法）；抽象类可以有静态代码块和静态方法。

2.3　精选面试、笔试题解析

根据前面介绍的 Java 基础知识，本节总结了一些在面试或笔试过程中经常遇到的问题。通过本节的学习，读者将掌握在面试或笔试过程中回答问题的方法。

2.3.1　Java 基本数据类型之间如何转换

题面解析： 本题主要考查应聘者对基本数据类型的熟练掌握程度。看到此问题，应聘者需要把关于数据类型的所有知识在脑海中回忆一下，其中包括基本数据类型都有哪些、数据类型的作用等，熟悉了数据类型的基本知识之后，数据类型之间的转换问题将迎刃而解。

解析过程： 数据类型之间的转换有两种方式：自动转换和强制转换。

1. 自动转换

自动转换规则：从存储范围小的类型转换到存储范围大的类型，即 byte→short（char）→int→long→float→double。

（1）存储范围小的类型自动转换为存储范围大的类型。如 byte 类型的数据可以赋值给 short、int、long 类型的变量；short、char 类型的数据可以赋值给 int、long 类型的变量；int 类型的数据可以赋值给 long 类型的变量等。

（2）存储范围大的类型转换为存储范围小的类型时，需要加强制转换符。

（3）byte、short、char 之间不会互相转换，并且三者在计算时首先转换为 int 类型。

（4）实数常量默认为 double 类型，整数常量默认为 int 类型。

2. 强制转换

强制转换规则：从存储范围大的类型转换到存储范围小的类型，即 double→float→long→int→short（char）→byte。

语法格式：

```
（type）value
```

其中，type 是要强制类型转换后的数据类型。

2.3.2　谈谈你对面向对象的理解

题面解析：本题是对面向对象知识点的考查，应聘者在回答该问题时，不能照着定义直接背出来，而是要阐述自己对面向对象概念的理解，另外，还要解释关于面向对象更深一层的含义。

解析过程：在解释面向对象之前，先介绍一下什么是对象。

在 Java 语言中，把对象当作一种变量，它不仅可以存储数据，还可以对自身进行操作。每个对象都有各自的属性及方法，Java 就是通过对象之间行为的交互来解决问题的。

在我看来，面向对象就是把构成问题的所有事物分解成一个个的对象，建立这些对象去描述某个事物在解决问题中的行为。而类就是面向对象中很重要的一部分，类是很多个具有相同属性和行为特征的对象所抽象出来的，对象是类的一个实例。

类还具有三个特性，即封装、继承和多态。

（1）封装：将一类事物的属性和行为抽象成一个类，只提供符合开发者意愿的公有方法来访问这些数据和逻辑，在提高数据的隐秘性的同时，使代码模块化。

（2）继承：子类可以继承父类的属性和方法，并对其进行拓展。

（3）多态：同一种类型的对象执行同一个方法时可以表现出不同的行为特征。通过继承的上下转型、接口的回调以及方法的重写和重载可以实现多态。

2.3.3　Java 中的访问修饰符有哪些

题面解析：本题主要考查应聘者对修饰符的掌握程度，知道访问修饰符有哪些以及它们的使用范围和区别等。

解析过程：Java 中有四种访问修饰符，分别为 public、private、protected 和 default。

（1）public：公有的。用 public 修饰的类、属性及方法，不仅可以跨类访问，而且允许跨包（package）访问。

（2）private：私有的。用 private 修饰的类、属性以及方法只能被该类的对象访问，其子类不能访问，更不允许跨包访问。

（3）protected：介于 public 和 private 之间的一种访问修饰符。用 protected 修饰的类、属性以及方法只能被该类本身的方法及子类访问，即使子类在不同的包中也可以访问。

（4）default：默认访问模式。在该模式下，只允许在同一个包中进行访问。

　☆**注意**☆　protected 修饰符所修饰的类属于成员变量和方法，只可以被子类访问，而不管子类是不是和父类位于同一个包中。default 修饰符所修饰的类也属于成员变量和方法，但只可被同一个包中的其他类访问，而不管其他类是不是该类的子类。protected 属于子类限制修饰符，而 default 属于包限制修饰符。

2.3.4　重载和重写

试题题面：什么是方法的重载和重写？它俩之间有什么区别？

题面解析：本题属于对概念类知识的考查，在解题的过程中需要先解释方法重载和重写的概念，然后介绍各自的特点，最后再分析方法重载和重写之间的区别。

解析过程：

1. 方法重载

1）构成方法重载的必要条件

定义在同一个类中，方法名相同，参数的个数、顺序、类型不同构成重载。

2）方法重载的目的

为了解决参数的个数、类型、顺序不一致，但功能一致、方法名一致的重名问题的情况。

3）方法重载的特点

（1）发生在同一个类中。

（2）方法名称相同（参数列表不同）。

（3）参数的个数、顺序、类型不同。

（4）和返回值类型以及访问权限修饰符、异常声明没有关系。

（5）重载是多态的一种表现形式。

（6）重载的精确性原则，就是赋给变量值的时候要按照变量的规则赋值。

2. 方法重写

如果从父类继承的方法不能满足子类的需求，可以对其进行改写，这个过程称为方法的重写。

1）方法重写的目的

父类的功能实现无法满足子类的需求，需要重写。

2）方法重写的特点

（1）发生在具有子父类两个关系的类中。

（2）方法名称相同。

（3）参数的列表完全相同。

（4）返回值类型可以相同或者是其子类。

（5）访问权限修饰符不能够严于父类。

（6）重写是多态的必要条件。

（7）抛出的异常不能比父类的异常大。

（8）私有修饰的方法不能够被继承，就更不可能被重写。

（9）构造方法不能被重写。

2.3.5　什么是构造方法

题面解析：本题主要考查应聘者对 Java 中构造方法的理解，因此应聘者不仅需要知道什么是构造方法、构造方法有哪些特点，而且还要知道怎样使用构造方法。

解析过程：构造方法是指定义在 Java 类中的用来初始化对象的方法。通常使用"new+构造方法"的方式来创建新的对象，还可以给对象中的实例进行赋值。

1）构造方法的语法规则

（1）方法名必须与类名相同。

（2）无返回值类型，不能使用 void 进行修饰。

（3）可以指定参数，也可以不指定参数；分为有参构造方法和无参构造方法。

例如：调用构造方法

```
Student s1;
s1 = new Student();//调用构造方法
```

2）构造方法的特点

（1）当没有指定构造方法时，系统会自动添加无参的构造方法。

（2）构造方法可以重载：方法名相同，但参数不同的多个方法，调用时会自动根据不同的参数选择相应的方法。

（3）构造方法是不被继承的。

（4）当手动指定了构造方法时，无论是有参的还是无参的，系统都将不会再添加无参的构造方法。

（5）构造方法不但可以给对象的属性赋值，还可以保证给对象的属性赋一个合理的值。

（6）构造方法不能被 static、final、synchronized、abstract 和 native 修饰。

2.3.6　局部变量与成员变量有什么区别

题面解析： 本题主要考查局部变量和成员变量的区别，应聘者需要掌握变量的基础知识，包括什么是变量、什么是常量、变量的命名规则以及它们之间的区别等内容。看到问题时，应聘者脑海中要快速想到关于变量的各个知识点，才能够快速、准确地回答出该问题。

解析过程：

（1）局部变量是指在方法或者方法代码块中定义的变量，其作用域是其所在的代码块。

（2）成员变量是指在类的体系结构的变量部分中定义的变量。

（3）局部变量和成员变量的区别

①定义的位置

局部变量：定义在方法的内部。

成员变量：定义在方法的外部，即直接写在类中。

②作用范围

局部变量：只适用于方法中，描述类的公共属性。

成员变量：整个类中都可以通用。

③默认值（初始化）

局部变量：没有默认初始值，需要手动进行赋值之后才能使用。

成员变量：有默认初始值，如 int 类型的默认值为 0；float 类型的默认值为 0.0f；double 类型的默认值为 0.0。

④内存的位置

局部变量：位于栈内存。

成员变量：位于堆内存。

⑤生命周期

局部变量：在调用对应的方法时，局部变量因为执行创建语句而存在，超出自己的作用域之后会立即从内存中消失。

成员变量：成员变量随着对象的创建而创建，随着对象的消失而消失。

2.3.7 解释一下 break、continue 以及 return 的区别

题面解析：本题是在笔试中出现频率较高的一道题，主要考查应聘者是否掌握循环控制语句的使用。在解答本题之前需要知道 break、continue 和 return 的用法，经过对比，进而就能够很好地回答本题。

解析过程：

1. break

break 用于完全结束一个循环，跳出循环体。无论是哪种循环，只要在循环体中有 break 出现，系统会立刻结束循环，开始执行循环之后的代码。

break 不仅可以结束其所在的循环，还可结束其外层循环。在结束外层循环时，需要在 break 后加一个标签，这个标签用于标识外层循环。Java 中的标签就是一个紧跟着英文冒号（:）的标识符，且必须把它放在循环语句之前才有作用。例如：

```
for (int i = 0 ; i < 10 ; i++ ){
    //内层循环
    for (int j = 0; j < 5 ; j++ ){
        System.out.println("i 的值为:" + i + " j 的值为:" + j);
    if (j == 1){
    //跳出 outer 标签所标识的循环
        break outer;
    }
    }
}
```

2. continue

continue 用于终止本次循环，继续开始下次循环。continue 后的循环体中的语句不会继续执行，下次循环和循环体外面的都会执行。

continue 的功能和 break 有相似的地方，但区别是 continue 只是终止本次循环，接着开始下一次循环，而 break 则是完全终止循环。例如：

```
//简单的 for 循环
for (int i = 0; i < 5 ; i++ ){
        System.out.println("i 的值是" + i);
    if (i == 2){
        //忽略本次循环的剩下语句
        continue;
    }
        System.out.println("continue 后的输出语句");
}
```

3. return

return 并不是用于跳出循环，而是结束一个方法。如果在循环体内的一个方法内出现 return 语句，则 return 语句将会结束该方法，紧跟着循环也就结束。与 continue 和 break 不同的是，return 将直接结束整个方法，不管这个 return 处于多少层循环之内。例如：

```
for (int i = 0; i < 5 ; i++ ){
```

```
        System.out.println("i 的值是" + i);
        if (i == 2){
          return;
        }
        System.out.println("return 后的输出语句");
    }
```

2.3.8　Java 中的基本数据类型有哪些

题面解析：本题通常出现在面试中，考官提问该问题主要是想考查应聘者对基本数据类型的熟悉程度。数据类型是 Java 最基础的知识，只有掌握了基础知识，才能在以后的开发工作中应用自如。

解析过程：Java 中的基本数据类型可以分为整数类型、浮点数类型、字符类型和布尔类型四种。

1. 整数类型

1）byte

byte 是数据类型为 8 位、有符号、以二进制补码表示的整数，用于表示最小数据单位；取值范围 $-2^7 \sim 2^7-1$，其中默认值为 0。

2）short

short 是数据类型为 16 位、有符号、以二进制补码表示的整数；取值范围 $-2^{15} \sim 2^{15}-1$，其中默认值为 0。

3）int

int 是数据类型为 32 位、有符号、以二进制补码表示的整数；取值范围 $-2^{31} \sim 2^{31}-1$，其中默认值为 0；一般整型变量默认为 int 类型。

4）long

long 是数据类型为 64 位、有符号、以二进制补码表示的整数；取值范围 $-2^{63} \sim 2^{63}-1$，其中默认值为 0；long 主要使用在需要较大整数的系统上。

2. 浮点数类型

1）float

float 是数据类型为单精度、32 位、符合 IEEE 754 标准的浮点数，其中默认值为 0.0f；浮点数不能用来表示精确的值。

2）double

double 是数据类型为双精度、64 位、符合 IEEE 754 标准的浮点数，其中默认值为 0.0d；浮点数的默认类型为 double 类型，double 类型同样不能表示精确的值。

3. 字符类型

字符（char）类型是一个单一的 16 位的 Unicode 字符；取值范围为\u0000（0）～\uffff（65 535）；char 数据类型可以储存任何字符，但需要注意不能为 0 个字符。

4. 布尔类型

布尔（boolean）数据类型表示一位的信息；boolean 数据类型只有 true 和 false 两个值，只作为一种标志来记录 true/false 的情况，其中默认值为 false。

2.3.9 Java 中 this 的用法

题面解析： 本题不仅会出现在笔试中，而且在以后的开发过程中也会经常遇到。因此掌握 this 的用法是非常重要的。

解析过程： this 在类中代表当前对象，可以通过 this 关键字完成当前对象的成员属性、成员方法和构造方法的调用。

Java 的关键字 this 只能用于方法体内。当一个对象创建后，Java 虚拟机就会给这个对象分配一个引用自身的指针，这个指针的名字就是 this。因此，this 只能在类中的非静态方法中使用，静态方法和静态的代码块中绝对不能出现 this，并且 this 只和特定的对象关联，而不和类关联，同一个类的不同对象有不同的 this。

那么什么时候使用 this 呢？

当在定义类中的方法时，如果需要调用该类对象，就可以用 this 来表示这个对象。

this 的作用：

（1）表示对当前对象的引用。

（2）表示用类的成员变量，而非函数参数。

（3）用于在构造方法中引用满足指定参数类型的构造方法，只能引用一个构造方法且必须位于开始的位置。

2.3.10 接口和抽象类

试题题面： 接口是否可以继承接口？抽象类是否可以实现接口？抽象类是否可以继承实体类？

题面解析： 本题属于在笔试中高频出现的问题之一，主要考查关于接口和抽象类的知识点，在解答本题之前需要了解什么是接口、什么是抽象类、什么是抽象方法，同时还需要把接口和抽象类区分开来，以防混淆。

解析过程：

1）接口

接口属于一种约束形式，只包括成员定义，不包含成员实现的内容。

2）抽象类

抽象类主要是针对看上去不同，但是本质上相同的具体概念的抽象。抽象类不能用来实例化对象，声明抽象类的唯一目的是为了将来对该类进行扩充。一个类不能同时被 abstract 和 final 修饰。如果一个类包含抽象方法，那么该类一定要声明为抽象类，否则将出现编译错误。

3）抽象方法

抽象方法是指一些只有方法声明而没有具体方法体的方法。抽象方法一般存在于抽象或接口中。抽象方法不能被声明成 final 和 static 类型；任何继承抽象类的子类必须实现父类的所有抽象方法，除非该子类也是抽象类；如果一个类包含若干个抽象方法，那么该类必须声明为抽象类，但抽象类可以不包含抽象方法；抽象方法的声明以分号结尾。

（1）接口可以继承（extends）接口。通过关键字 extends 声明一个接口是另一个接口的子接口。由于接口中的方法和常量都是 public，子接口将继承父接口中的全部方法和常量。例如：

```
public interface InterfaceA{
}
interface InterfaceB extends InterfaceA{
}
```

（2）抽象类可以实现（implements）接口。当一个类声明实现一个接口而没有实现接口中所有的方法，那么这个类必须是抽象类，即 abstract 类。例如：

```
public interface InterfaceA{
}
abstract class TestA implements InterfaceA{
}
```

（3）抽象类可以继承（extends）实体类，但前提是实体类必须有明确的构造函数。例如：

```
public class TestA{
}
abstract class TestB extends TestA{
}
```

2.4　名企真题解析

接下来，我们收集了一些大企业往年的面试及笔试题，读者可以根据以下题目来作参考，看自己是否已经掌握了基本的知识点。

2.4.1　值传递和引用传递

【选自 WR 笔试题】

试题题面：当一个对象被当作参数传递到一个方法后，此方法可改变这个对象的属性，并可返回变化后的结果，那么这里到底是按值传递还是按引用传递？

题面解析：本题题目比较长，有些读者可能觉着回答很费劲。其实可以换一种方式来想该问题，即 Java 中是按值传递还是按引用传递？本题的重点是在最后按值传递还是按引用传递，接下来将详细讲解按值传递和按引用传递。

解析过程：

先来讲解一下什么是值传递和引用传递。

1）值传递

在方法调用时，实际参数把它的值传递给对应的形式参数，方法执行中，对形式参数值的改变不影响实际参数的值。

按值传递就是将一个参数传递给一个函数时，函数接收的是原始值的一个副本。因此，如果函数修改了该参数，仅改变副本，而原始值保持不变。

2）引用传递

引用传递也称为传地址。方法调用时，实际参数的引用被传递给方法中相对应的形式参数，在方法执行中，对形式参数的操作实际上就是对实际参数的操作，方法执行中形式参数值的改变将会影响实际参数的值。

按引用传递是将一个参数传递给一个函数时，函数接收的是原始值的内存地址，而不是值的副本。因此，如果函数修改了该参数的值，调用代码中的原始值也随之改变。如果函数修改了该参数的地址，调用代码中的原始值不会改变。

在 Java 中只有值传递参数。

（1）当一个对象实例作为一个参数被传递到方法中时，参数的值就是该对象引用的一个副本。对象的内容可以在被调用的方法中改变，但对象的引用是不会发生改变的。

Java 中没有指针，因此没有引用传递。但可以通过创建对象的方式来实现引用传递。

（2）在 Java 中只会传递对象的引用，按引用传递对象。

（3）在 Java 中按引用传递对象但并不意味着会按引用传递参数。参数可以是对象引用，而 Java 是按值传递对象引用的。

（4）Java 中的变量可以为引用类型和基本类型。当作为参数传递给一个方法时，处理这两种类型的方式是相同的，两种类型都是按值传递。

2.4.2　什么是类的反射机制

【选自 GG 面试题】

题面解析： 本题主要考查 Java 中的反射机制，我们需要知道什么是反射机制，反射机制的功能都有哪些，另外就是怎样运用反射机制来创建类的对象等。全面地了解该问题所涉及的知识，回答问题会更加容易。

解析过程：

反射机制是 Java 语言中的一个重要的特性，反射机制不仅允许程序在运行时进行自我检查，而且还允许对其内部的成员进行操作。由于反射机制在运行时能够实现对类的装载，因此能够提高程序的灵活性，但是如果使用反射机制的方法不当，可能也会严重影响系统的性能。

反射机制提供的功能如下：

（1）得到一个对象所属的类。

（2）获取一个类的所有成员变量和方法。

（3）在运行时创建对象。

（4）在运行时调用对象的方法。

反射机制最重要的一个作用就是可以在运行时动态地创建类的对象，其中 Class 类是反射机制中最重要的类。获取 Class 类的方法如下：

```
获取 Class 对象的三种反射：
（1）Class class1 = Class.forName("com.reflection.User");
（2）Class class2 = User.class;
（3）User user = new User();
    Class class3 = user.getClass();
```

获取对象实例的方法如下：

```
（1）user1 = (User)class1.newInstance ();
    user1.setName("a");
    user1.setAge("15");
（2）Constructor constructor = class2.getConstructor (String.class, Integer.class);
    user2 = (User)constructor.newInstance("b", 11);
```

2.4.3　Java 创建对象的方式有哪几种

【选自 BD 面试题】

题面解析： 本题也是在大型企业的面试中最常问的问题之一，主要考查创建对象的方式。

解析过程：

共有 4 种创建对象的方式。

1）通过 new 语句实例化一个对象

使用 new 关键字创建对象是最常见的一种方式，但是使用 new 创建对象会增加耦合度。在使用 new 时需要先查看 new 后面的类型，然后再决定分配多大的内存空间；接着可以通过调用构造函数，来对对象的各个域进行填充；根据构造方法的返回值进行对象的创建，最后把引用地址传递给外部。例如：

```
package test;
/**使用 new 关键字创建对象*/
public class NewClass
{
    public static void main (String [] args)
    {
        Hello h = new Hello ();
        h.sayWorld();
    }
}
```

2）通过反射机制创建对象

使用反射机制的 Class 类的 newInstance()方法。

3）通过 clone()方法创建一个对象

在使用 clone()方法时，不会调用构造函数，而是需要有一个分配了内存的源对象。在创建新对象时，首先应该分配一个和源对象一样大的内存空间。

4）通过反序列化的方式创建对象

序列化就是把对象通过流的方式存储到文件里面，那么反序列化也就是把字节内容读出来并还原成 Java 对象，这里还原的过程就是反序列化。在使用反序列化时也不会调用构造方法。

第3章

字符串和数组

本章导读

　　字符串和数组也是程序员需要学习的重点。本章将带领读者学习关于字符串和数组的相关知识以及在面试笔试过程中回答问题的方法。本章先是针对字符串和数组基础知识进行详解，然后搜集了关于字符串和数组常见的面试笔试题，在本章的最后精选了大企业的面试笔试真题，并进行分析与解答。

知识清单

　　本章要点（已掌握的在方框中打钩）
　　□ 字符串的创建
　　□ 字符串的类型转换
　　□ 一维数组
　　□ 二维数组
　　□ 数组的排序

3.1　字符串

　　本节主要讲解 Java 中的字符串的创建、基本操作、类型转换以及字符串在实际操作中的应用等问题。应聘者只有能够理解问题的要求，掌握这些基础知识并且能够做到举一反三，才能在面试及笔试中应对自如。

3.1.1　String 类

　　String 类的本质就是字符数组，String 类是 Java 中的文本数据类型。字符串是由字母、数字、汉字以及下画线组成的一串字符。字符串常量是用双引号表示的内容。String 类是 Java 中比较特殊的一类，但它不是 Java 的基本数据类型之一，却可以像其他基本数据类型一样使用，声明与初始化等操作都是相同的，是程序经常处理的对象，因此掌握好 String 的用法对我们后面的学习会有所帮助。

3.1.2　字符串的创建

String 类的创建有两种方式：一种是直接使用双引号赋值；另一种是使用 new 关键字创建对象。

1. 直接创建

直接使用双引号为字符串常量赋值，语法格式如下：

```
String 字符串名 ="字符串";
```

字符串名：一个合法的标识符。

字符串：由字符组成。

例如：

```
String s = "hello java";
```

2. 使用 new 关键字创建

在 Java 中有多种重载的构造方法，通常使用 new 关键字调用 String 类的构造方法来创建字符串。

1）public String()方法

这种方法初始化一个新创建的 String 类对象，使它表示一个空字符序列。由于 String 是不可改变的，因此这种创建方法我们几乎不使用。

使用 String()方法创建空字符串的代码如下：

```
String s = new String();
```

☆**注意**☆　使用 String 类创建的空字符串，它的值不是 null，而是 " "，它是实例化的字符串对象，不包括任何字符。

2）public String(String original)方法

该方法初始化一个新创建的 String 类对象，使其表示一个与参数相同的字符序列，即创建该参数字符串的副本。由于 String 类是不可变的，因此这种构建方法一般不常用，除非需要显示 original 的副本。

使用一个带 String 类型参数的构造函数创建字符串，具体代码如下：

```
String s = new String("hello");
```

3）public String(char[] value)方法

该方法分配一个新的 String 类对象，使其表示字符数组参数中当前包括的字符序列。该字符数组的内容已经被复制，后续对字符数组的修改不会影响新创建的字符串。字符数组 value 的值是字符串的初始值。

使用一个带 char 类型数组参数的构造函数创建字符串，具体代码如下：

```
char a[] = {'h','e','l','l','o'};
String s = new String(a);
```

4）public String(char[], value, int, offset, count)方法

该方法是分配一个新的 String 类对象，它包含字符数组参数的一个子数组的字符。offset 参数是子数组第一个字符的索引，count 参数指定子数组的长度。该子数组的内容已经被复制，

后续对字符数组的修改不会影响新创建的字符串。

使用带有 3 个参数的构造函数创建字符数组，具体代码如下：

```
char[] a= {'s','t','u','d','e','n','t'};
String s = new String(a, 2, 4);
a [3]='u',
```

3.1.3　字符串的连接

连接字符串是字符串操作中最简单的一种。通过连接字符串，可以将两个或多个字符串、字符、整数和浮点数等类型的数据连成一个更大的字符串。字符串的连接有两种方法，一种是使用"+"，另一种是使用 String 提供的 concat()方法。

1. 使用"+"连接字符串

"+"运算符是最简单、快捷，也是使用最多的字符串连接方式。在使用"+"运算符连接字符串和 int 型（或 double 型）数据时，"+"将 int（或 double）型数据自动转换成 String 类型。

下面的实例使用"+"运算符连接了 3 个数组和 1 个字符串。

```
public static void main (String [] args)
{
    int[] no=new int[]{51,11,24,12,34}; //定义学号数组
    String[] names=new String[]{"张宁","刘丽","李旺","孟霞","贺一"}; //定义姓名数组
    String[] classes=new String[]{"数学","语文","数学","英语","英语"}; //定义课程数组
    System.out.println("本次考试学生信息如下: ");
    //循环遍历数组, 连接字符串
    for (int i=0; i<no.length;i++)
    {
        System.out.println("学号: "+no[i]+"|姓名: "+names[i]+"|课程: "+classes[i]+"|班级:
        "+"九年级");
    }
}
```

上述代码首先创建了 3 个包含 5 个元素的数组，然后循环遍历数组，遍历的次数为 5。在循环体内输出学号、姓名和课程，并使用"+"运算符连接班级，最终形成一个字符串。程序运行后输出结果如下：

```
本次考试学生信息如下:
学号: 51|姓名: 张宁|课程: 数学|班级: 九年级
学号: 11|姓名: 刘丽|课程: 语文|班级: 九年级
学号: 24|姓名: 李旺|课程: 数学|班级: 九年级
学号: 12|姓名: 孟霞|课程: 英语|班级: 九年级
学号: 34|姓名: 贺一|课程: 英语|班级: 九年级
```

☆**注意**☆　当定义的字符串值的长度过长时，可以分多行来写，这样比较容易阅读。

2. 使用 concat()方法

在 Java 中，String 类的 concat()方法实现了将一个字符串连接到另一个字符串后面的方法。concat()方法语法格式如下：

```
字符串 1 concat (字符串 2);
```

执行结果是字符串 2 被连接到字符串 1 的后面，形成新的字符串。

concat()方法一次只能连接两个字符串，如果需要连接多个字符串，需要多次调用 concat()

方法。

下面创建一个实例代码来演示如何使用 concat()方法连接多个字符串。

```
public static void main (String [] args)
{
    String info="python";
    info=info.concat("java、");
    info=info.concat("c、");
    info=info.concat("html");
    System.out.println(info);
    String cn="中国";
    System.out.println(cn.concat("河南").concat("郑州").concat("聚慕课"));
}
```

执行该段代码，输出的结果如下：

```
python、java、c、html
中国河南郑州聚慕课
```

3.1.4 字符串的基本操作

在程序中我们经常对字符串进行一些基本的操作，接下来将从以下几个方面介绍字符串的基本操作。

1. String 基本操作方法

1）获取字符串长度方法 length()

```
int length=str.length();
```

2）获取字符串中的第 i 个字符方法 charAt(i)

```
char ch = str.charAt(i);  //i 为字符串的索引号，可得到字符串任意位置处的字符，保存到字符变量中
```

3）获取指定位置的字符方法 getChars(4 个参数)

```
char array[] = new char[80];  //先要创建一个容量足够大的 char 型数组，数组名为 array
str.getChars(indexBegin,indexEnd,array,arrayBegin);
```

2. 字符串比较

字符串比较也是常见的操作，包括比较大小、比较相等、比较前缀和后缀等。

1）比较大小

```
compare to (String)
compare to IgnoreCase(String)
compare to (object String)
```

该示例通过使用上面的函数比较两个字符串，并返回一个 int 类型的数据。若字符串等于参数字符串则返回值为 0；若字符串小于参数字符串则返回值小于 0；若字符串大于参数字符串则返回值大于 0。

2）比较相等

```
String a=new String("abc");
String b=new String("abc");
a.equals(b);
```

如果两个字符串相等则返回的结果为 true，否则返回的结果为 false。

3）比较前缀和后缀

startsWith()方法测试字符串是否以指定的前缀开始，endsWith()方法测试字符串是否以指定

的后缀结束。具体代码如下：

```
public boolean startsWith (String prefix)
public boolean endsWith (String suffix)
```

在上述代码中，boolean 为返回值类型；prefix 为指定的前缀；suffix 为指定的后缀。

3. 字符串的查找

有时候需要在一段很长的字符串中查找其中一部分字符串或者某个字符，String 类恰恰提供了相应的查找方法。字符串查找分为两类：查找字符串和查找单个字符。查找又可分为查找对象在字符串中第一次出现的位置和最后一次出现的位置。

1）查找字符出现的位置

（1）indexOf()方法

```
str.indexOf(ch);
str.indexOf(ch,fromIndex); //包含 fromIndex 位置
```

返回指定字符在字符串中第一次出现位置的索引；返回指定索引位置之前第一次出现该字符的索引号。

（2）lastIndexOf()方法

```
str.lastIndexOf(ch);
str.lastIndexOf(ch,fromIndex);
```

返回指定字符在字符串中最后一次出现位置的索引；返回指定索引位置之前最后一次出现该字符的索引号。

2）查找字符串出现的位置

（1）indexOf()方法

```
str.indexOf(str);
str.indexOf(str,fromIndex);
```

返回指定子字符串在字符串中第一次出现位置的索引；返回指定索引位置之前第一次出现该子字符串的索引号。

（2）lastIndexOf()方法

```
str.lastIndexOf(str);
str.lastIndexOf(str,fromIndex);
```

返回指定子字符串在字符串中最后一次出现位置的索引；返回指定索引位置之前最后一次出现该子字符串的索引号。

3.1.5　字符串的类型转换

有时候需要在字符串与其他数据类型之间转换，例如将字符串类型数据变为整型数据，或者反过来将整型数据变为字符串类型数据，例如"20"是字符串类型数据，20 就是整型数据。我们都知道整型和浮点型两者之间可以利用强制类型转换和自动类型转换两种机制实现转换，那么"20"和 20 这两种属于不同类型的数据就需要用到 String 类提供的数据类型转换方法了。

由于数据类型较多，因而转换使用的方法也比较多，如表 3-1 所示。

表 3-1　字符串的类型转换

数据类型	字符串转换为其他数据类型的方法	其他数据类型转换为字符串的方法 1	其他数据类型转换为字符串的方法 2
byte	Byte.parseByte(str)	String.valueOf([byte] bt)	Byte.toString([byte] bt)
int	Integer.parseInt(str)	String.valueOf([int] i)	Int.toString([int] i)
long	Long.parseLong(str)	String.valueOf([long] l)	Long.toString([long] l)
double	double.parseDouble(str)	String.valueOf([double] d)	Double.toString([double] b)
float	Float.parseFloat(str)	String.valueOf([float] f)	Float.toString([float] f)
char	str.charAt()	String.valueOf([char] c)	Character.toString([char] c)
boolean	Boolean.getBoolean(str)	String.valueOf([boolean] b)	Boolean.toString([boolean] b)

3.2　一维数组

一维数组就是一组具有相同类型的数据集合，一维数组的元素是按顺序存放的。本节将对一维数组的基础知识进行讲解。

3.2.1　数组的定义

内存中一串连续的存储单元（变量）叫数组。指针移动和比较只有在一串连续的数组中才有意义。当数组中每个变量只带一个下标时，称为一维数组。

定义一个一维数组：

```
类型名 数组名[常量表达式]
如: int a[8];
```

（1）定义一个一维整型名为 a 的数组。

（2）方括号中规定此数组有 8 个元素，如 a[0]-a[7]，不存在 a[8] 这个元素。

（3）a 数组中每个元素均为整型，且每个元素只能存放整型。

（4）每个元素只有一个下标，且第一个元素的下标总为 0。

3.2.2　数组的声明

要使用 Java 中的数组，必须先声明组数，再为组数分配内存空间。

一维数组的声明有两种，语法格式如下：

```
数据类型 数组名[]
数据类型[] 数组名
```

（1）数据类型：指明数组中元素的类型。它可以是 Java 中的基本数据类型，也可以是引用数据类型。

（2）数组名：一个合法的 Java 标识符。

（3）方括号"[]"：表示数组的维数，一对方括号表示一维数组。

这两种声明的不同之处在于"[]"的位置，Java 建议使用的方法是将"[]"放在数据类型后面，而不是数组名后面。将"[]"放在数组名后面的这种风格来自 C/C++语言，在 Java 中也允许这种风格。

Java 语言使用 new 操作符来创建数组，语法格式如下：

```
arryRefVar=new datatype[arraySize];
```

上面的语句做了两件事，第一件事是使用 datatype[arraySize]创建了一个数组；第二件事是把新创建数组的引用赋值给变量 arryRefVar。

声明数组变量和创建数组可以用一条语句完成，具体的语法格式如下：

```
datatype[] arryRefVar= new datatype[arraySize];
```

另外，读者还可以使用下面的方式创建数组。具体的语法格式如下：

```
datatype [] arryRefVar= [value0, value1,…,valuek];
```

☆**注意**☆　数组的元素是通过索引进行访问的，数组索引是从 0 开始的。

下面我们通过例子对语法进行解释：

```
public class Test {
    public static void main (String [] arges) {
        int [] arl;
        arl=new int [3];
        System.out.println"arl[0]="+arl[0]);
        System.out.println"arl[1]="+arl[1]);
        System.out.println"arl[2]="+arl[2]);
        System.out.println"数组的长度是: "+arl.length);
    }
}
```

程序的运行结果如下：

```
arl [0] =0
arl [1] =1
arl [2] =2
数组的长度是: 3
```

3.3　二维数组

前面我们介绍了一维数组，一维数组与二维数组具有相同点。二维数组其实是一维数组的嵌套（把每一行都看作一个内层的一维数组）。

3.3.1　数组的定义

数组的定义有三种格式，分别如下：

1）第一种定义格式

```
int [] [] arr = new int [3][4];
```

arr 里面包含 3 个数组，每个数组里面有 4 个元素。

以上代码相当于定义了一个 3×4 的二维数组，即二维数组的长度为 3，二维数组中的每个元素又是一个长度为 4 的数组。

2）第二种定义格式

```
int [] [] arr = new int [3] [];
```

这种方式和第一种类似，只是数组中每个元素的长度不确定。

3）第三种定义格式

```
int [] [] arr = {{1,2}, {3,4,5,6}, {7,8,9}};
```

上述二维数组中定义了 3 个元素，这 3 个元素都是数组，分别为{1,2}、{3,4,5,6}、{7,8,9}。

3.3.2　数组的声明

二维数组就是特殊的一维数组，其中每个元素都是一个一维数组，例如：

```
String str[][]=new String[3][4];
```

二维数组的动态初始化有以下两种方式：

（1）直接为每一维分配空间，格式如下：

```
type arryName = new type [arraylength1] [arraylength2]
```

type 可以为基本数据类型和复合数据类型。

arraylength1 和 arraylength2 必须为正整数，arraylength1 为行数，arraylength2 为列数。

例如：

```
int a [] [] =new int [2][3];
```

上述二维数组 a 可以看成一个两行三列的数组。

（2）从最高维开始，分别给每一维分配空间，例如：

```
String s [] [] =new String [2] [];
s [0] =new String [2];
s [1] =new String [3];
s [0][0] =new String("Good");
s [0][1] =new String("Luck");
s [1][0] =new String("to");
s [1][1] =new String("you");
s [1][2] =new String ("!");
```

☆**注意**☆　"s[0]=new String[2]" 和 "s[1]=new String[3]" 是为最高维数组分配引用空间，也就是为最高维限制能保存数据的最大长度，然后再为每个数组元素单独分配空间，即 "s[0][0]=new String("Good");" 等操作。

3.4　数组的排序

下面将介绍几种在数组里常见的排序方法。

1. 数组冒泡排序

冒泡排序（Bubble Sort）是一种较简单的排序算法。

冒泡排序主要是重复地访问要排序的元素列，依次比较两个相邻的元素，如果顺序（如从大到小、首字母从 Z 到 A）错误就把它们交换过来。访问元素的工作是重复进行的，直到没有相邻元素需要交换为止，即该元素列已经排序完成。该算法名字的由来是因为越小的元素会经由交换慢慢浮到数列的顶端（升序或降序排列），就如同碳酸饮料中二氧化碳的气泡最终会上浮到顶端一样，故名"冒泡排序"。

冒泡排序的代码如下：

```
public void bubbleSort (int a []) {
    int n = a.length;
    for (int i = 0; i < n - 1; i++) {
        for (int j = 0; j < n - 1; j++) {
            if (a[j] > a [j + 1]) {
                int temp = a[j];
                a[j] = a [j + 1];
                a [j + 1] = temp;
            }
        }
    }
}
```

2. 数组的选择排序

选择排序（Selection Sort）是一种简单直观的排序算法。

它的工作原理是：第一次从待排序的数据元素中选出最小（或最大）的一个元素，存放在序列的起始位置，然后再从剩余的未排序元素中寻找到最小（或最大）元素，然后放到已排序的序列的末尾。以此类推，直到全部待排序的数据元素的个数为零。

选择排序是不稳定的排序方法。代码如下：

```
public void selectSort (int a []) {
    for (int n = a.length; n > 1; n--) {
        int i = max (a, n);
        int temp = a[i];
        a[i] = a [n - 1];
    }
}
```

3. 数组插入排序

所谓插入排序法（Insert Sort），就是检查第 i 个数字，如果在它左边的数字比它大，就进行交换，这个动作一直继续下去，直到这个数字的左边数字比它小，就可以停止了。

插入排序法主要的循环取决于两个变数： i 和 j，每一次执行这个循环，就会将第 i 个数字放到左边恰当的位置。代码如下：

```
public void insertSort (int a []) {
    int n = a.length;
    for (int i = 1; i < n; i++) { //将a[i]插入a[0:i-1]
        int t = a[i];
        int j;
        for (j = i - 1; j >= 0 && t < a[j]; j--) {
            a [j + 1] = a[j];
        }
        a [j + 1] = t;
    }
}
```

4. 设置两层循环

循环排列（Circular Permutation）也称为圆排列、环排列等，它也是排列的一种。循环排列指从 n 个不同元素中取出 m（$1 \leqslant m \leqslant n$）个不同的元素排列成一个环形，既没有头也没有尾。当且仅当所取元素的个数相同、元素取法一致以及在环上的排列顺序一致时，两个循环排列才会相同。代码如下：

```
for (int i=0; i< arrayOfInts.length;i++)
{
    for (int j=i+1; j< arrayOfInts.length; j++)
    {
        if(arrayOfInts[i]>arrayOfInts[j])
```

```
            {
                a=arrayOfInts[i];
                arrayOfInts[i]=arrayOfInts[j];
                arrayOfInts[j]=a;
            }
        }
    }
```

5. 用 Arrays.sort()方法排序

Arrays.sort 即数组名，是指 sort(byte[] a)和 sort(long[] a)两种排序方法，使用这两种方法可以对数字在指定的范围内排序。这个方法在 java.util 这个包里面，所以在用到的时候需要先将它导入。代码如下：

```java
//导入包
import java.util.Arrays;
public class Two3{
    public static void main (String [] args)
    {
        int [] arrayOfInts= {32,87,3,589,12,7076,2000,8,622,127};
        Arrays.sort(arrayOfInts);
        for (int i=0; i< arrayOfInts.length-1; i++)
        {
            System.out.print(arrayOfInts[i]+" ");
        }
    }
}
```

3.5　精选面试、笔试题解析

根据前面介绍字符串的基础知识，本节总结了一些在面试或笔试过程中经常遇到的问题。通过本节的学习，读者将掌握在面试或笔试过程中回答问题的方法。

3.5.1　String 是基本的数据类型吗

题面解析：本题是在面试题中比较基础的面试题，主要考查应聘者对字符串的数据类型的掌握程度。应聘者需要知道 Java 中都有哪些数据类型，然后才能够更好地回答本题。

解析过程：

String 不是基本的数据类型。基本数据类型包括 byte、int、char、long、float、double、boolean 和 short。引用数据类型包括类、数组、接口等（简单来说就是除了基本数据类型之外的所有类型），因此 String 是引用数据类型。

3.5.2　StringBuffer 和 StringBuilder 有什么区别

题面解析：本题是在笔试中出现频率较高的一道题，主要考查应聘者是否掌握字符串的使用。在解答本题之前需要知道 StringBuffer 和 StringBuilder 的用法，经过对比，进而能够很好地回答本题。

解析过程：

1）StringBuffer

StringBuffer 对象代表一个字符序列可变的字符串，当一个 StringBuffer 被创建以后，通过

StringBuffer 提供的 append()、insert()、reverse()、setCharAt()和 setLength()等方法可以改变这个字符串对象的字符序列。一旦通过 StringBuffer 生成了最终想要的字符串，就可以调用它的 toString()方法将其转换为一个 String 对象。例如：

```
StringBuffer b = new StringBuffer ("123");
b.append("456");
System.out.println(b);
//b打印结果为: 123456
```

所以说 StringBuffer 对象是一个字符序列可变的字符串，它没有重新生成一个对象，而且在原来的对象中可以连接新的字符串。

2）StringBuilder

StringBuilder 类也代表可变字符串对象。实际上，StringBuilder 和 StringBuffer 基本相似，两个类的构造器和方法也基本相同。不同的是：StringBuffer 是线程安全的，而 StringBuilder 则没有实现线程安全功能，因此性能较高。StringBuffer 类中的方法都添加了 synchronized 关键字，也就是给这个方法添加了一个锁，用来保证线程的安全。

由上述对两者的介绍可知 StringBuffer 和 StringBuilder 非常类似，均代表可变的字符序列，这两个类都是抽象类。

StringBuilder 适用于单线程下在字符缓冲区进行大量操作的情况。

StringBuffer 适用于多线程下在字符缓冲区进行大量操作的情况。

在运行速度方面：

```
StringBuilder>StringBuffer
```

String 为字符串常量，而 StringBuilder 和 StringBuffer 均为字符串变量，即 String 对象一旦创建之后该对象是不可更改的，但后两者的对象是变量，是可以更改的。

StringBuilder 和 StringBuffer 的对象是变量，对变量进行操作就是直接对该对象进行更改，而不进行创建和回收的操作，所以速度要比 String 快很多。

在线程安全上，StringBuilder 的线程是不安全的，而 StringBuffer 的线程是安全的。

一个 StringBuffer 对象在字符串缓冲区被多个线程使用时，StringBuffer 中很多方法都带有 synchronized 关键字，所以可以保证线程是安全的，但 StringBuilder 的 append()方法中没有 synchronized 关键字，所以不能保证线程安全。

如果要进行的操作是多线程的，那么就要使用 StringBuffer，但是在单线程的情况下，还是建议使用速度比较快的 StringBuilder。

3.5.3 求顺序排列数组中绝对值最小的数

题面解析： 可以对数组进行顺序遍历，对每个遍历到的数求绝对值再进行比较，就可以很容易地找出数组中绝对值最小的数。

在本题中，假设有一个升序排列的数组，数组中可能有正数、负数、0，求数组中绝对值最小的数。

由于数组是升序排列，那么绝对值最小的数一定在正数与非正数的分界点处。

解析过程：

有三种情况分析，分别是正数、负数和既有正数又有负数。针对这三种情况进行分析：

（1）如果 a[0]>0，那么数组中所有元素均为正数，则 a[0]为绝对值最小的元素。

（2）如果 a[len-1]<0，那么数组中所有元素均为负数，则 a[len-1]为绝对值最小的元素。

（3）数组中元素有正有负时，绝对值最小的元素在正负数的交界点处，这里只需要比较交界点相邻两数绝对值的大小，返回绝对值小的即可。

设 a[mid]为数组的中间元素，那么可以以如下步骤进行查找：

①如果 a[mid]<0，因为数组是升序，说明绝对值最小的数不会出现在 a[mid]左边，需要在 mid 以右的区间进行查找。

②如果 a[mid]>0，因为数组是升序，说明绝对值最小的数不会出现在 a[mid]右边，这里同时判断与 a[mid]相邻且在其左侧的 a[mid-1]元素的正负。如果为负数，那么说明这两个数是数组中正负交界点，返回这两个数的绝对值较小的一个；如果 a[mid-1]不为负，那么需要在 mid 以左的区间进行查找。

③如果 a[mid]==0，那么 a[mid]即为绝对值最小的元素。

代码如下：

```
int FindMinAbs (int a [], int len)
{
//如果 a 数组第一个元素>0，则 a[0]之后的数均>0，且都比 a[0]大
    if (a [0]>0)
    return a [0];
//如果 a 数组最后一个元素<0，则 a[len-1]之前的数均<0，且都比 a[len-1]小，所以 abs(a[len-1])最小
    else if(a[len-1] <0)
      return a[len-1];
    int left=0, right=len-1, mid=(left+right)/2;
    int i=0;
//如果 a[0]<0，a[len-1]>0，那么绝对值最小的数一定出现在正负交界点
    while(true)
    {
     cout<<"mid="<<mid<<", a[mid]="<<a[mid]<<", left="<<left<<", right="<<right<<endl;
      if(a[mid]<0)
        {
         left = mid+1;
        }
        else if(a[mid]>0)
        {
        //如果 a[mid]和 a[mid-1]一正一负，所以只需判断它们的绝对值大小
        if(a[mid]*a[mid-1] <= 0)
        return -a[mid-1] < a[mid]? a[mid-1]: a [mid];
          right = mid-1;
          }
        else
        return a[mid];
    mid = (left+right)/2;
    }
  }
```

程序运行结果如下：

```
输入数组: {1, 2, 3}, 绝对值最小: 1
输入数组: {-1, 0, 3}, 绝对值最小: 0
输入数组: {-3, -2, -1}, 绝对值最小: 1
输入数组: {-1, 2, 3}, 绝对值最小: 1
```

3.5.4　统计字符中的字母、空格、数字和其他字符个数

题面解析：本题属于算法计算题，主要考查应聘者对字符串的灵活运用。在解答本题之前需要知道英文字母、空格、数字和其他字符的区别和表示方法，然后通过对字符串进行遍历，从而能够很好地回答本题。

解析过程：

英文字母包括 a～z（小写）、A～Z（大写），数字为 0～9，空格为 blank，除此之外的都是其他字符，确定好所求问题的范围再进行解答。输入一行字符，分别统计出其中英文字母、空格、数字和其他字符的个数，用 Java 语言写出相应的代码如下：

```java
public static void main (String [] args) {
    int digital = 0;
    int character = 0;
    int other = 0;
    int blank = 0;
    char [] ch = null;
    Scanner sc = new Scanner(System.in);
    String s = sc.nextLine();
    ch = s.toCharArray();
    for (int i=0; i<ch.length; i++) {
    if(ch[i] >= '0' && ch[i] <= '9') {
      digital ++;
      } else if((ch[i] >= 'a' && ch[i] <= 'z') || ch[i] > 'A' && ch[i] <= 'Z') {
      character ++;
      } else if(ch[i] == ' ') {
      blank ++;
      } else {
      other ++;
      }
      }
    System.out.println("英文字母个数：" + character);
    System.out.println("空格个数：" + blank);
    System.out.println("数字个数：" + digital);
    System.out.println("其他字符个数：" + other );
    }
```

当我们输入一串字符时，可以计算出我们想要的结果。运行结果如下：

```
输入字符串：1234jumuke  %￥
英文字母个数：6
空格个数：2
数字个数：4
其他字符个数：2
```

3.5.5　比较两个字符串是否相等

题面解析：本题是在笔试中出现频率较高的一道题，主要考查应聘者对字符串比较的灵活运用。在解答本题之前需要知道怎样比较字符串、什么情况下字符串是相等的，进而就能够很好地回答本题。

解析过程：

通俗地说，当两个字符串完全一样时，就表示两个字符串是相等的。以下介绍两种方法。

（1）if(str1==str2)

这种写法在 Java 中可能会带来问题。

例如：

```
String a="abc"; String b="abc"
```

a==b 将返回 true。因为在 Java 中字符串的值是不可改变的，相同的字符串在内存中只会存一份，所以 a 和 b 指向的是同一个对象。

例如：

```
String a=new String("abc");
String b=new String("abc");
```

a==b 将返回 false，此时 a 和 b 指向不同的对象。

（2）用 equals 方法

该方法比较的是字符串的内容是否相同，代码如下：

```
String a=new String("abc");
String b=new String("abc");
a.equals(b);
```

如果字符串的内容相同则返回 true，否则返回 false。

3.5.6　用 quicksort 算法实现对整数数组的排序

题面解析： 本题主要考查应聘者对数组排序的熟练掌握程度。quicksort 算法是快速排序的一种，在本题中我们不仅需要知道选择使用哪种方法进行排序，而且还要知道快速排序的速度是相对比较快的。

解析过程：

通过排序将要排序的数据分割成独立的两部分，其中一部分的所有数据都比另外一部分的所有数据要小，然后再按照这个方法对这两部分数据分别进行快速排序，整个排序过程可以递归进行，以此达到整个数据变成有序序列的目的。最坏情况的时间复杂度为 $O(n^2)$，最好情况的时间复杂度为 $O(n\log2n)$。

快速排序的实现过程：假设要排序的数组是 $A[1]\cdots A[N]$，首先任意选取一个数据（通常选取第一个数据）作为关键数据，然后将所有比它小的数放在前面，所有比它大的数放在后面，这个过程称为一次快速排序。

快速排序的排序过程如下：

设置两个变量 I，J，排序开始的时候 $I=1$，$J=N$；

（1）以第一个数组元素作为关键数据，赋值给 X，即 $X=A[1]$；

（2）从 J 开始搜索，即由后开始向前搜索（$J=J-1$），找到第一个小于 X 的值，两者交换；

（3）从 I 开始搜索，即由前开始向后搜索（$I=I+1$），找到第一个大于 X 的值，两者交换；

（4）重复第（2）、（3）步，直到 $I=N$。

代码实现如下：

```
public class quickSort {
public static void main (String [] args) {
//TODO Auto-generated method stub
    int [] intArray = {12,11,45,6,8,43,40,57,3,20};
    System.out.println("排序前的数组: ");
```

```
        for (int i=0; i< intArray.length;i++) {
          System.out.print(" "+intArray[i]);              //输出数组元素
          if((i+1)%5==0)                                  //每5个元素一行
          System.out.println();
        }
        System.out.println();
        int[] b = quickSort(intArray,0,intArray.length-1);  //调用 quickSort
        System.out.println("使用快速排序法后的数组: ");
        for (int i=0; i<b.length; i++) {
          System.out.print(" "+b[i]);
          if ((i+1)%5==0) {            //每5个元素一行
          System.out.println();
          }
        }
      }
    private static int[] quickSort(int[] array, int left, int right) { //快速排序法
    //TODO Auto-generated method stub
    //如果开始点和结束点没有重叠的时候，也就是指针没有执行到结尾
      if (left<right-1) {
        int mid = getMiddle(array,left,right);           //重新获取中间点
        quicksort (array, left, mid-1);
        quicksort (array, mid+1, right);
      }
      return array;
    }
    private static int getMiddle (int [] array, int left, int right) {
    //TODO Auto-generated method stub
      int temp;
      int mid = array[left];                              //把中心置于a[0]
      while (left < right) {
        while (left < right && array[right] >= mid)
          right--;
        temp = array[right];                              //将比中心点小的数据移到左边
        array[right] = array[left];
        array[left] = temp;
        while (left < right && array[left] <= mid)
          left++;
        temp = array[right];                              //将比中心点大的数据移到右边
        array[right] = array[left];
        array[left] = temp;
      }
      array[left] = mid;                                  //中心移到正确位置
      return left;                                        //返回中心点
    }
}
```

运行的结果如下：

```
排序前的数组：
12 11 45 6 8
43 40 57 3 20
使用快速排序法后的数组：
3 6 8 11 12
20 40 43 45 57
```

3.5.7 输入字符串，打印出该字符串的所有排列

　　题面解析：本题主要考查对递归的理解，可以采用递归的方法来实现。在解答本题之前需要知道输入字符串后，共有多少种排列组合，用什么样的方法计算组合的生成，进而就能够很

好地回答本题。

解析过程：

输入字符串后，通过递归的方式，循环每个位置和其他位置的字符。

在使用递归的方法求解问题时需要注意：

（1）逐渐缩小问题的规模，并且可以用同样的方法求解子问题；

（2）递归要有结束条件，否则会导致程序进入死循环。

使用递归实现代码如下：

```java
Import java.util.Scanner;
  Public class Demo001{
    Public static void main (String [] args) {
      String str="";
      Scanner scan =new Scanner(System.in);
      str=scan.nextLine();
      permutation(str.toCharArray(),0);
    }
    Public static void permutation (char []str,int i){
      if(i>=str.length)
        return;
      if (i== str. length-1) {
      System.out.println(String.valueOf(str));
      } else {
        for(intj=i;j<str.length;j++){
        Char temp=str[j];
        str[j]=str[i];
        str[i]=temp;
        permutation (str, i+1);
        temp=str[j];
        str[j]=str[i];
        str[i]=temp;
      }
    }
  }
}
```

当我们输入字符串 ACB 时，输出的字符串的所有组合为：

ACB、ABC、CAB、CBA、BCA、BAC，共六种表达形式。

3.5.8 求最大值与最小值

试题题面：如何在未排序的整数数组中找到最大值与最小值？

题面解析：查找数组中的最大值与最小值比较容易想到的方法就是蛮力法。

具体过程如下：首先定义两个变量 max 与 min，分别记录数组中的最大值与最小值，并将其全部初始化为数组的首元素的值，然后从数组的第二个元素开始遍历数组元素，如果遇到的数组元素的值比 max 大，则该数组元素的值为当前的最大值，并将该值赋给 max；如果遇到的数组元素的值比 min 小，则该数组元素的值为当前的最小值，并将该值赋给 min。

解析过程：

在循环的每个迭代中，我们将当前数字与最大值和最小值进行比较，然后进行实时更新。这就说明不需要检查第一个条件是否为真，从而解释了我们使用 if…else 代码块，而其他部分只在第一个条件不为真时执行的问题。

找出未排序数组中的最大值与最小值的代码如下：

```java
public class MaximumMinimumArrayDemo {
  public static void main (String args) {
    largestAndSmallest (new int {-20, 34, 21, -87, 92,
            Integer.MAX_VALUE});
    largestAndSmallest (new int {10, Integer.MIN_VALUE, -2});
    largestAndSmallest (new int {Integer.MAX_VALUE, 40,
            Integer.MAX_VALUE});
    largestAndSmallest (new int {1, -1, 0});
  }
  public static void largestAndSmallest (int numbers) {
    int largest = Integer.MIN_VALUE;
    int smallest = Integer.MAX_VALUE;
    for (int number: numbers) {
      if (number > largest) {
        largest = number;
      } else if (number < smallest) {
        smallest = number;
      }
    }
    System.out.println("给出的数组为: " + Arrays.toString(numbers));
    System.out.println("数组中的最大值为: " + largest);
    System.out.println("数组中的最小值为: " + smallest);
  }
}
```

程序运行结果为：

```
给出的数组为: [-20, 34, 21, -87, 92, 2147483647]
数组中的最大值为: 2147483647
数组中的最小值为: -87
给出的数组为: [10, -2147483648, -2]
数组中的最大值为: 10
数组中的最小值为: -2147483648
给出的数组为: [2147483647, 40, 2147483647]
数组中的最大值为: 2147483647
数组中的最小值为: 40
```

3.5.9 在字符串中找出第一个只出现一次的字符

题面解析： 本题是在笔试中出现频率较高的一道题，也是对字符串的考查。由于本题要求找到只出现一次的字符，显然可以先求出所有的字符，然后通过比较各字符是否相等从而求出只出现一次的字符。具体思路为：首先找出长度为 $n-1$ 的所有字符，判断是否有相等的字符，如果有相等的子串，那么就不是只出现一次的字符；如果没有相等的子串，则找出长度为 $n-2$ 的字符继续判断是否有相等的子串。以此类推，直到找到不相同的字符或遍历到长度为 1 的字符为止，这种方法的思路比较简单，但是算法复杂度较高。

解析过程：

由于题目与字符出现的次数有关，要统计每个字符在该字符串中出现的次数，需要一个数据容器存放每个字符的出现次数。即这个容器的作用是把一个字符映射成一个数字。想到利用字符的 ASCII 码，在常用的数据容器中，哈希表可实现此用途。

例如：输入 "acbac"，则输出 "b"。具体的代码如下：

```java
public class Day1 {
```

```
/**
 * 找出一个字符串中第一个只出现一次的字符
 * 哈希表求解，时间复杂度:O(n)
 * @param str
 */
public static void findFirst (String str) {
    if (str == null) {
        return;
    }
    int i = 0;
    char [] arr = str.toCharArray();
    int [] hashTable = new int [256];
    for (i = 0; i < 256; i++) {
        hashTable[i] = 0;
    }
    char [] hashKey = arr;
    for (i = 0; i < hashKey.length; i++) {
        int tmp = hashKey[i];//将 char 转为 int,即转为其对应的 ASCII 码
        hashTable[tmp]++;
    }
    for (i = 0; i < hashKey.length; i++) {
        if(hashTable[hashKey[i]] == 1) {
            System.out.println((char)hashKey[i]);
            return;   //找出只出现一次的字符后就退出,若要都找出的话不退出就行
        }
    }
}
public static void main (String [] args) {
    String str = "abcdab";
    findFirst(str);
}
}
```

3.5.10　求中位数

试题题面：如何在没有排序的数组中找到数组中的中位数？

题面解析：在本题中首先需要知道中位数的概念，所谓中位数就是一组数据从小到大排列后中间的那个数字。如果数组长度为偶数，中位数则是中间两个数相加除以 2 后的结果；如果数组长度为奇数，那么中位数的值就是中间那个数字。

根据定义，如果数组是一个已经排序好的数组，那么可以直接通过索引获取到所需的中位数。如果题目允许排序，那么本题的关键在于选取一个合适的排序算法对数组进行排序。一般而言，快速排序的平均时间复杂度较低，为 $O(n\log n)$。所以，如果采用快速排序方法，算法的平均时间复杂度为 $O(n\log n)$。

解析过程：

数组中的元素个数有两种情况：如果数组长度是奇数，则中位数是排序后的第$(n+1)/2$ 个元素；若是偶数，则中位数是排序后第 $n/2$ 个元素。我们采用堆的概念进行解答。

思路一：

（1）将前$(n+1)/2$ 个元素调整为一个最小堆；

（2）对后续每一个元素和堆顶比较，如果小于或等于堆顶，则舍弃，取下一个元素继续比较；如果大于堆顶，用该元素取代堆顶，调整堆，取下一个元素重复第（1）步；

（3）当遍历完所有元素之后，堆顶为中位数。

思路二：

（1）可以扩展为从无序数组中查找第 k 大的元素。

（2）利用快速排序的 partition() 函数，任意挑一个元素，以该元素 key 为中心，划分数组为两部分：key 左边元素小于或等于 key，右边元素大于或等于 key。在第一次 partition() 后，如果左侧元素个数小于 $k-1$，则在右侧的子序列中进行递归查找；如果左侧元素个数等于 $k-1$，则元素 k 即在分点处；如果左侧元素个数大于 $k-1$，则在左侧的子序列中进行递归查找。

代码实现如下：

```java
public class Main {
public static void swap (int [] a, int i, int j) {
    int temp = a[i];
    a[i] = a [j];
    a[j] = temp;
    }
public static int partition (int [] arr, int low, int high) {
    int pivot = arr[low];
    int i= low, j = high;
    while(i<=j) {
    while (i<=j && arr[i]<=pivot) i++;
    while (i<=j && arr[j]>=pivot) j--;
    swap(arr,i,j);
    }
    swap(arr,low,j);
    return j;
    }
    //第 k 大的数，如果数组长度为奇数，则 k=(1+n)/2，否则 k=n/2
 public static int findMedian (int [] arr, int k, int low, int high) {
    if (k >high -low +1) return -1;
    int pos = partition (arr,low, high);
    if (pos - low < k -1) {
     return findMedian (arr, k-pos-1, pos+1, high);
     } else if (pos - low == k-1) {
      return arr[pos];
     } else {
      return findMedian (arr, k, low, pos-1);
     }
    }
 public static void main (String [] args) {
    int [] arr= {3,5,2,3,5,9,1,2,11,12,13};
    int res = 0;
    if (arr. length%2 ==1) {
    res = findMedian (arr, (arr. length+1)/2, 0, arr. length-1);
     } else {
      res = findMedian (arr, arr.length/2, 0, arr.length-1);
     }
     System.out.println(res);
    }
    }
```

3.5.11 反转句子的顺序

试题题面：怎样反转句子的顺序，能够保持单词内的字符顺序不发生变化，并且单词以空格符的形式隔开？

题面解析：

字符串的反转主要通过字符的交换来实现，需要首先把字符串转换为字符数组，然后定义两个索引分别指向数组的首尾，再交换两个索引位置的值。同时，把两个索引的值向中间移动，直到两个索引相遇为止，则完成了字符串的反转。

解析过程：

解题思路如下：

（1）将整个字符串倒置；

（2）以空格为界，倒置字符。

例如：输入"i am a student"，输出"student a am i"。具体的代码如下：

```java
//交换字符
public static void swap (char [] arr,int begin,int end){
    char temp;
    while(end>begin) {
        temp=arr[begin];
        arr[begin]=arr[end];
        arr[end]=temp;
        end--;
          begin++;
    }
}
//功能实现
public static String changeOrder (String str) {
    char[] ch=str.toCharArray();                 //将字符串转成字符数组
    //System.out.println(Arrays.toString(ch));
    char temp;
    int begin=0, end=0;
    int i=0;
    int srcLen=ch.length;
    //转换整个字符串
    swap (ch, i, srcLen-1);
    //以空格为单位，转换空格前后字符顺序使单词正序
    for (int j=0; j<srcLen; j++) {
      if(ch[j]! =' '){
        begin=j;
        while(ch[j]! =' '&& (j+1)<srcLen){     //为保证不越界
        j++;
          }
            if(j==srcLen-1) {
              end=srcLen-1;
            } else {
              end=j-1;
            }
        }
        swap(ch,begin,end);
    }
    String string=String.copyValueOf(ch);     //字符数组生成字符串
    return string;
}
```

3.5.12　一个字符串中包含*和数字，将*放到数字的前面

题面解析：本题主要考查针对字符串中特殊符号的提取，并且将其排列到指定的位置，了

解题目的含义，进而就能够很好地回答本题。

解析过程： 首先我们要遍历字符串，倒着操作，从最大下标开始向前遍历，遇到非*号的元素则加入"新"下标中，遍历完毕后，j 即代表*号的个数，然后将 0～j 赋值为*即可（操作后，数字的相对位置不变）。代码如下：

```java
public static void main (String [] strs) {
  char [] chars = new char [] {'1', '*', '4', '3', '*', '5', '*'};
  //（操作后，数字的相对位置不变）
  //倒着操作: 从最大下标开始向前遍历，遇到非*号的元素则加入"新"下标中，遍历完毕后，
  //j 即代表*号的个数，然后将 0～j 赋值为*即可
  int j = chars.length - 1;
  for (int i = j; i >= 0; i--) {
    if (chars[i]! = '*') {
      chars[j--] = chars[i];
    }
  }
  while (j >= 0) {
    chars[j--] = '*';
  }
  for (char c: chars
    ) {
    Logger.print(c + ", ");
  }
}
```

通过上述代码的演示，例子中的 1 * 43 * 5 * ，输出结果如下：

```
1 * 4 3 * 5 *
输出的结果为:
* * * 1 4 3 5。
```

3.6 名企真题解析

本节主要收集了各大企业往年关于字符串和数组的面试及笔试真题，读者可以以下面几个题目作为参考，检验一下自己对相关内容的掌握程度。

3.6.1 检查输入的字符串是否是回文（不区分大小写）

【选自 BD 面试题】

题面解析： 在解答本题之前应聘者需要知道什么是回文字符串，了解了回文字符串之后，通过遍历字符串中所有可能的子串，进行判断其是否是回文字符串，从而就能够很好地回答本题。

解析过程：

回文字符串是指一个字符串从左到右与从右到左遍历得到的序列是相同的。通俗地说，回文字符串类似于我们在数学上学习的轴对称图形，可以更好地说明什么是回文（对称）字符串，例如 abcba、ABFFBA 是回文，而 abdd 不是回文。

下面我们针对这种情况看一下如何使用 Java 代码来实现，代码如下：

```java
package demo;
import java.util.Scanner;
public class HuiWenShu {
```

```
    static String string;
    public static void main (String [] args) {
        Scanner scanner = new Scanner(System.in);
        String s;
        System.out.println("请输入要检验的串: ");
        string = scanner.next();
        if (huiWenChuan(string)) {
            s = "此字符串是回文串! ";
        } else {
            s = "此字符串不是回文串! ";
        }
        System.out.println(s);
    }
    private static boolean huiWenChuan (String string) {
        //TODO Auto-generated method stub
        int low = 0;
        int heigh = string.length()-1;
        while (low<heigh) {
        if (string.charAt(low)!=string.charAt(heigh)){    //检查对称位置是否一致
            return false;
        }
            low++;
            heigh--;
        }
            return true;
    }
}
```

当我们输入一个字符串时，进行判断是否是回文，如果是则输出 true，否则输出 false。例如，输入 abcba、ABFFBA 返回结果为 true，而输入 abdd 返回结果为 false。

3.6.2　如何对数组进行旋转

题面解析： 本题主要说明如何对数组进行旋转，下面通过一个案例进行说明。

解析过程：

下面通过例子讲解什么是数组旋转：

给定一个数组，将数组中的元素向右移动 k 个位置，其中 k 是非负数。

示例 1：

输入：[1,2,3,4,5,6,7]和 k=3；

输出：[5,6,7,1,2,3,4]。

解释：

向右旋转 1 步：[7,1,2,3,4,5,6]；

向右旋转 2 步：[6,7,1,2,3,4,5]；

向右旋转 3 步：[5,6,7,1,2,3,4]。

示例 2：

输入：[-1,-100,3,99]和 k=2；

输出：[3,99,-1,-100]。

解释：

向右旋转 1 步：[99,-1,-100,3]；

向右旋转 2 步：[3,99,-1,-100]。

说明：

尽可能想出更多的解决方法，至少有三种不同的方法可以解决这个问题。要求使用空间复杂度为 O(1) 的原地算法。

数组旋转的例子：

输入 [1,2,3,4,5,6,7] 和 $k = 3$，那么翻转需要以下三步：

（1）翻转 [1,2,3,4] 部分，得到 [4,3,2,1,5,6,7]；

（2）翻转 [5,6,7] 部分，得到 [4,3,2,1,7,6,5]；

（3）翻转整个数组，得到 [5,6,7,1,2,3,4]，也就是最终答案。

可以看到，这种方法只需要写一个翻转数组的函数，然后调用三次即可。具体的代码如下：

```java
package com.bean.algorithm.basic;
public class RotateArray {
  public void rotate (int [] nums, int k) {
    if (nums.length == 0 || nums.length == 1 || k % nums.length == 0)
      return;
    k %= nums.length;
    int length = nums.length;
    reverse (nums, 0, length - k - 1);
    reverse (nums, length - k, length - 1);
    reverse (nums, 0, length - 1);
  }
  private void reverse (int [] nums, int begin, int end) {
    for (int i = 0; i < (end - begin + 1) / 2; i++) {
      int temp = nums [begin + i];
      nums [begin + i] = nums [end - i];
      nums [end - i] = temp;
    }
  }
  public static void main (String [] args) {
//TODO Auto-generated method stub
    RotateArray rotateArray=new RotateArray ();
    int [] array=new int [] {1,2,3,4,5,6,7};
    int k=3;
    rotateArray.rotate(array, k);
    for (int i=0; i<array.length;i++) {
      System.out.print(array[i]+" ");
    }
    System.out.println();
  }
}
```

程序的运行结果如下：

```
5,6,7,1,2,3,4
```

第4章

算法

本章导读

从本章开始主要带领读者学习程序员的必备技能——算法。本章先总结了算法中的重要知识点，其中包括栈和队列、链表、二叉树以及排序等，然后根据所学知识搜集了一些在面试及笔试中出现次数较高的问题，从而教会读者如何更好地回答这些问题，最后总结了一些在大型企业的面试及笔试中较深入的真题。

知识清单

本章要点（已掌握的在方框中打钩）

☐ 栈和队列的使用及实现

☐ 链表

☐ 二叉树的遍历

☐ 排序

4.1 栈和队列

栈和队列是数据结构的核心，熟练掌握数据结构的基本原理，栈和队列的问题将迎刃而解。

4.1.1 栈和队列的使用

1）栈

通俗地说，栈是一种简单的数据结构，也能存放数据。栈是插入与删除操作都发生在同一端的有序列表，该端称为栈顶。栈遵循后进先出或先进后出的原则，即最后插入的元素会最先被移除。

2）栈的基本操作

（1）push(item)：在栈顶加入一个元素。

（2）pop()：移除栈顶元素。

（3）peek()：返回栈顶元素。

（4）isEmpty()：当且仅当栈为空时返回 true。

3）队列

队列也可以用来存放数据。队列是从一端插入并从另一端删除的有序列表，两端分别称为后端和前端。队列遵循先进先出或后进后出的原则，即最先插入队列的元素会最早被移除。

4）队列的基本操作

（1）add()：在队列尾部加入一个元素。

（2）remove()：移除队列的第一个元素。

（3）peek()：返回队列顶部元素。

（4）isEmpty()：当且仅当队列为空时返回 true。

4.1.2 栈和队列的实现

实现栈的方法有两种，分别为数组和链表。

1. 使用数组实现栈操作

1）定义栈

首先制定一个固定长度的数组，然后使用一个指针或者数组下标标记栈顶（topOfStack），栈为空时，其值为-1。

```
#define STACK_SIZE 64 /*栈大小*/
#define TOP_OF_STACK -1 /*栈顶位置*/
typedef int ElementType /*栈元素类型*/
typedef struct StackInfo
{
    int topOfStack; /*记录栈顶位置*/
    ElementType stack[STACK_SIZE]; /*栈数组，也可以使用动态数组实现*/
} StackInfo_st;
/*创建栈*/
StackInfo_st stack;
stack.topOfStack = TOP_OF_STACK;
```

2）入栈操作

先将 topOfStack 的值加 1，然后将元素放入数组。

```
#define SUCCESS 0
#define FAILURE -1
/*入栈，0表示成功，非0表示出错*/
int stack_push (StackInfo_st *s, ElementType value)
{
    if(stack_is_full(s))
    return FAILURE;
    /*先增加topOfStack，再赋值*/
    s->topOfStack++;
    s->stack[s->topOfStack] = value;
    return SUCCESS;
}
```

3）出栈或访问栈顶元素

与入栈相反，出栈是先访问元素，然后将 topOfStack 的值减 1，但是此时要检查栈是否为空。访问栈顶元素可直接使用下标访问，而不用将 topOfStack 的值减 1。

```c
/*出栈*/
int stack_pop (StackInfo_st *s,ElementType *value)
{
    /*首先判断栈是否为空*/
    if(stack_is_empty(s))
        return FAILURE;
    *value = s->stack[s->topOfStack];
    s->topOfStack--;
    return SUCCESS;
}
/*访问栈顶元素*/
int stack_top (StackInfo_st *s,ElementType *value);
{
    /*首先判断栈是否为空*/
    if(stack_is_empty(s))
        return FAILURE;
    *value = s->stack[s->topOfStack];
    return SUCCESS;
}
```

4）判断栈是否已满

判断栈是否已满，只需要比较 topOfStack 的值与 -1 的大小就可以了。

```c
/*判断栈是否已满，如果满返回 1，如果未满返回 0*/
int stack_is_full (StackInfo_st *s)
{
    return s->topOfStack == STACK_SIZE - 1;
}
```

5）判断栈是否为空

判断栈是否为空只需要判断 topOfStack 的值是否小于等于 -1 就可以了。

```c
/*判断栈是否为空，如果空返回 1，如果非空返回 0*/
int stack_is_empty (StackInfo_st *s)
{
    return s->topOfStack == - 1;
}
```

2. 使用链表实现栈操作

1）创建栈

创建栈只需要声明一个头指针，它的 next 指针指向栈顶，初始值为空。

```c
/*定义栈结构*/
typedef struct StackInfo
{
    ElementType value; /*记录栈顶位置*/
    struct StackInfo *next; /*指向栈的下一个元素*/
} StackInfo_st;
/*创建栈，外部释放内存*/
StackInfo_st *createStack(void)
{
    StackInfo_st *stack = malloc(sizeof(StackInfo_st));
    if (NULL == stack)
    {
        printf ("malloc failed\n");
        return NULL;
    }
```

```
    /*stack-next 为栈顶指针*/
  stack->next = NULL;
  return stack;
}
```

2）入栈

入栈只需要为新的元素申请内存空间，并将栈顶指针指向新的节点即可。

```
/*入栈，0 表示成功，非 0 表示出错*/
int stack_push (StackInfo_st *s,ElementType value)
{
  StackInfo_st *temp = malloc(sizeof(StackInfo_st));
  if (NULL == temp)
  {
      printf ("malloc failed\n");
      return FAILURE;
  }
  /*将新的节点添加 s->next 前，使得 s->next 永远指向栈顶*/
  temp->value = value;
    temp->next = s->next;
  s->next = temp;
  return SUCCESS;
}
```

3）出栈或访问栈顶元素

出栈时，将栈顶指针指向下个节点，返回元素值，并释放栈顶指针下个节点的内存。而访问栈顶元素只需要返回栈顶指针指向节点的元素值即可。

```
/*出栈*/
int stack_pop (StackInfo_st *s,ElementType *value)
{
  /*首先判断栈是否为空*/
  if(stack_is_empty(s))
      return FAILURE;
  /*找出栈顶元素*/
  value = s->next->value;
  StackInfo_st *temp = s->next;
  s->next = s->next->next;
  /*释放栈顶节点内存*/
  free(temp);
  temp = NULL;
  return SUCCESS;
}
/*访问栈顶元素*/
int stack_top (StackInfo_st *s,ElementType *value)
{
  /*首先判断栈是否为空*/
  if(stack_is_empty(s))
      return FAILURE;
  *value = s->next->value;
  return SUCCESS;
}
```

4）判断栈是否为空

判断栈是否为空只需要判断栈顶指针是否为空。

```
/*判断栈是否为空，如果为空返回 1，如果不为空返回 0*/
int stack_is_empty (StackInfo_st *s)
```

```
{
    /*栈顶指针为空，则栈为空*/
    return s->next == NULL;
}
```

实现一个队列也有两种实现方式，即使用数组和链表。本节只介绍如何使用数组实现队列。

1）定义队列结构

```
/*定义队列结构*/
typedef struct QueueInfo
{
    int front; //队头位置
    int rear;  //队尾位置
    ElementType queueArr[MAX_SIZE];//队列数组
} QueueInfo;
```

2）判断队列是否已满

```
/*判断队列是否已满*/
int queue_is_full (QueueInfo *queue)
{
    if((queue->rear + 2) % MAX_SIZE == queue->front)
    {
        printf ("queue is full\n");
        return TRUE;
    }
    else
        return FALSE;
}
```

3）判断队列是否为空

```
/*判断队列是否为空*/
int queue_is_empty (QueueInfo *queue)
{
    if((queue->rear + 1) % MAX_SIZE == queue->front)
    {
        printf ("queue is empty\n");
        return TRUE;
    }
    else
    return FALSE;
}
```

4）入队

```
/*入队*/
int queue_insert (QueueInfo *queue,ElementType value)
{
    if(queue_is_full(queue))
    return FAILURE;
    queue->rear = (queue->rear + 1) % MAX_SIZE;
    queue->queueArr[queue->rear] = value;
    printf ("insert %d to %d\n ", value,queue->rear);
    return SUCCESS;
}
```

5）出队

```
/*出队*/
```

```
int queue_delete (QueueInfo *queue,ElementType *value)
{
    if(queue_is_empty(queue))
        return FAILURE;
    *value = queue->queueArr[queue->front];
    printf ("get value from front %d is %d\n",queue->front,*value);
    queue->front = (queue->front + 1) % MAX_SIZE;
    return SUCCESS;
}
```

4.2 链表

链表是一种用于表示一系列节点的数据结构。在单向链表中，每个节点指向链表的下一个节点；在双向链表中，每个节点同时具备指向前一个节点和后一个节点的指针。

1. 链表的性质

（1）前后两个元素通过指针连接起来。

（2）最后一个元素指向 NULL。

（3）在执行程序过程中，可以根据情况进行延长或收缩链表。

（4）链表可以延长到任意长度，直到内存消耗完为止。

2. 链表的主要操作

（1）insert（插入）：将元素插入链表。

（2）delete（删除）：将特定位置上的元素从链表中移除，并将结果返回调用方。

（3）delete list：移除链表中的每一个元素。

（4）count（计数）：返回链表中的元素个数。

（5）从链表尾部开始，寻找第 n 个节点。

3. 创建链表

1）单向链表

一般情况下，我们所说的链表都是单向链表。单向链表由一系列节点构成，每个节点都有 next 指针，用来指向下一个节点，最后一个节点的 next 指针指向 NULL。

单向链表的创建如下：

```
struct ListNode {
    int data;
    struct ListNode *next
}
```

2）双向链表

在双向链表中，只要知道链表中的某个节点，就可以沿着任意方向进行遍历。

双向链表的创建如下：

```
struct DLLNode {
    int data;
    struct DLLNode *next
    struct DLLNode *prev
}
```

双向链表的缺点：

（1）每个节点都会多一个 prev 指针，因此会占用更多的空间。

（2）在双向链表中插入或删除节点花费时间较长，执行的指针运算比单链表要多。

4.3　树

树是由节点构成的非线性数据结构。每棵树都有一个根节点；每个根节点有 0 或多个子节点；而每个子节点又有 0 个或多个子节点，树结构图如图 4-1 所示。

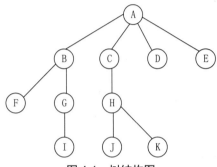

图 4-1　树结构图

4.3.1　二叉树

二叉树是指每个节点最多只有两个子节点的树，并不是所有的树都是二叉树。

☆**注意**☆　空树也属于二叉树。

二叉树又分为满二叉树和完全二叉树。

1）满二叉树

如果二叉树的每个非叶节点，都刚好有两个子节点，并且所有的叶节点都位于同一层，那么该树就是满二叉树。满二叉树如图 4-2 所示。

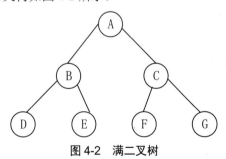

图 4-2　满二叉树

2）完全二叉树

完全二叉树即除了最后一层外，树的每层都被完全填充。树的最后一层其节点是从左向右填充的。完全二叉树如图 4-3 所示。

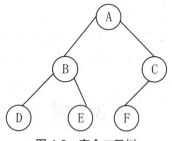

图 4-3　完全二叉树

4.3.2　二叉树的遍历

访问树中所有节点的过程称为树的遍历。二叉树的遍历有三种方式，即先序遍历、中序遍历和后序遍历。

1）先序遍历

先序遍历是最简单的一种遍历方式。先序遍历是先访问当前节点，再访问其子节点。

先序遍历可以定义为：①访问根节点；②先序遍历左子树；③先序遍历右子树。

实现先序遍历的代码如下：

```
void PreOrder (TreeNode node) {
    if (node! = null) {
        visit(node);
        PreOrder(node.left);
        PreOrder (node.right);
    }
}
```

时间复杂度：$O(n)$；空间复杂度：$O(n)$。

2）中序遍历

中序遍历定义为：①中序遍历左子树；②访问根节点；③中序遍历右子树。

实现中序遍历的代码如下：

```
void InOrder (TreeNode node) {
    if (node! = null) {
        InOrder (node.left);
        visit(node);
        InOrder (node.right);
    }
}
```

时间复杂度：$O(n)$；空间复杂度：$O(n)$。

3）后序遍历

后序遍历是先访问两棵子树，然后访问根节点。后序遍历定义为：①后序遍历左子树；②后序遍历右子树；③访问根节点。

实现后序遍历的代码如下：

```
void PostOrder (TreeNode node) {
    if (node! = null) {
        PostOrder (node.left);
        PostOrder (node.right);
```

```
        visit(node);
    }
}
```

时间复杂度：$O(n)$；空间复杂度：$O(n)$。

4.4 排序

排序是按照特定的顺序（升序或降序）来排列列表中各个元素的算法。输出的结果是对输入的元素所做的重组。在算法中，常用的排序方法包括冒泡排序、选择排序、插入排序、归并排序、桶排序、堆排序和快速排序 7 种。由于在前面第 3 章中，我们已经学习了冒泡排序、选择排序和插入排序，那么在本章中将继续介绍余下的几种排序方法。

4.4.1 归并排序

归并排序属于分治排序算法。归并排序是指把数组划分为两部分，首先对这两部分进行分别排序，然后再归并在一起。在对其中一部分进行排序时，使用同样的排序算法，最后归并两个只含有一个元素的数组。

1. 归并排序和选择排序的区别

（1）归并是把两个排好序的列表合并成一个大的列表，并使其内容有序。

选择是把一个列表分成两部分，使得前 m 个比较小的元素成为一部分，后 $n\text{-}m$ 个比较大的元素成为另一部分。

（2）选择与归并是相反的两种操作：选择操作将一个列表分为两个；归并操作把两个列表合为一个。

2. 归并排序的性能

（1）最坏情况下的时间复杂度为 $O(n\log n)$；

（2）最佳情况下的复杂度为 $O(n\log n)$；

（3）一般情况下的复杂度为 $O(n\log n)$；

（4）最坏情况下的空间复杂度为 $O(n)$。

4.4.2 桶排序

桶排序是指在将要排序的集合中把同一个值域的元素放入同一个桶内，也就是根据元素值的特性将集合划分为多个区域，划分后形成的多个桶，从值域上看是处于有序状态的。再对每个桶中元素进行排序，则所有桶中元素构成的集合是排好顺序的。

桶排序过程中要注意的地方：

1）元素值域的划分

元素值域的划分需要根据待排序集合的元素的分布特性进行选择。

2）排序算法的选择

在对各个桶中元素进行排序时，可以自主选择合适的排序算法。

桶排序的时间复杂度：$O(n)$；空间复杂度：$O(n)$。

4.4.3 堆排序

堆排序是基于比较操作的排序算法，它和选择排序算法比较类似。

堆排序的性能如下：

（1）最坏情况下的时间复杂度为 $O(n\log n)$；

（2）最佳情况下的复杂度为 $O(n\log n)$；

（3）一般情况下的复杂度为 $O(n\log n)$；

（4）最坏情况下的空间复杂度和总的空间复杂度为 $O(n)$。

4.4.4 快速排序

快速排序是指随机挑选一个元素，然后对数组进行分割，即将所有比它小的元素排在比它大的元素的前面。

1. 快速排序的算法分为 4 步

（1）如果数组只有一个或没有元素就返回。

（2）把数组中的某个元素选为基准点，通常选择最左侧的元素。

（3）把数组分为两部分，其中一部分的元素均大于基准值，另一部分的元素均小于基准值。

（4）递归调用该算法。

2. 快速排序的性能

（1）最坏情况下的复杂度为 $O(n^2)$；

（2）最佳情况下的复杂度为 $O(n\log n)$；

（3）一般情况下的复杂度为 $O(n\log n)$；

（4）最坏情况下的空间复杂度为 $O(1)$。

4.5 精选面试、笔试题解析

要想从事程序员的工作，技术是一方面，另外还需要面试、笔试的技巧。本节主要针对程序员在面试、笔试中遇到的问题进行深度分析，并且结合实际情况给出合理的参考答案以供读者学习。

4.5.1 如何在单链表中插入节点

题面解析：要想在单链表中插入节点，可以通过遍历链表，找到新节点应该插入的位置，然后将其插入链表中。

解析过程：

在单链表中插入节点时有三种情况：①插入 head 节点之前；②插入 tail 节点之后；③在中间位置插入。

1. 插入 head 节点之前

（1）修改新节点的 next 指针，令其指向当前的 head 节点，如图 4-4 所示。

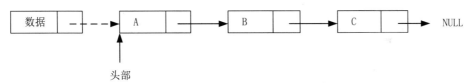

图 4-4 修改新节点的 next 指针

（2）修改 head 指针，令其指向新节点，如图 4-5 所示。

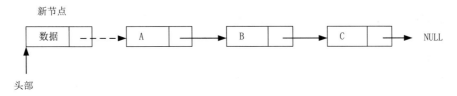

图 4-5 修改 head 指针

2. 插入 tail 节点之后

（1）把新节点的 next 指针设置为 NULL，如图 4-6 所示。

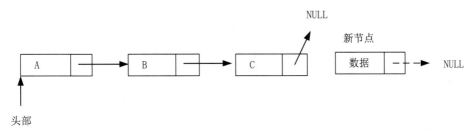

图 4-6 设置新节点的 next 指针

（2）令原来倒数第 1 节点中的 next 指针指向新节点，如图 4-7 所示。

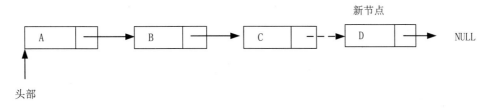

图 4-7 指向新节点

3. 在中间位置插入

（1）把节点插在 2 号位置，需要从头开始遍历，在该位置之前停止。把链表的第 1 个节点称为定位节点，新节点的 next 指针应该指向定位节点的 next 指针所指的节点。

（2）修改定位节点的 next 指针，令其指向新节点，如图 4-8 所示。

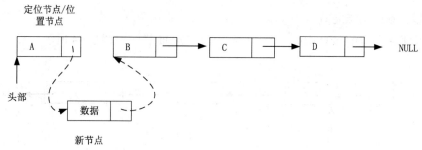

图 4-8　修改定位节点的 next 指针

4.5.2　如何判断两棵二叉树是否相等

题面解析：二叉树是指每个节点最多只有两个子节点的树，两棵二叉树相等即指这两棵二叉树有相同的结构。

解析过程：

如果两棵二叉树 tree1、tree2 相等，那么 tree1 和 tree2 不仅节点的值是相同的，而且它们的左右子树也是相同的结构，并且对应位置上节点的值也相等，即 tree1.data=tree2.data；同时 tree1 的左子树与 tree2 的左子树相等，tree1 的右子树与 tree2 的右子树相等。根据以上条件，判断两棵二叉树是否相等的递归算法的实现代码如下：

```java
public class Test
{
    /*
    **方法功能：判断两棵二叉树是否相等
    **参数：tree1 与 tree2 分别为两棵二叉树的根节点
    **返回值：如果两棵树相等则返回 true，否则返回 false
    */
    public static boolean isEqual (BiTNode tree1, BiTNode tree2) {
        if (tree1==null&&tree2== null)
          return true;
        if (tree1==null||tree2== null)
          return false;
        if (tree1.data == tree2.data)
          return isEqual (tree1.lchild, tree2.lchild) && isEqual (tree1.rchild, tree2.rchild);
        else
          return false;
    }
    public static void main (String [] args)
    {
        BiTNode tree1=constructTree ();
        BiTNode tree2=constructTree ();
        boolean equal=isEqual (tree1, tree2);
        if(equal)
          System.out.println("这两棵树相等");
        else
          System.out println("这两棵树不相等");
    }
}
```

4.5.3 冒泡排序的基本思想是什么，它是如何实现的

题面解析：冒泡排序是排序算法的一种，关于冒泡排序的基本思想以及它的实现方法在面试中也是经常被面试官提问到的。如何更好地回答该问题呢？我们一起来学习吧。

解析过程：

冒泡排序是最简单的排序算法。冒泡排序经过反复处理待排序的数组，从首个元素开始向下判断，直到到达当前已经排好顺序的位置为止。当发现相邻两个元素的顺序不对时，交换这两个元素的位置。

冒泡排序最明显的特点就是能够判断输入的数组是否已经排好顺序。

冒泡排序的处理过程如下：

（1）将整个待排序的数组划分成有序区和无序区，初始状态有序区为空，无序区包括所有待排序的元素。

（2）对无序区从前向后依次将相邻元素进行比较，若逆序则将其交换位置，从而使得值小的元素左移，值大的元素右移。每经过一次冒泡排序，都使无序区中值最大的元素进入有序区，对于由 n 个元素组成的数组序列，最多经过 $n-1$ 次冒泡排序，就可以将这 n 个元素重新按顺序排列。

冒泡排序代码实现如下：

```
for (i=n;i>1; i--) {
    for (j=1; j<=i-1; j++) {
        if (a [j]. key>a.[j+1]. key) {
        temp=a[j];
            a[j]=a[j+1];
            a[j+1] =temp;
        }
    }
}
```

4.5.4 常用排序算法总结

题面解析：无论是在面试还是在笔试中，排序算法都是面试、笔试的重点，可见掌握排序算法是非常重要的。在本题中我们将一一介绍常见的排序算法。

解析过程：

1. 冒泡排序

冒泡排序是最简单的排序算法。它经过反复处理待排序的数组，从首个元素开始向下判断，直到到达当前已经排好顺序的位置为止。当发现相邻两个元素的顺序不对时，交换这两个元素的位置。

冒泡排序最明显的特点就是能够判断输入的数组是否已经排好顺序。

2. 选择排序

每一次从待排序的数组元素中选出最小（或最大）的一个元素，存放在序列的起始位置，直到全部待排序的数据元素排列完毕。在所有的完全依靠交换去移动元素的排序方法中，选择排序是非常好的一种排序方法。

3. 插入排序

插入排序是非常简单而且高效的排序算法，它是通过比较找到合适的位置插入元素来达到排序的目的。插入排序每次都会从输入的数据中移除一个元素，并将其正确地插入到已经排好顺序的范围内。具体要移除哪一个元素，取决于随机选取。重复执行该过程，直到处理完所有的元素为止。

4. 快速排序

快速排序是指首先随机挑选一个元素，然后以这个元素为基准对数组进行分割，即将所有比它小的元素排在比它大的元素的前面。

5. 堆排序

堆排序是使用堆来实现的选择排序。堆排序的过程就是将待排序的序列构造成一个堆，选出堆中最大的移走，再把剩余的元素调整成堆，找出最大的再移走，重复直至变成一个有序序列。

6. 归并排序

归并排序属于分治排序算法。归并排序是指把数组划分为两部分，对这两部分分别进行排序后，再归并在一起。在对其中的一部分进行排序时，使用同样的排序算法，最后归并两个只含有一个元素的数组。

7. 桶排序

桶排序是指在将要排序的集合中把同一个值域的元素放入同一个桶内，也就是根据元素值的特性将集合划分为多个区域，划分后形成的多个桶，从值域上看是处于有序状态的。再对每个桶中元素进行排序，则所有桶中元素构成的集合是排好顺序的。

8. 基数排序

基数排序是将整数按位数分割成不同的数字，然后按照每个位数进行比较。由于整数也可以表达字符串和浮点数，所以基数排序也不是只能使用于整数。

基数排序的思想：将所有待比较的数值（正整数）变成统一的数位长度，数位较短的数前面补零。然后，从最低位开始，依次进行排序。从最低位排序一直到最高位排序完成以后，数列就变成一个有序序列。

排序算法的各自使用场景和适用场合：

（1）从平均时间来看，快速排序是效率最高的，但快速排序在最坏情况下的时间性能不如堆排序和归并排序。然而，在 n 较大时归并排序使用的时间相对较少，但使用的额外空间比较多。

（2）在冒泡排序、插入排序、简单选择排序中，插入排序最简单，当序列是基本有序或者 n 较小时，直接插入排序是最好的方法，因此经常将它和快速排序、归并排序等结合在一起使用。

（3）基数排序的时间复杂度也可以写成 $O(d*n)$。基数排序适用于 n 值较大而关键字较小的序列。当关键字较大且序列中大多数记录的最高关键字均不相同时，则可以先按照最高关键字不同，将序列分成若干个小的子序列，然后进行直接插入排序。

（4）从方法的稳定性来比较，基数排序是最稳定的排序方法，时间复杂度为 $O(n^2)$ 的简单排序也是比较稳定的。快速排序、堆排序等其他排序方法都是不稳定的。稳定性需要根据具体需求进行选择。

4.5.5　如何打印两个链表的公共部分

试题题面：给定两个有序链表的头指针 head1 和 head2，如何打印两个链表的公共部分？

题面解析：

链表的公共部分即两个链表重合的部分。重合的情况有以下几种：

（1）完全重合。两个链表的首尾都一样。

（2）部分重合。某个链表的尾部与另一个链表的前半部分有重合。

（3）部分重合。两个链表的尾部完全重合。

由于本题中的两个链表都是有序的，所以比较大小就可以了，较小的指针往后移动，直到有指针为空到达尾部为止。

解析过程：

（1）如果 head1 的值小于 head2，则 head1 往下移动。

（2）如果 head2 的值小于 head1，则 head2 往下移动。

（3）如果 head1 和 head2 的值相等，则打印这个值，然后 head1 和 head2 都往下移动。

head1 和 head2 有任何一个移动到 null，则整个过程停止。

代码实现如下：

```java
public class Test {
    class Node {
        public int value;
        public Node next;
        public Node (int data) {
            this.value = data;
        }
        public void Test (Node head1, Node head2) {
            while (head1. next! = null && head2. next! = null) {
                if (head1.value < head2.value) {
                    head1 = head1.next;
                } else if (head1.value > head2.value) {
                    head2 = head2.next;
                } else {
                    System.out.println(head1.value + " ");//打印公共部分
                    head1 = head1.next;
                    head2 = head2.next;
                }
            }
        }
    }
}
```

4.5.6　在给定数组中，找到需要排序的最短子数组长度

题面解析：本题主要考查应聘者的分析能力。在遇到此类问题时，需要仔细分析、发现规律，并且在分析的过程中要考虑到时间复杂度、空间复杂度等。

解析过程：

首先从右到左遍历数组，min 用来记录遍历过程中出现的最小元素，MinIndex 表示需要调

整的子数组的起始下标位置。开始时初始化变量，令 MinIndex = -1。遍历过程中，假设当前数为 arr[i]，如果发现此时的元素 arr[i] 的值大于 min，说明要使数组有序，arr[i] 必须向右移动，这时需要令 MinIndex = i；如果 arr[i] 的值小于 min，则令 min = arr[i]。遍历结束后，如果 MinIndex 等于-1，说明该数组本身就是有序的，因此返回 0；否则 MinIndex 就是需要排序数组的起始位置。

从左向右遍历，左侧出现过的数的最大值，记为 max。如果 arr[i]<max，说明如果排序，arr[i] 必须要向左移动。用变量 MaxIndex 记录 arr[i] 的位置。

代码实现如下：

```java
public static int getMinLength (int [] arr) {
    if (arr == null || arr.length < 2) {
        return 0;
    }
    int min = arr [arr.length - 1];
    int MinIndex = -1;
    for (int i = arr.length - 2; i != -1; i--) {
        if (arr[i] > min) {
            MinIndex = i;
        } else {
            min = Math.min (min, arr[i]);
        }
    }
    if (MinIndex == -1) {
        return 0;
    }
    int max = arr [0];
    int MaxIndex = -1;
    for (int i = 1; i! = arr.length; i++) {
        if (arr[i] < max) {
            MaxIndex = i;
        } else {
            max = Math.max (max, arr[i]);
        }
}
```

时间复杂度：$O(N)$；空间复杂度：$O(1)$。

4.5.7　如何判断二叉树是否为平衡二叉树

题面解析：平衡二叉树是指以当前节点为根节点的树，左右子树的深度不得超过 1。本题主要使用求二叉树深度的思想来求解，在中间加入一个判断条件，如果深度之差超过 1，那么就是非平衡二叉树，遍历因此也就结束了。

解析过程：

本题不仅需要采用二叉树深度来解决平衡二叉树的问题，而且还需要采用递归的思想。

代码实现如下：

```java
public class Test {
    //设置一个标志位，默认是平衡二叉树
    boolean isBalanced=true;
    public boolean IsBalanced_Solution (TreeNode root) {
        height(root);
        return isBalanced;
    }
    private int height (TreeNode root)
```

```
{
    //明确结束标志，当递归到数为空或者已经是非平衡二叉树时，不需要继续进行，直接返回
    if (root==null||! isBalanced)
    {
        return 0;
    }
    //分别遍历左子树和右子树，与求深度的过程是相同的
    int left=height(root.left);
    int right=height(root.right);
    //如果深度之差超过 1 就不是平衡二叉树
    if(Math.abs(left-right)>1)
    {
        isBalanced=false;
    }
    return 1+Math.max(left,right);
}
}
```

4.5.8 如何根据入栈序列判断可能的出栈顺序

题面解析：本题是在笔试中出现频率较高的一道题。本题的主要解题思路在于判断栈顶元素是否等于此时出栈序列的第一个元素，如果等于，则执行出栈操作，同时指针后移；如果不等于，则继续入栈新的元素，继续执行判断操作。

解析过程：

例如：入栈顺序是 1、2、3、4、5，那么 2、3、5、4、1 就可能是该栈的出栈序列。

（1）把 push 序列依次入栈，直到栈顶元素等于 pop 序列的第一个元素，然后栈顶元素出栈，pop 序列移动到第二个元素。

（2）如果栈顶继续等于 pop 序列现在的元素，则继续出栈并把 pop 序列后移；否则对 push 序列继续入栈。

（3）如果 push 序列已经全部入栈，但是 pop 序列未全部遍历，而且栈顶元素不等于当前 pop 元素，那么这个序列不是一个可能的出栈序列。如果栈为空，而且 pop 序列也全部被遍历，则说明这是一个可能的 pop 序列。

实现过程：

（1）首先按照入栈顺序将第一个元素放入栈中，此时栈中有元素 1，栈顶即为 1。

（2）判断此时栈顶元素是否等于出栈序列的第一个元素，1≠2，继续入栈新的元素。

（3）2 入栈，栈中有 1 和 2 两个元素，2 位于栈顶，再执行和出栈序列第一个元素判断的操作，2=2，将 2 出栈，此时出栈序列将 2 拿走，剩余 3、5、4 和 1。

（4）接着 3 入栈，栈中有 1 和 3 两个元素，3 位于栈顶，此时 3 与出栈序列第一个元素判断，3=3，将 3 出栈，出栈序列将 3 拿走，剩余 5、4 和 1。

（5）4 入栈，栈中有 1 和 4 两个元素，4 位于栈顶，此时 4 与出栈序列第一个元素判断，4≠5，继续入栈新元素。

（6）5 入栈，栈中共有 1、4 和 5 三个元素，5 位于栈顶，此时 5 与 5 相等，5 出栈，出栈序列将 5 拿走，剩余 4 和 1。栈顶元素为 4，4 与出栈序列第一个元素判断，4=4，4 出栈，同时出栈序列将 4 拿走，剩余 1。栈中只剩最后一个元素 1，正好等于最后一个出栈元素 1。

部分代码：

```java
public class Test {
    public static void main (String [] args) {
        String push = "12345";
        String pop = "23541";
        System.out.println(PopSerial (push, pop));
    }
    public static boolean PopSerial (String push, String pop) {
        if (push == null || pop == null || (push.length() != pop.length())) {
            return false;
        }
        int pushLen = push.length();
        int popLen = pop.length();
        Stack<Character> stack = new Stack<> ();
        int pushIndex = 0;            //记录入栈指针
        int popIndex = 0;             //记录出栈指针
        while (pushIndex < pushLen) {
            stack.push(push.charAt(pushIndex));
            pushIndex++;
            //核心判断条件
            while (! stack.isEmpty() && (stack.peek() == pop.charAt(popIndex))) {
                stack.pop ();
                popIndex++;
            }
        }
    }
```

4.5.9 如何使用两个栈来实现一个队列

试题题面： 如何使用两个栈来实现一个队列以完成入栈和出栈的操作？

题面解析： 在解答本题之前，应聘者需要知道栈是先进后出，队列是先进先出的原则。使用两个栈来实现一个队列，其实就是组合两个栈，来实现队列的操作。

解析过程：

1）入队列

把队列依次插入到栈 1 中：

```cpp
void push (const T&data) {
    stack1.push(data);
}
```

2）出队列

把栈 1 中的元素依次插入到栈 2 中，然后删除堆顶元素，即元素 1 出队列、元素 2 出队列等。

```cpp
void Pop ()
{
    //如果两个栈都是空栈，此时说明队列是空的
    if (stack1.empty() && stack2.empty())
        cout << "this queue is empty" << endl;
    //如果栈 2 中有元素，那出队列就出栈 2 中的元素
    if (! stack2.empty ()) {
        stack2.pop ();
    }
    //此时表明栈 2 已是空栈，再要出队列的话，那就需要把栈 1 中的所有元
    //素入栈到栈 2 中，注意一定要将栈 1 中的所有元素都入栈到栈 2 中
    else {
        while (stack1.size() > 0) {
            stack2.push(stack1.top ());
            stack1.pop ();
```

```
        }
            stack2.pop ();
        }
}
```

3）获取队头元素

```
T&Front()//获取队头元素，此时队头位于栈 2 的栈顶
    {
        assert (! stack1.empty () ||! stack2.empty());
        if (stack2.empty()) {
            while (! stack1.empty ()) {
                stack2.push(stack1.top ());
                stack1.pop ();
            }
        }
        return stack2.top ();
    }
```

4.5.10　如何实现最小栈

试题题面：设计一个能够支持 push、pop 和 top 的操作，并能在常数时间内检索到最小元素的栈。

题面解析：本题主要考查实现最小栈的方法。首先需要设置两个 stack（栈），其中一个用来存放最小元素，每 push 一个元素，minStack 都会用栈顶元素去比较，比栈顶元素小的才会push。

解析过程：

（1）设置两个栈，左边栈存放所有元素，右边栈存放最小的元素。

（2）入栈时，先入左边栈，左边元素和右边栈顶元素进行比较，如果新元素较小，就把新元素放在右边的栈顶位置，如果新元素较大，则仍然把右边栈顶元素放在栈顶的位置。

（3）出栈时，最后一个入栈元素即左边的栈出栈。

（4）出最小值时，右边的栈顶元素出栈。

push(x)将元素 x 推入栈中。

pop()删除栈顶的元素。

top()获取栈顶元素。

getMin()检索栈中的最小元素。

代码实现如下：

```
class MinStack(object):
    def __init__(self):
        self.stack = []          //存放所有元素
        self.minStack = []       //存放最小元素
    def push (self, x):
        self.stack.append(x)
        if not self.minStack or self.minStack[-1] >= x:
            self.minStack.append(x)
    def pop(self):               //移除栈顶元素时，判断是否移除栈中最小值
        if self.minStack[-1] == self.stack[-1]:
            del self.minStack[-1]
        self.stack.pop ()
    def top(self):               //获取栈顶元素
        return self.stack[-1]
```

```
    def getMin(self):              //获取栈中的最小值
        return self.minStack[-1]
    def all(self):                 //列表栈中所有的元素
        return self.stack[:]
```

4.6 名企真题解析

接下来，我们收集了一些大企业往年的面试及笔试真题，读者可以根据以下问题来做参考，看自己是否已经掌握了基本的知识点。

4.6.1 如何使用一个数组来实现 m 个栈

【选自 BD 笔试题】

题面解析：栈是可以存放数据的一种简单的数据结构。应聘者不仅需要熟悉栈的基本操作，而且还要掌握栈的实现和使用方法。

解析过程：

在本题中，使用一个数组来实现 m 个栈的方法如下：

首先，将数组中的各个位置按照 1 到 n 的顺序进行编号。由于只使用一个数组实现 m 个栈，那么就需要把数组分割成 m 个部分，每一部分的大小是 n/m。如图 4-9 所示。

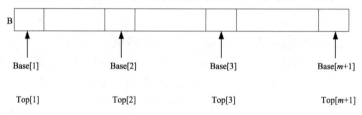

图 4-9 把数组分割

第 1 个栈是从 1 号位置开始的，这个位置序号保存在 Base[1]变量中；第 2 个栈是从 n/m 号位置开始的，这个位置序号保存在 Base[2]变量中；第 3 个栈是从 $2n/m$ 号位置开始的，这个位置序号保存在 Base[3]变量中，以此类推。

除了 Base 数组之外，还有 Top 数组，主要用来保存每个栈的栈顶位置。

（1）对于 1 至 m 之间的 i 值来说，Top[i]指向第 i 个栈的栈顶元素右侧。

（2）如果 Base[i]与 Top[i]相等，说明第 i 个栈是空的。

（3）如果 Top[i]等于 Base[i+1]，说明第 i 个栈已经满了。

（4）对于 1 至 m 之间的 i 值来说，Base[i]与 Top[i]的初始值是相同的，它们都等于$(n/m)(i-1)$。

（5）第 i 个栈是以 Base[i]为基址，随着 Base[i+1]的方向而增长的。

向第 i 个栈中推入元素：

（1）向第 i 个栈推入元素的时候，先判断它的栈顶是不是已经指向 Base[i+1]。如果是，那么说明该栈已满，假如直接向其中推入元素，那么会破坏第 i+1 个栈中已有的内容。因此，需要把第 i+1 至第 m 个栈都向右移动，如果可以移动，那么就将新元素插在 Base[i]+Top[i]这个位置上。

（2）如果无法右移，尝试把第 1 至第 *i*-1 个栈向左移动。

（3）如果还不行，那说明所有的栈都已经满了。

```
void Push (int StackID, int data) {
    if(Top[i] == Base[i+1])
       Print ith Stack is full and does the necessary action (shifting);
       B[Top[i]] = data;
       Top[i] = Top[i]+1;
       }
```

从第 *i* 个栈中弹出元素：弹出元素时不需要移动栈，只需要将栈的大小递减就可以了。

```
int Pop (int StackID) {
    if(Top[i] == Base[i])
       Print ith Stack is empty;
       return B[--Top[i]];
       }
```

☆**注意**☆　在弹出之前，应该先判断栈是不是空。

4.6.2　如何找出单向链表中的倒数第 *n* 个节点

【选自 TB 面试题】

题面解析：本题也是考查单向链表的知识点，可以看出链表在数据结构中占有重要的地位。应聘者不仅需要牢记关于链表的基础知识，而且对于链表的算法也是必须要掌握的重点。

解析过程：

关于本题的解法可以分别从时间、空间复杂度、查找是否高效等方面进行考虑。

1）蛮力法

从第 1 个节点开始，计算该节点之后的节点数量。如果数量小于 *n*-1，则算法结束，并提示链表中没有那么多节点；如果数量大于 *n*-1，就移动到下一个节点，并计算这个节点之后的节点数量，当计算结果等于 *n*-1 时停止。此时节点就是链表的倒数第 *n* 个节点。

时间复杂度：$O(n^2)$；空间复杂度：$O(1)$。

2）利用哈希表

首先创建哈希表，哈希表的键就是节点在链表中的位置，哈希表的值就是该节点的地址。

把链表遍历一遍之后，就可以知道链表的长度。假设链表长度为 *M*，那么倒数第 *n* 个节点就相当于正数的第 *M-n*+1 个节点。由于已经知道链表的长度，因此只需要把第 *M-n*+1 个键所对应的值从哈希表中取出就可以了。

时间复杂度：$O(m)$；空间复杂度：$O(m)$。

3）利用指针

对于单链表而言只能从头到尾依次访问链表的各个节点，因此如果要找单链表的倒数第 *n* 个节点，只能从头到尾进行遍历。在查找过程中，设置两个指针，其中一个指针要比另一个指针先移动 *n* 步，然后两个指针再同步进行移动。循环到先行的指针值为 null 时，另一个指针所指的位置就是所要找的位置。

时间复杂度：$O(N)$；空间复杂度：$O(1)$。

4.6.3 如何使用先序遍历和中序遍历重建二叉树

【选自 WR 面试题】

题面解析：本题主要考查二叉树的遍历，在答题之前应聘者需要知道先序遍历和中序遍历的执行顺序。本题需要从如何使用列表创建二叉树、生成先序遍历和中序遍历以及重建二叉树三个方面来分析。

解析过程：

（1）先序遍历的第一个节点是根节点。先序遍历的一个节点要么是相邻前一个节点的左子树、右子树或者是更靠近前面节点的右子树。

（2）对于先序遍历的一个节点来说，中序遍历对应的节点会把先序遍历的节点分为左右两个部分，左边是左子树的分支，右边是右子树的分支。

（3）如果左边节点已被访问过，那么该节点的左子树为空；如果右边节点被访问，那么该节点右子树为空。

使用列表构建二叉树：

```python
class BinaryTree(object):
    def __init__ (self,root = None):
        self.root = root
    def buildTree (self, root, lis, i=0):
        if i < len(lis):
            if lis[i] == '#':
                return None
            else:
                root = TreeNode (x = lis[i])
                root.left = self.buildTree(root.left, lis, 2*i+1)
                root.right = self.buildTree(root.right, lis, 2*i+2)
                return root
        return root
```

利用先序遍历和中序遍历重建二叉树：

```python
class RebuilBinaryTree(object):
    def reBuildBtree (self, preorder, inorder):
        if preorder == None or inorder == None:
            return None
    #保证长度大于0
        if len(preorder) > 0:
            root = TreeNode (preorder [0])
            root_id = inorder.index(root.val)
    #重建左子树
            root.left = self.reBuildBtree(preorder[1:root_id + 1], inorder[:root_id])
    #重建右子树
            root.right = self.reBuildBtree(preorder[root_id+1:], inorder[root_id+1:])
            return root
```

先序优先遍历：

```python
class Preorder_iter(object):
    def preorderTraversal (self, root):
        if root == None: return None
        stack = [root]
        res = []
        while stack:
            root = stack.pop ()
            res.append(root.val)
            if root.right != None:
                stack.append(root.right)
            if root.left != None:
```

```
        stack.append(root.left)
    return res
```

中序优先遍历:

```
class Inorder_iter(object):
    def inorderTraversal (self, root):
        if root == None:
            return []
        stack = []
        res = []
        cur = root
        while cur or stack:
            while cur:
                stack.append(cur)
                cur = cur.left
            cur = stack.pop ()
            res.append(cur.val)
            cur = cur.right
        return res
```

4.6.4 如何删除单向链表中的节点

【选自 HW 笔试题】

题面解析: 本题主要考查链表中的单向链表。在遇到关于链表的面试题或笔试题时,应聘者需要注意它到底是单向链表还是多向链表。一般情况下,我们所说的链表都是单向链表。链表是一种用于表示一系列节点的数据结构,在单向链表中,每个节点指向链表中的下一个节点。

解析过程:

删除单向链表中的节点相对来说是很简单的。首先给定一个节点n,先找到其前趋节点prev,并将 prev.next 设置为 n.next。如果这是双向链表,还需要更新 n.next,将 n.next.prev 设置为 n.prev。在操作过程中需要注意:①检查空指针;②必要时更新表头(head)或表尾(tail)指针。

代码实现如下:

```
Node deleteNode(Node head, int d) {
    Node n = head;
    if (n.data == d) {
    return head.next;      /*移动头指针*/
    }

    while (n.next != null) {
    if (n.next.data == d) {
    n.next = n. next. next;
    return head;      /*头指针未改变*/
    n = n.next;
    }

    return head ;
    }
```

第 5 章

泛型、集合和框架

本章导读

本章主要学习 Java 中的泛型、集合和框架。首先讲的是泛型，包括什么是泛型、泛型接口和方法，接着又讲述什么是集合以及集合的几个分类，最后总结了程序员在开发中必须要掌握的基本框架。掌握基础知识之后，接着向读者展示常见的面试笔试题，教读者如何正确地回答面试笔试过程中遇到的问题。

知识清单

本章要点（已掌握的在方框中打钩）
- ☐ 泛型
- ☐ Collection 集合
- ☐ List 集合
- ☐ Set 集合
- ☐ Map 集合
- ☐ 基本框架

5.1　泛型

本节主要讲解 Java 中泛型的概念、泛型的接口和方法等基础知识。读者需要牢牢掌握这些基础知识才能在面试及笔试中应对自如。

5.1.1　什么是泛型

Java 泛型是在 J2 SE1.5 中引入的一个新特性，其本质是参数化类型，也就是说所操作的数据类型被指定为一个参数，这种参数类型（type parameter）可以用在类、接口和方法的创建中，分别称为泛型类、泛型接口和泛型方法。

Java 集合（Collection）中元素的类型是多种多样的。例如，有些集合中的元素是 byte 类型的，而有些则可能是 string 类型的。Java 允许程序员构建一个元素类型为 object 的集合，其中的元素可以是任何类型。在 J2SE1.5 之前，没有泛型（generics）的情况下，通过对类型 object 的引用来实现参数的"任意化"，"任意化"带来的缺点是要做强制类型转换，而这种转换要求开发者可以在预知的情况下对实际参数类型进行转换。对于强制类型转换错误的情况，编译器可能不提示错误，在运行的时候才出现异常，这是一个安全隐患。因此，为了解决这一问题，J2SE1.5 引入泛型也是必然的了。

5.1.2　泛型接口和方法

在 J2SE1.5 之后，泛型不仅可以声明类，也可以声明接口。

声明泛型接口和声明泛型类的语法类似，都是在接口名称后面加上<T>，语法格式如下：

```
[访问权限]interface 接口名称<泛型标志>{}
```

例如：

```
interface Info<T>{                //在接口上定义泛型
    public T getVar();
}
```

如果一个子类要实现此接口但是没有进行正确的实现，则在编译时会出现警告信息。正确实现此接口的方法如下：

```
interface Info<T>{                //在接口上定义泛型
    public T getVar();            //定义抽象方法，抽象方法的返回值就是泛型类型
}
class InfoImpl implements Info{
    public String getVar(){
        return null;
    }
};
```

（1）在子类的定义中可以声明泛型类型。代码如下：

```
interface Info<T>{                    //在接口上定义泛型
    public T getVar();                //定义抽象方法，抽象方法的返回值就是泛型类型
}
class InfoImpl<T> implements Info<T>{ //定义泛型接口的子类
    private T var ;                   //定义属性
    public InfoImpl(T var){           //通过构造方法设置属性内容
        this.setVar(var);
    }
    public void setVar (T var) {
        this.var = var;
    }
    public T getVar () {
        return this.var;
    }
};
public class GenericsDemo24{
    public static void main (String arsg[]){
        Info<String> i = null;                   //声明接口对象
        i = new InfoImpl<String>("李兴华") ;      //通过子类实例化对象
        System.out.println("内容: " + i.getVar());
    }
};
```

（2）如果现在实现接口的子类不想使用泛型声明，则在实现接口的时候直接指定具体的操

作类型即可。例如：

```
interface Info<T>{                              //在接口上定义泛型
    public T getVar();                          //定义抽象方法，抽象方法的返回值就是泛型类型
}
class InfoImpl implements Info<String>{         //定义泛型接口的子类
    private String var;                         //定义属性
    public InfoImpl(String var){                //通过构造方法设置属性内容
        this.setVar(var);
    }
    public void setVar(String var){
        this.var = var;
    }
    public String getVar(){
        return this.var;
    }
};
public class GenericsDemo25{
    public static void main (String arsg []) {
        Info i = null;                          //声明接口对象
        i = new InfoImpl("李兴华") ;             //通过子类实例化对象
        System.out.println("内容: " + i.getVar()) ;
    }
};
```

在泛型方法中可以定义泛型参数，此时，参数的类型就是传入数据的类型，通常使用如下格式定义泛型方法：

[访问权限]<泛型标识>泛型标识 方法名称([泛型标识 参数名称])

例如：

```
class Demo {
    public <T> T fun(T t){                      //可以接收任意类型的数据
        return t ;                              //直接把参数返回
    }
};
public class GenericsDemo26{
    public static void main (String args []) {
        Demo d = new Demo();                    //实例化 Demo 对象
        String str = d.fun("李兴华");           //传递字符串
        int i = d.fun(30);                      //传递数字，自动装箱
        System.out.println(str);                //输出内容
        System.out.println(i);                  //输出内容
    }
};
```

（1）通过泛型方法返回泛型类的实例如下：

```
class Info<T extends Number>{                   //指定上限，只能是数字类型
    private T var;                              //此类型由外部决定
    public T getVar(){
        return this.var;
    }
    public void setVar(T var){
        this.var = var;
    }
    public String toString(){                   //覆写 Object 类中的 toString()方法
        return this.var.toString();
    }
};
public class GenericsDemo27{
```

```
    public static void main (String args []) {
        Info<Integer> i = fun (30);
        System.out.println(i.getVar());
    }
    public static <T extends Number> Info<T> fun (T param) {
        Info<T> temp = new Info<T>();        //根据传入的数据类型实例化 Info
        temp.setVar(param);                  //将传递的内容设置到 Info 对象的 var 属性之中
        return temp;                         //返回实例化对象
    }
};
```

（2）使用泛型统一传入参数的类型。代码如下：

```
class Info<T>{                               //指定上限，只能是数字类型
    private T var;                           //此类型由外部决定
    public T getVar(){
        return this.var;
    }
    public void setVar(T var){
        this.var = var;
    }
    public String toString(){               //覆写 Object 类中的 toString()方法
        return this.var.toString() ;
    }
};
public class GenericsDemo28{
    public static void main(String args[]){
        Info<String> i1 = new Info<String>() ;
        Info<String> i2 = new Info<String>() ;
        i1.setVar("HELLO") ;                //设置内容
        i2.setVar("李兴华") ;               //设置内容
        add(i1,i2) ;
    }
    public static <T> void add(Info<T> i1,Info<T> i2){
        System.out.println(i1.getVar() + " " + i2.getVar()) ;
    }
};
```

（3）如果 add 方法中两个泛型的类型不统一，则编译会出错。例如：

```
class Info<T>{                               //指定上限，只能是数字类型
    private T var ;                          //此类型由外部决定
    public T getVar(){
        return this.var ;
    }
    public void setVar(T var){
        this.var = var ;
    }
    public String toString(){               //覆写 Object 类中的 toString()方法
        return this.var.toString() ;
    }
};
public class GenericsDemo29{
    public static void main(String args[]){
        Info<Integer> i1 = new Info<Integer>() ;
        Info<String> i2 = new Info<String>() ;
        i1.setVar(30) ;                     //设置内容
        i2.setVar("李兴华") ;               //设置内容
        add(i1,i2) ;
    }
    public static <T> void add(Info<T> i1,Info<T> i2){
        System.out.println(i1.getVar() + " " + i2.getVar()) ;
```

```
        }
};
```

运行结果如图 5-1 所示。

```
GenericsDemo29.java:19:    <T>add(Info<T>,Info<T>)    in    GenericsDemo29    cannot    be    applied    to
(Info<java.lang.Integer>,Info<java.lang.String>)
                add(i1,i2) ;
                ^
1 error
```

图 5-1　运行结果

5.2　集合

集合类是 Java 数据结构的实现。Java 的集合类是 java.util 包中的重要内容，它允许以各种方式将元素分组，并定义了各种使这些元素更容易操作的方法。Java 集合类是将一些基本的和使用频率极高的基础类进行封装和增强后，再以一个类的形式出现。集合类是可以往里面保存多个对象的类。集合类存放的是对象，不同的集合类有不同的功能和特点，从而适合不同的场合，以解决一些实际问题。

集合类有一个共同特点，就是它们只容纳对象（实际上是对象名，即指向地址的指针）。这一点和数组不同，数组可以容纳对象和简单数据。如果在集合类中既想使用简单数据类型，又想利用集合类的灵活性，就可以把简单数据类型的数据变成该数据类型中类的对象，然后放入集合中处理，但这样执行效率会降低。

集合类容纳的对象都是 object 类的实例，一旦把一个对象置入集合类中，它类中的信息将丢失，也就是说，集合类中容纳的都是指向 object 类的对象的指针。这样的设计是为了使集合类具有通用性，因为 object 类是所有类的祖先，所以可以在这些集合中存放任何类而不受限制。当然这也带来了不便，所以在使用集合成员之前必须对它重新改造。

集合类是 Java 数据结构的实现。在编写程序时，经常需要和各种数据打交道，为了处理这些数据而选用数据结构对于程序的运行效率有了很大的提高。

5.2.1　Collection 集合

Collection 是最基本的集合接口，一个 Collection 代表一组 object，即 Collection 的元素（elements）。一些 Collection 允许有相同的元素，而另一些则不允许；还有一些 Collection 支持排序，而另一些则不支持。Java 中不提供直接继承来自 Collection 的类，Java 提供的类都是继承来自 Collection 的"子接口"，如 List 和 Set。

所有实现 Collection 接口的类都必须提供两个标准的构造函数：

（1）无参数的构造函数用于创建一个空的 Collection；

（2）一个 Collection 参数的构造函数用于创建一个新的 Collection，这个新的 Collection 与传入的 Collection 有相同的元素。另一个构造函数允许用户复制一个 Collection。

如何遍历 Collection 中的每一个元素？

无论 Collection 的实际类型如何，它都支持一个 iterator() 的方法，该方法返回一个迭代子，使用该迭代子即可逐一访问 Collection 中的每一个元素。典型的用法如下：

```
Iterator it = collection.iterator();        //获得一个迭代子
while(it.hasNext()) {
    object obj = it.next();                 //得到下一个元素
}
```

5.2.2　List 集合

List 是有序的 Collection 接口，使用此接口能够精确地控制每个元素插入的位置。用户能够使用索引（元素在 List 中的位置，类似于数组下标）来访问 List 中的元素，这类似于 Java 的数组。

和下面要提到的 Set 不同，List 允许有相同的元素。

除了具有 Collection 接口必备的 iterator() 方法外，List 还提供了一个 listIterator() 方法，返回一个 ListIterator 接口，和标准的 Iterator 接口相比，ListIterator 多了一些 add() 之类的方法，允许添加、删除、设定元素，还能向前或向后遍历。

实现 List 接口的常用类有 LinkedList、ArrayList、Vector 和 Stack。

1. LinkedList 类

LinkedList 实现了 List 接口，允许有 null 元素。此外 LinkedList 提供额外的 get()、remove() 和 insert() 方法在 LinkedList 的首部或尾部。这些操作使 LinkedList 可被用作堆栈（stack）、队列（queue）或双向队列（deque）。

☆**注意**☆　LinkedList 没有同步方法。

如果多个线程同时访问一个 List 接口，则必须自己实现访问同步。解决方法是在创建 List 接口时构造一个同步的 list，例如：

```
list list = Collections.synchronizedList(new LinkedList(...));
```

2. ArrayList 类

ArrayList 实现了可变大小的数组。它允许所有元素访问，包括 null 元素，但 ArrayList 没有同步。

size()、isEmpty()、get() 和 set() 方法运行时间为常数，但是使用 add() 方法的时间为分摊的常数，添加 n 个元素需要 $O(n)$ 的时间，其他的方法运行时间为线性。

每个 ArrayList 实例都有一个容量（capacity），即用于存储元素的数组的大小。这个容量可随着不断添加新元素而自动增加，但是增长算法并没有定义。当需要插入大量元素时，在插入前可以调用 ensureCapacity() 方法来增加 ArrayList 的容量以提高插入效率。

和 LinkedList 一样，ArrayList 也是非同步的（unsynchronized）。

3. Vector 类

Vector 与 ArrayList 非常类似，但是 Vector 是同步的。由 Vector 创建的 Iterator 虽然和 ArrayList 创建的 Iterator 是同一接口，但是，因为 Vector 是同步的，当一个 Iterator 接口被创建而且正在被使用时，另一个线程改变了 Vector 的状态（例如，添加或删除了一些元素），这时调用 Iterator 接口的方法时将抛出 ConcurrentModificationException，因此必须捕获该异常。

4. Stack 类

Stack 继承自 Vector，可以实现一个后进先出的堆栈。Stack 提供了 5 个额外的方法使得 Vector 被当作堆栈使用。其中基本的 push()和 pop()方法，还有 peek()方法用来得到栈顶的元素，empty()方法用来测试堆栈是否为空，search()方法用来检测一个元素在堆栈中的位置。Stack 创建完成后是一个空栈。

5.2.3 Set 集合

Set 是一种不包含重复元素的集合，即任意的两个元素 e1 和 e2 都有 e1.equals(e2)=false，Set 集合里最多有一个 null 元素。

Set 的构造函数有一个约束条件，即传入的 Collection 参数不能包含重复的元素。

☆**注意**☆ 必须小心操作可变对象（mutable object）。如果一个 Set 中的可变元素改变了自身状态导致 object.equals(object)=true，那么会出现一些问题。

5.2.4 Map 集合

Map 没有继承 Collection 接口，Map 提供了 key 到 value 值的映射。一个 Map 中不能包含相同的 key，每个 key 只能映射一个 value。Map 接口提供 3 种集合的视图，Map 的内容可以被当作一组 key 集合、一组 value 集合或者一组 key-value 映射。

Map 集合中常用的类有以下几种：

1. HashTable 类

HashTable 继承了 Map 接口，实现一个 key-value 映射的哈希表。任何非空（non-null）的对象都可作为 key 或者 value 使用。另外，HashTable 是同步的。

在 HashTable 类中，添加数据使用 put(key, value)方法，取出数据使用 get(key)方法。

HashTable 通过 initial capacity 和 load factor 两个参数调整性能。通常默认的 load factor 0.75 较好地实现了时间和空间的均衡。增大 load factor 可以节省空间但相应的查找时间将增大，这会影响像 get()方法和 put()方法这样的操作。

使用 HashTable 的简单示例如下，将 1，2，3 放到 HashTable 中，它们的 key 分别是 one、two、three。

```
HashTable numbers = new HashTable ();
numbers.put ("one", new Integer (1));
numbers.put ("two", new Integer (2));
numbers.put ("three", new Integer (3));
//要取出一个数，比如 2，用相应的 key
Integer n = (Integer)numbers.get("two");
System.out.println("two = " + n);
```

由于作为 key 的对象将通过计算其哈希函数来确定与之对应的 value 的位置，因此任何作为 key 的对象都必须实现 hashCode()和 equals()方法。

hashCode()和 equals()方法继承自根类 object，如果把自定义的类当作 key，使用时要格外小心，按照哈希函数的定义，如果两个对象相同，即 obj1.equals(obj2)=true，则它们的 hashCode 必须相同；但如果两个对象不同，则它们的 hashCode 不一定不同。如果两个不同对象的 hashCode

相同，这种现象称为冲突，冲突会导致操作 HashTable 的时间开销增大，所以尽量使用已经定义好的 hashCode()方法，能加快 HashTable 的操作。

☆**注意**☆　如果相同的对象有不同的 hashCode()方法，对 HashTable 的操作会出现意想不到的结果（期待的 get()方法返回 null），要避免这种问题，只需要牢记一条：要同时复写 equals()方法和 hashCode()方法，而不是只写其中一个。

2. HashMap 类

HashMap 和 HashTable 类似，不同之处在于 HashMap 是非同步的，并且允许有 null 元素，即 null value 和 null key。但是将 HashMap 视为 Collection 时（value()方法可返回 Collection），其迭代子操作时间开销和 HashMap 的容量成比例。因此，如果迭代操作的性能相当重要的话，不要将 HashMap 的初始化容量设得过高，或者将 load factor 设置得过低。

3. HashSet 类

HashSet 类和前面 5.2.3 节中的 Set 集合类似。

4. WeakHashMap 类

WeakHashMap 是一种改进的 HashMap，它对 key 实行"弱引用"，如果一个 key 不再被外部引用，那么该 key 可以被 GC（垃圾回收）回收。

5.2.5　集合的遍历

List 集合的遍历方式有以下三种：
首先创建一个实体类。

```java
public class News {
    private int id;
    private String title;
    private String author;
    public News (int id, String title, String author) {
        super ();
        this.id = id;
        this.title = title;
        this.author = author;
    }
    public int getId () {
        return id;
    }
    public void setId (int id) {
        this.id = id;
    }
    public String getTitle () {
        return title;
    }
    public void setTitle (String title) {
        this.title = title;
    }
    public String getAuthor () {
        return author;
    }
}
```

```
    public void setAuthor (String author) {
        this.author = author;
    }
}
```

1. 最基础的遍历方式

使用 for 循环，指定下标长度，然后利用 List 集合的 size()方法，进行 for 循环遍历。代码如下：

```
import java.util.ArrayList;
public class Demo01 {
    public static void main (String [] args) {
        ArrayList<News> list = new ArrayList<News> ();
        list.add (new News(1,"list1","a"));
        list.add (new News(2,"list2","b"));
        list.add (new News(3,"list3","c"));
        list.add (new News(5,"list5","d"));
        for (int i = 0; i < list.size(); i++) {
            News s = (News)list.get(i);
            System.out.println(s.getId()+"  "+s.getTitle()+"  "+s.getAuthor());
        }
    }
}
```

2. 较为简洁的遍历方式

使用 foreach 遍历 List，但不能对某一个元素进行操作（这种方法在遍历数组和 Map 集合的时候同样适用）。代码如下：

```
import java.util.ArrayList;
public class Demo02 {
    public static void main (String [] args) {
        ArrayList<News> list = new ArrayList<News> ();
        list.add (new News(1,"list1","a"));
        list.add (new News(2,"list2","b"));
        list.add (new News(3,"list3","c"));
        list.add (new News(5,"list5","d"));
        for (News s: list) {
            System.out.println(s.getId()+"  "+s.getTitle()+"  "+s.getAuthor());
        }
    }
}
```

3. 使用迭代器 Iterator 遍历

直接根据 List 集合自动遍历。代码如下：

```
import java.util.ArrayList;
public class Demo03 {
    public static void main (String [] args) {
        ArrayList<News> list = new ArrayList<News> ();
        list.add (new News(1,"list1","a"));
        list.add (new News(2,"list2","b"));
        list.add (new News(3,"list3","c"));
        list.add (new News(5,"list5","d"));
        Iterator<News> iter = list.iterator();
        while (iter.hasNext()) {
            News s = (News) iter.next();
            System.out.println(s.getId()+"  "+s.getTitle()+"  "+s.getAuthor());
        }
    }
}
```

5.3 框架

本节主要讲解 Java 中关于框架的基本知识，包括 Spring、Spring MVC、Struts2、Hibernate 等，读者需要掌握这些基础知识才能在面试及笔试中应对自如。

5.3.1 Spring

Spring 框架是由于软件开发的复杂性而创建的。Spring 使用的是基本的 Java Bean 来完成以前只可能由 EJB 完成的事情。然而，Spring 的用途不仅仅局限于服务器端的开发，从简单性、可测试性和松耦合性角度而言，绝大部分 Java 应用都可以从 Spring 中受益。

- 目的：解决企业应用开发的复杂性。
- 功能：使用基本的 Java Bean 代替 EJB，并提供了更多的企业应用功能。
- 范围：任何 Java 应用。

Spring 是一个轻量级控制反转（IOC）和面向切面（AOP）的容器框架。

Spring 的基本组成：

（1）最完善的轻量级核心框架。

（2）通用的事务管理抽象层。

（3）JDBC 抽象层。

（4）集成了 Toplink，Hibernate，JDO，iBATIS SQL Maps。

（5）AOP 功能。

（6）灵活的 MVC Web 应用框架。

5.3.2 Spring MVC

Spring 是框架，MVC 是一种设计模式。M 代表 Model、V 代表 View、C 代表 Controller，M 是指模型，一般指 DAO 和 Service；V 代表显示，一般指页面，如：JSP，HTML ftl 等；C 指的是控制器，比如 Struts 和 Spring MVC 中的 Action 与 Controller。

Spring MVC 严格意义上指的是前端控制器，就是每次客户端与服务器交互都要经过 Spring MVC 的 Controller。

通过策略接口，Spring 框架是高度可配置的，而且包含多种视图技术，例如：JavaServer Pages（JSP）技术、Velocity、Tiles、iText 和 POI。Spring MVC 框架并不知道使用的视图，所以不会强迫开发者只使用 JSP 技术。Spring MVC 分离了控制器、模型对象、过滤器以及处理程序对象的角色，这种分离让它们更容易进行定制。

5.3.3 Struts2

Struts2 是一个基于 MVC 设计模式的 Web 应用框架，它本质上相当于一个 Servlet，在 MVC 设计模式中，Struts2 作为控制器（Controller）来建立模型与视图的数据交互。Struts2 是 Struts 的下一代产品，是在 Struts1 和 Web Work 的技术基础上进行了合并的全新的 Struts2 框架。其全新的 Struts2 的体系结构与 Struts1 的体系结构差别巨大。

Struts2 以 Web Work 为核心，采用拦截器的机制来处理用户的请求，这样的设计也使得业务逻辑控制器能够与 Servlet API 完全脱离开，所以 Struts2 可以理解为 Web Work 的更新产品。虽然从 Struts1 到 Struts2 有着太大的变化，但是相对于 Web Work，Struts2 的变化很小。

5.3.4 Hibernate

Hibernate 是一个开放源代码的对象关系映射框架，它对 JDBC 进行了非常轻量级的对象封装，它将 POJO 与数据库表建立映射关系，是一个全自动的 ORM 框架，Hibernate 可以自动生成 SQL 语句、自动执行，使得 Java 程序员可以随心所欲地使用对象编程思维来操纵数据库。Hibernate 可以应用在任何使用 JDBC 的场合，既可以在 Java 的客户端程序使用，也可以在 Servlet/JSP 的 Web 应用中使用，最具有意义的是，Hibernate 可以在应用 EJB 的 Java EE 架构中取代 CMP，完成数据持久化的重任。

5.4 精选面试、笔试题解析

通过前面对泛型、集合和框架基础知识的学习总结，本节将向大家展示在公司面试时经常遇到的面试及笔试题，并对每一道问题都给出了详细的解答。通过本节的学习，读者将掌握在面试或笔试过程中回答问题的方法。

5.4.1 泛型

试题题面：使用泛型的好处有哪些？有什么优点？

题面解析：本题主要考查 Java 中泛型的基础知识，在解答这类问题时，首先要明白什么是泛型，然后在概念的基础上进一步说明使用泛型有什么好处。

解析过程：

1. 泛型的概念

（1）泛型的本质是参数化类型，也就是说所操作的数据类型被指定为一个参数。

（2）这种参数类型可以用在类、接口和方法的创建中，分别称为泛型类、泛型接口、泛型方法。

（3）泛型是程序设计语言的一种特性。允许程序员在强类型程序设计语言中编写体验泛型。在代码中定义一些可变部分，这些部分在使用前必须声明。各种程序设计语言和其编译器、运行环境对泛型的支持均不一样。它是将类型参数化以达到代码复用提高软件开发工作效率的一种数据类型。

（4）泛型类是引用类型，是堆对象，主要是引入了"类型参数"这个概念。

2. 使用泛型的好处主要是解决元素存储的安全性问题

（1）在获取数据元素时，需要注意类型强制转换的问题。

（2）泛型提供了编译期的类型安全，确保只能把正确类型的对象放入集合中，避免了在运行时出现 ClassCastException 的问题。

（3）把方法写成泛型<T>，这样就不用针对不同的数据类型（比如 int、double、float）分别写方法，只要写一个方法就可以了，提高了代码的复用性，减少了工作量。

泛型就是允许类、方法、接口对类型进行抽象，在允许向目标中传递多种数据类型的同时限定数据类型，确保数据类型的唯一性。这在集合类型中是非常常见的。

☆**注意**☆ 在 JVM 中是没有泛型的，泛型在 Java 中只存在于 API 层面，也就是编译器层次上，出现的错误也都是编译错误，编译时会进行类型擦除，编译形成的字节码文件中没有泛型，所以 Java 中的泛型被称为"伪泛型"。

5.4.2 什么是限定通配符和非限定通配符

题面解析：本题属于概念考查类型的题目，主要考查对泛型基础知识的掌握程度，在解答这类问题时，首先要明白怎样区分限定通配符和非限定通配符，可以根据其概念进一步叙述。

解析过程：

1. 限定通配符的类型

限定通配符对类型进行了限制，有两种限定通配符：

（1）*<? extends T>*，通过确保类型必须是 T 的子类来设定类型的上界。

（2）*<? super T>*，通过确保类型必须是 T 的父类来设定类型的下界。

泛型类型必须使用限定内的类型来进行初始化，否则会导致编译错误。另外，"<?>"表示非限定通配符，因为"<?>"可以用任意类型来替代。

2. 通配符的限定

（1）通配符同样可以对类型进行限定，可以分为子类型限定、超类型限定和无限定。

（2）通配符不是类型变量，因此不能在代码中使用"?"作为一种类型。

（3）通配符"?"相当于"T extends Object"。

通配符本身不是一种数据类型，其总共有三种限定方式，如表 5-1 所示。

表 5-1 通配符的限定方式

关 键 字	限 定 名 称	作 用
extends	子类型限定，类型的上界	主要用来安全地访问数据，可以访问 X 及其子类型，可用于返回类型限定，不能用于参数类型限定
super	超类型限定，类型的下界	主要用来安全地写入数据，可以写入 X 及其子类型，可用于参数类型限定，不能用于返回类型限定
	无限定	用于一些简单的操作，比如不需要实际类型的方法，比泛型方法简洁

extends 和无限定之所以不能安全写入，是因为限定之后类型不确定，例如：

```
List<? extends Number> list = new ArrayList<> ();
```

泛型是 Number 和 Number 的子类，可能是 Number，也可能是 integer、double 类型，JVM 不知道这个泛型究竟是哪个类型。

3. 类型通配符的使用

带有 super 超类型限定的通配符可以向泛型对象写入。例如：

```
import java.util.*;
public class Practice_bb {
    public static void main (String [] args) {
        List<? super Number> list = new ArrayList<> ();
        //用 super 来限定可以安全地写入，所以可以使用下边的 add()方法
        list.add (15);
        list.add (30);
        list.add (55.2);
    }
}
```

带有 extends 子类型限定的通配符可以向泛型对象读取。例如：

```
import java.util.*;
public class Practice_bb {
    public static void main (String [] args) {
        List<? extends Number> list = new ArrayList<> ();
        list.add(15);//报错
        list.add(30);//报错
        list.add(55.2);//报错
    }
}
```

☆**注意**☆ null 是在不符合条件的情况下唯一能写入或是读取的元素。

5.4.3 Spring 和 Spring MVC 有什么区别

题面解析：本题主要是在框架的基础知识上的延伸，应聘者首先要了解两者的概念、用法，然后针对这些概念比较 Spring 与 Spring MVC 有什么区别。

解析过程：

分析 Spring 和 Spring MVC 两者之间的区别：

（1）Spring 是 IOC 和 AOP 的容器框架，Spring MVC 是基于 Spring 功能之上添加的 Web 框架，想用 Spring MVC 必须先依赖 Spring。

（2）Spring 不仅是一个管理 Bean 的容器，还包括很多开源项目的总称。Spring MVC 是其中一个开源项目，它的过程是当收到 HTTP 响应时，由容器（如 Tomact）解析 HTTP，得到一个 request 请求，通过映射关系（路径、方法和参数）由分发器找到一个可以处理这个请求的 Bean，从而在 Bean 容器重处理该请求，最后返回响应。

（3）Spring MVC 是一个 MVC 模式的 Web 开发框架。

（4）Spring 是一个通用解决方案，最大的用处就是通过 IOC/AOP 解耦，降低软件复杂性，所以 Spring 可以结合 Spring MVC 等很多其他解决方案一起使用，不仅仅只适用于 Web 开发。

5.4.4 什么是 AOP

题面解析：本题主要考查应聘者对框架知识的熟练掌握程度。AOP 是 Spring 框架中的一项重要技术，先了解 Spring 框架，然后针对框架中 AOP 的基础概念进行介绍。

解析过程：

AOP 是 Spring 提供的关键特性之一。AOP 即面向切面编程，是 OOP 编程的有效补充。使用 AOP 技术，可以将一些系统性相关的编程工作，独立提取、独立实现，然后通过切面切入系

统，从而避免了在业务逻辑的代码中混入很多的系统相关的逻辑，比如权限管理、事务管理、日志记录等。这些系统性的编程工作都可以以独立编码实现，然后通过 AOP 技术切入系统即可，从而达到了将不同的关注点分离出来的效果。

1）AOP 相关的概念

（1）Aspect：切面，切入系统的一个切面。比如事务管理是一个切面，权限管理也是一个切面；

（2）Join point：连接点，也就是可以进行横向切入的位置；

（3）Advice：通知，切面在某个连接点执行的操作（分为：Before advice、After returning advice、After throwing advice、After (finally) advice、Around advice ）；

（4）Pointcut：切点，符合切点表达式的连接点，也就是真正被切入的地方。

2）AOP 的实现原理

AOP 分为静态 AOP 和动态 AOP。

（1）静态 AOP 是指 Aspect 实现的 AOP，它是将切面代码直接编译到 Java 类文件中。

（2）动态 AOP 是指将切面代码进行动态织入实现的 AOP。

Spring 的 AOP 为动态 AOP，实现的技术为 JDK 提供的动态代理技术和 CGLIB（动态字节码增强技术）。尽管实现技术不一样，但都是基于代理模式，都是生成一个代理对象。

5.4.5　Collection 接口

试题题面 1：List、Set、Map 是否继承于 Collection 接口？

题面解析：本题主要考查应聘者对集合知识点的熟练掌握程度，在前面我们分别讲解了 List 集合、Set 集合和 Map 集合。读者需要牢牢掌握它们的使用方法，避免混淆。

解析过程：

List 和 Set 全部继承于 Collection 接口，但 Map 并不是。Collection 是最基本的集合接口，一个 Collection 代表一组 object，即 Collection 的元素。一些 Collection 允许有相同的元素，而另一些则不允许；还有一些 Collection 支持排序，而另一些则不支持。Java 中不提供直接继承自 Collection 的类，Java 提供的类都是继承自 Collection 的"子接口"，如：List 和 Set。

☆**注意**☆　Map 没有继承 Collection 接口，Map 提供 key 到 value 值的映射。一个 Map 中不能包含相同的 key，每个 key 只能映射一个 value。Map 接口提供 3 种集合的视图，Map 的内容可以被当作一组 key 集合，一组 value 集合，或者一组 key-value 映射。

List 按对象进入的顺序保存对象，不做排序或编辑操作。Set 对每个对象只接受一次，并使用自己内部的排序方法。Map 同样对每个元素保存一份，但这是基于"键"的，Map 也有内置的排序，因而不关心元素添加的顺序。如果添加元素的顺序很重要，应该使用 LinkedHashSet 类或者 LinkedHashMap 类。

试题题面 2：Set、List、Map 三个接口，存取元素时各有什么特点？

题面解析：本题主要考查应聘者对 Set、List、Map 接口的理解，因此应聘者不仅需要知道接口的主要概念方法作用，还要知道它们的特点以及是如何使用的。

解析过程：

Set 与 List 都是单列元素的集合，它们有一个共同的父接口 Collection。

1. Set 里面不允许有重复的元素

1）存元素

add()方法有一个 boolean 类型的返回值，当集合中没有某个元素时，此时 add()方法可以成功加入该元素，则返回 true；当集合含有与 equals 相等的元素时，此时 add()方法无法加入该元素，返回结果为 false。

2）取元素

不能具体确定是第几个，只能以 Iterator 接口取得所有的元素，再逐一遍历各个元素。

2. List 表示有先后顺序的集合

1）存元素

多次调用 add(object)方法时，每次加入的对象按先来后到的顺序排序，也可以插队，即调用 add(int index,object)方法，就可以指定当前对象在集合中的存放位置。

2）取元素

方法 1：Iterator 接口取得所有元素，逐一遍历各个元素；

方法 2：调用 get(index i)方法明确说明取第几个元素。

3. Map 是双列的集合

1）存元素

存放元素使用 put()方法，即 put(obj key, obj value)。每次存储时，要存储一对 Key-Value 值，不能存储重复的 key，这个重复的规则也是通过和 equals()比较相等。

2）取元素

（1）用 get(object key)方法根据 key 获得相应的 value 值；

（2）也可以获得所有的 key 的集合，还可以获得所有的 value 的集合；

（3）可以获得 key 和 value 组合成的 Map.Entry 对象的集合。

试题题面 3： Collection 和 Collections 有什么区别？

题面解析： 本题也是对集合的考查，主要考查应聘者能否正确区分 Collection 和 Collections 的使用。在回答该问题时应聘者需要先分别解释两者各自的含义和使用方法，然后经过对比就可以知道两者的区别了。

解析过程：

Collection 是集合类的上级接口，继承与它有关的接口主要有 List 和 Set 集合。

Collections 是针对集合类的一个帮助类，它提供一系列静态方法实现对各种集合的搜索、排序和线程安全等操作。

Collections 的主要方法有混排（shuffling）、反转（reverse）、替换所有的元素（fill）、复制（copy）、返回 Collections 中最小元素（min）、返回 Collections 中最大元素（max）、返回指定源列表中最后一次出现指定目标列表的起始位置（lastIndexOfSubList）、返回指定源列表中第一次出现指定目标列表的起始位置（indexOfSubList）、根据指定的距离循环移动指定列表中的元素（rotate）。

5.4.6　HashMap 和 HashTable 有什么区别

题面解析：本题主要考查 HashMap 和 HashTable 之间的区别和联系，从不同的方面进行分析、解释，同时要注意两者之间的关系以及是如何使用的。

解析过程：

1. 父类不同

（1）HashMap 是继承自 AbstractMap 类，而 HashTable 是继承自 Dictionary 类。不过它们都同时实现了 Map、Cloneable（可复制）、Serializable（可序列化）这三个接口。

（2）HashTable 比 HashMap 多提供了 elements() 和 contains() 两个方法。

（3）elements() 方法继承自 HashTable 的父类 Dictionary。elements() 方法用于返回此 HashTable 中的 value 的枚举。

（4）contains() 方法判断该 HashTable 是否包含传入的 value，它的作用与 containsvalue() 一致。事实上，containsvalue() 就只是调用了一下 contains() 方法。

2. null 值问题

（1）HashTable 既不支持 null key 也不支持 null value。在 HashTable 的 put() 方法的注释中有说明。

（2）在 HashMap 中，null 可以作为键，这样的键只有一个；可以有一个或多个键所对应的值为 null。当 get() 方法返回 null 值时，可能是 HashMap 中没有该键，也可能使该键所对应的值为 null。因此，在 HashMap 中不能由 get() 方法来判断 HashMap 中是否存在某个键，而应该用 containsKey() 方法来判断。

3. 线程安全性

（1）HashTable 是线程安全的，它的每个方法中都加入了 synchronize 方法。在多线程并发的情况下，可以直接使用 HashTable，不需要自己为它的方法实现同步。

（2）HashMap 不是线程安全的，在多线程并发的情况下，可能会产生死锁等问题。使用 HashMap 时就必须要自己增加同步处理机制。

虽然 HashMap 不是线程安全的，但是它的效率会比 HashTable 高很多。这样设计是合理的。在我们的日常使用中，大部分时间是单线程操作的，HashMap 把这部分操作解放出来了。当需要多线程操作的时候可以使用线程安全的 ConcurrentHashMap。ConcurrentHashMap 虽然也是线程安全的，但是它的效率比 HashTable 要高好多倍。因为 ConcurrentHashMap 使用了分段锁，并不对整个数据进行锁定。

4. 遍历方式不同

（1）HashTable、HashMap 都使用了 Iterator 接口。由于历史原因，HashTable 还使用了 Enumeration 的方式。

（2）HashMap 的 Iterator 是 fail-fast 迭代器。当有其他线程改变了 HashMap 的结构（增加、删除、修改元素），将会抛出 ConcurrentModificationException 异常。不过，通过 Iterator 的 remove() 方法移除元素则不会抛出 ConcurrentModificationException 异常。但这并不是一个一定发生的行为，要看 JVM。

5. 初始容量不同

HashTable 的初始长度是 11，之后每次扩充容量变为之前的 $2n+1$（n 为上一次的长度），而 HashMap 的初始长度为 16，之后每次扩充变为原来的两倍。

创建时，如果给定了容量初始值，那么 HashTable 会直接使用给定的大小，而 HashMap 会将其扩充为 2 的幂次方大小。

6. 计算哈希值的方法不同

为了得到元素的位置，首先需要根据元素的 key 值计算出一个哈希值，然后再用这个哈希值来计算得到最终的位置。

HashTable 直接使用对象的 hashCode() 方法，hashCode() 是 JDK 根据对象的地址或者字符串或者数字计算出来的 int 类型的数值，然后再使用除留余数法来获得最终的位置，然而除法运算是非常耗费时间的。

HashMap 为了提高计算效率，将 HashTable 的大小固定为 2 的幂次方，这样在取模计算时，不需要做除法，只需要做位运算。位运算比除法的效率要高很多。

5.4.7 垃圾回收机制

题面解析：本题主要从垃圾回收机制的概念、特点、如何运行等方面进行回答。

解析过程：

从以下几个方面详细介绍垃圾回收机制：

1. 什么是垃圾回收机制

垃圾回收机制是一种动态存储管理技术，它自动地释放不再被程序引用的对象，按照特定的垃圾收集算法来实现资源自动回收的功能。当一个对象不再被引用时，内存回收它占领的空间，以便空间被后来的新对象使用，以免造成内存泄漏。

2. Java 的垃圾回收有什么特点

Java 语言不允许程序员直接控制内存空间的使用。内存空间的分配和回收都是由 JRE 负责在后台自动进行的，尤其是无用内存空间的回收操作（garbage collection，也称垃圾回收），只能由运行环境提供的一个超级线程进行监测和控制。

3. 垃圾回收机制什么时候运行

一般是在 CPU 空闲或空间不足时自动进行垃圾回收，而程序员无法精确控制垃圾回收的时机和顺序等。

4. 怎么判断符合垃圾回收条件的对象

当一个对象不能被任何获得线程访问时，该对象就符合垃圾回收条件。

5. 垃圾回收机制怎样工作的

如发现一个对象不能被任何获得线程访问时，垃圾回收机制将认为该对象符合删除条件，就将其加入回收队列，如果不是则立即销毁对象，何时销毁并释放内存是无法预知的。垃圾回收不能强制执行，然而 Java 提供了一些方法，如 System.gc() 方法，允许请求 JVM 执行垃圾回收，而不是要求，虚拟机会尽其所能满足请求，但是不能保证 JVM 从内存中删除所有不用的对象。

6. 一个 Java 程序能够耗尽内存吗

可以。垃圾收集系统尝试在对象不被使用时把它们从内存中删除。然而，如果保持太多活动的对象，系统则可能会耗尽内存。垃圾回收机制不能保证有足够的内存，只能保证可用内存尽可能地得到高效的管理。

7. 垃圾收集前进行清理——finalize()方法

Java 提供了一种机制，能够在对象刚要被垃圾回收之前运行一些代码。这段代码位于 finalize()的方法内，所有类从 Object 类继承这个方法。由于不能保证垃圾回收机制会删除某个对象。因此放在 finalize()中的代码无法保证运行。所以建议不要重写 finalize()方法。

5.4.8　Set 里的元素如何区分是否重复

试题题面：Set 里的元素是否能重复，那么用什么方法来区分是否重复？

题面解析：本题主要考查应聘者对 Set 集合知识点的掌握程度。在 Set 集合基础上加以延伸，教会应聘者灵活运用所学知识。

解析过程：

Set 接口常用实现类包括 HashSet 和 TreeSet。

1. HashSet 区分重复元素

先使用 hashCode()方法判断已经存在 HashSet 中元素的 hashCode 值和将要加入元素的 hashCode 值是否相同。如果不同，直接添加；如果相同，再调用 equals()方法判断，如果返回 true，表示 HashSet 中已经添加该对象了，不需要再次添加（重复）；如果返回 false，就表示不重复，可以直接加入 HashSet 中。

2. TreeSet 区分重复元素

TreeSet 中的元素对象如果实现 Comparable 接口，使用 compareTo()方法区分元素是否重复，如果没实现 Comparable 接口，自定义比较器（该类实现 Comparator 接口，覆盖 compare()方法）比较该元素对象，调用 TreeSet 的构造方法 new TreeSet（自定义比较器参数），这样就可以比较元素对象了。

5.4.9　Spring 设计模式

试题题面：Spring 框架中有哪些不同类型的事件？Spring 框架中都用到了哪些设计模式？使用 Spring 框架的好处是什么？在 Spring 中如何注入一个 Java 集合？

题面解析：本题主要是针对前面已经介绍过的 Spring 概念的延伸，主要说明 Spring 框架有哪些不同类型的事件、用到的设计模式是什么、使用 Spring 的好处、如何注入一个 Java 集合。

解析过程：

Spring 框架是一个开源的 Java 平台，它为容易而快速地开发出耐用的 Java 应用程序提供了全面的基础设施。

1. Spring 框架中有哪些不同类型的事件?

Spring 提供了以下 5 种标准的事件:

（1）上下文更新事件（ContextRefreshedEvent）：该事件会在 ApplicationContext 被初始化或者更新时发布。也可以在调用 ConfigurableApplicationContext 接口中的 refresh()方法时被触发。

（2）上下文开始事件（ContextStartedEvent）：当容器调用 ConfigurableApplicationContext 的 start()方法开始/重新开始容器时触发该事件。

（3）上下文停止事件（ContextStoppedEvent）：当容器调用 ConfigurableApplicationContext 的 stop()方法停止容器时触发该事件。

（4）上下文关闭事件（ContextClosedEvent）：当 ApplicationContext 被关闭时触发该事件。容器被关闭时，其管理的所有单例模式 Bean 都将被销毁。

（5）请求处理事件（RequestHandledEvent）：在 Web 应用中，当一个 HTTP 请求（request）结束触发该事件。

2. Spring 框架中都用到了哪些设计模型?

Spring 框架中使用到了大量的设计模式，例如:

（1）代理模式：在 AOP 和 Remoting 中被用得比较多。

（2）单例模式：在 Spring 配置文件中定义的 Bean 默认为单例模式。

（3）模板方法：用来解决代码重复的问题。

（4）前端控制器：Spring 提供了 DispatcherServlet 来对请求进行分发。

（5）视图帮助(View Helper) ：Spring 提供了一系列的 JSP 标签，高效辅助将分散的代码整合在视图里。

（6）依赖注入：贯穿于 BeanFactory / ApplicationContext 接口的核心理念。

（7）工厂模式：BeanFactory 用来创建对象的实例。

3. 使用 Spring 框架的好处是什么?

（1）轻量：Spring 是轻量的，基本的版本大约为 2MB。

（2）控制反转：Spring 通过控制反转实现了松散耦合，而不是创建或查找依赖的对象们。

（3）面向切面的编程（AOP）：Spring 支持面向切面的编程，并且把应用业务逻辑和系统服务分开。

（4）容器：Spring 包含并管理应用中对象的生命周期和配置。

（5）MVC 框架：Spring 的 Web 框架是个精心设计的框架，是 Web 框架的一个很好的替代品。

（6）事务管理：Spring 提供了一个持续的事务管理接口，可以扩展到上至本地事务下至全局事务（JTA）。

（7）异常处理：Spring 提供方便的 API 把具体技术相关的异常（比如由 JDBC，Hibernate 或 JDO 抛出的）转化为一致的 unchecked 异常。

4. 在 Spring 中如何注入一个 Java 集合?

Spring 提供以下几种集合的配置元素:

（1）<List>类型用于注入一列值，允许有相同的值。

（2）<Set>类型用于注入一组值，不允许有相同的值。

（3）<Map>类型用于注入一组键值对，键和值都可以为任意类型。

（4）<Props>类型用于注入一组键值对，键和值都只能为 String 类型。

5.4.10　接口的继承

试题题面 1：为何 Collection 不从 Clone 和 Serializable 接口继承？

题面解析：本题是对 Collection 接口知识的延伸，主要考查 Collection 以及 Collection 的继承问题。

解析过程：

Collection 表示一个集合，包含了一组对象。如何存储和维护这些对象是由具体实现来决定的。因为集合的具体形式多种多样，例如 List 允许重复，Set 则不允许。而克隆（Clone）和序列化（Serializable）只对于具体的实体、对象有意义，不能说去把一个接口、抽象类克隆，序列化甚至反序列化。所以具体的 Collection 实现类是否可以克隆，是否可以序列化应该由其自身决定，而不能由其超类强行赋予。

如果 Collection 继承了 Clone 和 Serializable，那么所有的集合实现都会实现这两个接口，而如果某个实现不需要被克隆，甚至不允许它序列化（序列化有风险），那么就与 Collection 矛盾了。

试题题面 2：为何 Map 接口不继承 Collection 接口？

题面解析：本题主要考查 Map 接口的继承问题。

解析过程：

（1）首先 Map 提供的是键值对映射（即 key 和 value 的映射），而 Collection 提供的是一组数据（并不是键值对映射）。

如果 Map 继承了 Collection 接口，那么所有实现了 Map 接口的类到底是用 Map 的键值对映射数据还是用 Collection 的一组数据呢（就我们平常所用的 HashMap、HashTable、TreeMap 等都是键值对，所以它继承 Collection 完全没意义），而且 Map 如果继承了 Collection 接口则违反了面向对象的接口分离原则。

接口分离原则：客户端不应该依赖它不需要的接口。

另一种定义是：类之间的依赖关系应该建立在最小的接口上。接口隔离原则非常庞大，臃肿的接口拆分成为更小的和更具体的接口，这样客户将会只需要知道他们感兴趣的方法。接口隔离原则的目的是系统解开耦合，从而容易重构、更改和重新部署，让客户端依赖的接口尽可能得小。

（2）Map 和 List、Set 不同，Map 存放的是键值对，List、Set 存放的是一个个的对象。由于数据结构的不同，操作就不一样，所以接口是分开的，因此还是接口分离原则。

5.5　名企真题解析

下面我们整理的是各大公司的笔试面试题，读者可以根据自己的需要，看是否已经掌握了前面的知识点，另一方面还可以对面试笔试题进行学习，以便在面试笔试中能够充分准备，脱颖而出。

5.5.1 创建 Bean 的三种方式

题面解析：本题主要考查应聘者对基本框架的熟练掌握程度。看到此问题，首先回忆之前学习的知识，然后知道 Spring 支持 Bean 的三种方式有哪些，并且要知道相应的作用是什么。

解析过程：

Spring 支持如下三种方式创建 Bean：

（1）调用构造方法创建 Bean；

（2）调用静态工厂方法创建 Bean；

（3）调用实例工厂方法创建 Bean。

1．调用构造方法创建 Bean

调用构造方法创建 Bean 是最常用的一种情况，Spring 容器通过 new 关键字调用构造器来创建 Bean 实例，通过 class 属性指定 Bean 实例的实现类，也就是说，如果使用构造器创建 Bean 方法，则<bean/>元素必须指定 class 属性，其实 Spring 容器也就是相当于通过实现类创建了一个 Bean 实例。调用构造方法创建 Bean 实例，通过名字也可以看出，我们需要为该 Bean 类提供无参数的构造器。下面是一个通过构造方法创建 Bean 的最简单实例。

1）Bean 实例实现类 Person.java

```java
package com.mao.gouzao;
public class Person
{
    private String name;
    public Person(String name)
    this.name=name;
    {
        System.out.println("Spring 容器开始通过无参构造器创建 Bean 实例------------");
    }
    public void input()
    {
        System.out.println("欢迎来到我的博客: "+name);
    }
}
```

2）配置文件 beans.xml

```xml
<?xml version="1.0" encoding="GBK"?>
<beans xmlns:xsi="http://www.w3.org/2001/XMLSchema-instance"
 xmlns="http://www.springframework.org/schema/beans"
 xsi:schemaLocation="http://www.springframework.org/schema/beans
 http://www.springframework.org/schema/beans/spring-beans-4.0.xsd">
<!--指定 class 属性，通过构造方法创建 Bean 实例 -->
<bean id="person" class="com.mao.gouzao.Person">
   <!--通过构造方法赋值 -->
   <constructor-arg name="name" value="魔术师"></constructor-arg>
</bean>
</beans>
```

3）测试类 PersonTest.java

```java
import org.springframework.context.ApplicationContext;
import org.springframework.context.support.ClassPathXmlApplicationContext;
public class PersonTest
{
    public static void main(String[]args)
    {
```

```
        //创建 Spring 容器
        ApplicationContext ctx=new ClassPathXmlApplicationContext("beans.xml");
        //通过 getBean()方法获取 Bean 实例
        Person person=(Person) ctx.getBean("person");
        person.input();
    }
}
```

2. 调用静态工厂方法创建 Bean

通过静态工厂创建，其本质就是把类交给自己的静态工厂管理，Spring 只是帮助调用了静态工厂创建实例的方法，而创建实例的过程是由静态工厂实现的，在实际开发的过程中，很多时候需要使用第三方 jar 包提供的类，而这个类没有构造方法，而是通过第三方 jar 包提供的静态工厂创建的，这时候，如果想把第三方 jar 包里面的这个类交由 Spring 来管理的话，就可以使用 Spring 提供的静态工厂创建实例的配置。

3. 调用实例工厂方法创建 Bean

通过实例工厂创建，其本质就是把创建实例的工厂类交由 Spring 管理，同时把调用工厂类的方法创建实例的这个过程也交由 Spring 管理。在实际开发的过程中，如 Spring 整合 Hibernate 就是通过这种方式实现的。但对于没有与 Spring 整合过的工厂类，一般都是自己用代码来管理的。

5.5.2　遍历一个 List 有哪些不同的方式？

【选自 GG 面试题】

题面解析：本题主要考查 Java 中遍历一个 List 的不同方式，应聘者不仅需要知道 List 集合的使用方法，而且还要对 List 的遍历方式进行总结。

解析过程：

遍历方式有以下三种：

（1）for 循环遍历：基于计数器，在集合的外部维护一个计数器，然后依次读取每一个位置的元素，当读到最后一个元素时停止。

（2）迭代器遍历：Iterator 是面向对象的一个设计模式，目前是屏蔽不同数据集合的特点，统一遍历集合的接口。Java 在 Collections 中支持 Iterator 模式。

（3）foreach 循环遍历：foreach 内部也是采用了 Iterator 的方式实现，使用时不需要显式声明 Iterator 或计数器。其优点是代码简洁，不易出错；缺点是只能做简单的遍历，不能在遍历过程操作数据集合，如删除、替换等。

5.5.3　如何实现边遍历，边移除 Collection 中的元素

【选自 BD 面试题】

题面解析：本题是面试中常被问到的问题之一，主要是考查集合的遍历。当 Collection 进行遍历时怎样移除其中的元素呢？让我们一起来学习吧。

解析过程：

边遍历，边修改 Collection 的唯一正确方式是使用 Iterator.remove()方法。

代码如下：

```
Iterator<Integer> it = list.iterator();
while(it.hasNext()){
    //do something
    it.remove();
}
```

一种最常见的错误代码如下：

```
fo r(Integer i : list){
    list.remove(i)
}
```

运行以上错误代码会报 ConcurrentModificationException 异常。这是因为当使用 foreach(for(Integer i : list))语句时，会自动生成一个 Iterator 来遍历该 list，但同时该 list 正在被 Iterator.remove()修改。

Java 一般不允许一个线程在遍历 Collection 时被另一个线程修改。

5.5.4 拦截器和过滤器

【选自 BD 笔试题】

试题题面： 拦截器（Interceptor）和过滤器（Filter）的区别与联系？

题面解析： 本题主要说明拦截器和过滤器之间的区别是什么和两者之间具有什么样的联系。

解析过程：

1．拦截器和过滤器的概念

拦截器（Interceptor）是在面向切面编程中应用的，就是在 Service 或者一个方法前调用一个方法，或者在方法后调用一个方法。拦截器是基于 Java 的反射机制。拦截器不在 web.xml 文件中。

过滤器（Filter）是实现了 Javax.Servlet.Filter 接口的服务器端程序，主要的用途是过滤字符编码、做一些业务逻辑判断等。其工作原理如下：

（1）在 web.xml 文件配置好要拦截的客户端请求，它都会帮助拦截到请求，此时就可以对请求或响应（request、response）统一设置编码，简化操作。

（2）同时还可进行逻辑判断，如用户是否已经登录、有没有权限访问该页面等。

2．拦截器和过滤器的区别

（1）拦截器是基于 Java 的反射机制，过滤器是基于 Java 的函数回调。

（2）拦截器不依赖于 Servlet 容器，而过滤器依赖于 Servlet 容器。

（3）拦截器只能对 action 请求起作用，过滤器几乎对所有的请求起作用。

（4）拦截器可以访问 action 上下文和栈里的对象，而过滤器不能访问。

（5）在 action 生命周期中，拦截器可以被多次调用，过滤器只能在 Servlet 中初始化调用一次。

（6）拦截器可以获取 IOC 容器中的各个 Bean，而过滤器则不行，只可以在拦截器中注入一个 Service 可以调用的逻辑业务。

第6章

异常处理

本章导读

在软件开发过程中难免会遇到程序异常的情况，当遇到程序异常时我们怎么处理呢？从本章开始主要带领读者来学习 Java 的异常处理机制以及在面试和笔试中常见的问题。本章先告诉读者对于 Java 异常要掌握的基本知识有哪些，然后教会读者应该如何更好地回答面试及笔试中的问题，最后总结了一些大型企业的面试及笔试中难度较高的真题。

知识清单

本章要点（已掌握的在方框中打钩）
- [ ] 异常
- [ ] Java 内置异常类
- [ ] 异常处理机制
- [ ] throws/throw 关键字
- [ ] finally 关键字
- [ ] 自定义异常

6.1 知识总结

本节主要讲解 Java 异常以及如何处理异常等基础知识。读者只有牢牢掌握这些基础知识才能在面试及笔试中应对自如。

6.1.1 什么是异常

异常是指程序在运行过程中由于外部因素导致的程序异常事件，产生的异常会中断程序的运行。在 Java 等面向对象的编程语言中，异常本身是一个对象，产生异常就是产生了一个异常对象。

☆**注意**☆　在 Java 中异常不是错误，在下文异常的分类中有解释。

6.1.2　Java 内置异常类

在 Java 中一个异常的产生，主要有以下三种原因：

（1）Java 内部错误产生异常，也可以说 Java 虚拟机产生异常。

（2）编写的程序代码中的错误所产生的异常，例如：空指针异常、数组越界异常等。这种异常称为未检查异常，一般需要在某些类中集中处理这些异常。

（3）通过 throw 语句手动生成的异常，这种异常称为检查异常，一般用来告知该方法调用者一些必要的信息。

Java 通过面向对象的方法来处理异常。在一个方法的运行过程中，如果发生了异常，则这个方法会产生代表该异常的一个对象，并把它交给运行时系统，运行时系统寻找相应的代码来处理这一异常。

通常把生成异常对象并把它提交给运行时系统的过程称为抛出（throw）异常。运行时系统在方法的调用栈中查找，直到找到能够处理该类型异常的对象为止，这一个过程称为捕获（catch）异常。

在 Java 中所有的异常类型都是内置类 java.lang.Throwable 的子类，即 Throwable 位于异常类层次结构的顶层。Throwable 类下面有两个异常分支 Exception 和 Error，如图 6-1 所示。

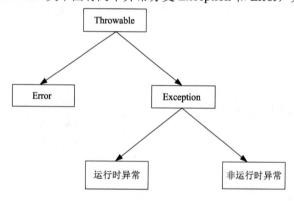

图 6-1　Java 异常类

Java 中常见的异常类型如表 6-1 所示。

表 6-1　常见的异常类型

异 常 类 型	说　　明
Exception	异常层次结构的根类
RuntimeException	运行时异常，多数 java.lang 异常的根类
ArithmeticException	算术异常，如以零做除数
ArrayIndexOutOfBoundException	数组的大小，小于或大于实际数组的大小
NullPointerException	尝试访问 null 对象成员，空指针异常
ClassNotFoundException	不能加载所需的类
NumberFormatException	数字转化格式异常，比如字符串到 float 型数字的转换无效
IOException	I/O 异常的根类
FileNotFoundException	找不到文件
EOFException	文件结束

异 常 类 型	说　　　明
InterruptedException	线程中断
IllegalArgumentException	接收到非法参数
ClassCastException	类型转换异常

6.1.3　异常处理机制

在 Java 中，异常处理机制分为抛出异常和捕获异常。

（1）抛出异常：当一个方法出现错误引发异常时，该方法会创建异常对象并交付给运行系统，异常对象中包含异常类型和异常出现时的程序状态等异常信息。运行时系统负责寻找发生异常的代码并执行。

（2）捕获异常：在方法抛出异常之后，运行时系统将转为寻找合适的异常处理器（exception handler）。潜在的异常处理器是异常发生时依次存留在调用栈中的方法集合。当异常处理器所能处理的异常类型与方法抛出的异常类型相符时，即为合适的异常处理器。运行时系统从发生异常的地方开始，依次往回查找调用栈中的方法，直至找到含有合适异常处理器的方法并执行。当运行时系统遍历调用栈而未找到合适的异常处理器时，运行时系统终止。同时，意味着 Java 程序的终止。

对于运行时异常、错误或可查异常，Java 技术所要求的异常处理方式有所不同。

（1）由于运行时异常的不可查性，为了更合理、更容易地实现应用程序，Java 规定运行时异常由 Java 运行时系统自动抛出，允许应用程序忽略运行时的异常。

（2）对于方法运行中可能出现的 Error，当运行方法不欲捕获时，Java 允许该方法不做任何的抛出声明。因为大多数 Error 异常属于永远不被允许发生的情况，也属于合理的应用程序不该捕获的异常。

（3）对于所有的可查异常，Java 规定一个方法必须捕获，或者声明抛出方法之外。也就是说，当一个方法选择不捕获可查异常时，它必须声明并抛出异常。

能够捕获异常的方法，需要提供相符类型的异常处理器。所捕获的异常，可能是由于自身语句所引发并抛出的异常，也可能是由某个调用的方法或者 Java 运行时系统等抛出的异常。也就是说，一个方法所能捕获的异常，一定是 Java 代码在某处所抛出的异常。简单地说，异常总是先被抛出后被捕获。

任何 Java 代码都可以抛出异常，如自己编写的代码、来自 Java 开发环境包中的代码或者 Java 运行时系统。无论是哪个，都可以通过 Java 的 throw 语句抛出异常。从方法中抛出的任何异常都必须使用 throws 子句。捕获异常通过 try…catch 语句或者 try…catch…finally 语句实现。

总体来说，Java 规定：对于可查异常必须捕获或者声明抛出。允许忽略不可查的 RuntimeException 和 Error。

抛出异常的方法有两种，分别为 throws 和 throw。

（1）throws：通常被用在声明方法时，主要用来指定该方法可能抛出的异常，多个异常可使用逗号分隔。throws 将异常抛给上一级，如果不想处理该异常，可以继续向上抛出，但最终要有能够处理该异常的代码。

（2）throw：通常用在方法体中或者用来抛出用户自定义异常，并且抛出一个异常对象。程序在执行到 throw 语句时立即停止，如果要捕获 throw 语句抛出的异常，则必须使用 try…catch 语句块，或者 try…catch…finally 语句。

例如：使用 throws 方法抛出异常。

```
public class Shoot {
    static void pop()throws NegativeArraySizeException{
        int[] arr = new int[-3];
    }
    public static void main(String[] args) {
        try{
            pop();
        }catch(NegativeArraySizeException e){
            System.out.println("pop()方法抛出的异常");
        }
    }
}
```

运行结果如图 6-2 所示。

pop( )方法抛出的异常

图 6-2　throws 方法抛出异常

例如：使用 throw 方法抛出异常。

```
public class TestException {
    public static void main(String[] args) {
        int a = 6;
        int b = 0;
        try {
            if (b == 0) throw new ArithmeticException();     //通过throw语句抛出异常
            System.out.println("a/b 的值是: " + a / b);
        }
        catch (ArithmeticException e) {                      //catch捕获异常
            System.out.println("程序出现异常，变量b不能为0。");
        }
        System.out.println("程序正常结束。");
    }
}
```

运行结果如图 6-3 所示。

程序出现异常，变量b不能为0。
程序正常结束。

图 6-3　throw 方法抛出异常

6.1.4　throws/throw 关键字

1. throws 关键字

定义一个方法时可以使用 throws 关键字进行声明，使用 throws 关键字声明的方法表示此方法不处理异常，而交给方法调用处进行处理。

throws 关键字语法格式如下：

```
public 返回值类型 方法名称 (参数列表) throws 异常类{};
```

假设定义一个除法，对于除法操作可能出现异常，也可能不会出现异常。因此对于这种方法最好使用 throws 关键字声明，一旦出现异常，则应该交给调用处处理。代码如下：

```
class Math{
    public int div(int i,int j) throws Exception{      //定义除法操作，如果有异常，则交给
                                                        调用处处理

        int temp = i / j ;      //计算，但是此处有可能出现异常
        return temp ;
    }
};
public class ThrowsDemo01{
    public static void main(String args[]){
        Math m = new Math() ;      //实例化 Math 类对象
        try{
            System.out.println("除法操作: " + m.div(10,2)) ;
        }catch(Exception e){
            e.printStackTrace() ;      //打印异常
        }
    }
};
```

以上代码中 div() 方法使用了 throws 关键字声明，所以调用此方法时，必须通过 try…catch 进行异常处理。如果在主方法的声明中也使用了 throws 关键字，那么是不是意味着主方法也可以不处理异常？例如：

```
class Math{
    public int div(int i,int j) throws Exception{//定义除法操作，如果有异常，则交给调用处处理
        int temp = i / j ;      //计算，但是此处有可能出现异常
        return temp ;
    }
};
public class ThrowsDemo02{
    //在主方法中的所有异常都可以不使用 try…catch 进行处理
    public static void main(String args[]) throws Exception{
        Math m = new Math() ;      //实例化 Math 类对象
        System.out.println("除法操作: " + m.div(10,0)) ;
    }
};
```

运行结果：

```
Exception in thread "main" java.lang.ArithmeticException: / by zero
    at methoud.Math.div(ThisDemo06.java:4)
    at methoud.ThisDemo06.main(ThisDemo06.java:12)
```

在本程序中，主方法不处理任何异常，而交给 Java 中的 JVM 进行处理，所以如果在主方法中使用了 throws 关键字，则表示一切异常交给 JVM 进行处理。默认处理方式也是由 JVM 完成。

2. throw 关键字

throw 关键字的作用是抛出一个异常，抛出的是一个异常类的实例化对象，在异常处理中，try…catch 语句要捕获的是一个异常对象，那么此异常对象也可以自己抛出。代码如下：

```
package methoud;
public class ThisDemo03{
    public static void main(String args[]){
```

```
        try{
            throw new Exception("自己抛着玩的。") ;      //抛出异常的实例化对象
        }catch(Exception e){
            System.out.println(e) ;
        }
    }
};
```

6.1.5　finally 关键字

final 的作用是禁止多态开关。它可以修饰以下三种：

（1）修饰变量：变量不能被改变。

（2）修饰类：类不能被继承。

（3）修饰方法：方法不能被重写。

而 finally 用在异常处理的最后一个语句块，无论是否产生异常都要被执行。例如：

```
public final class FinallyTest {
    public static void main(String[] args) {
        try {
            throw new NullPointerException();
            } catch (NullPointerException e) {
            System.out.println("程序抛出了异常");
            } finally {
            System.out.println("执行了 finally 语句块");
        }
    }
}
```

下面介绍 Java 中 finally 关键字的使用。

与其他语言的模型相比，finally 关键字是对 Java 异常处理机制的最佳补充。finally 结构使代码总会执行，而不管有无异常发生。使用 finally 关键字可以维护对象的内部状态，并可以清理非内存资源。如果没有 finally 关键字，代码就会变得很费解。下面代码说明在不使用 finally 关键字的情况下如何编写代码来释放非内存资源。

```
import java.net.*;
import java.io.*;
class WithoutFinally
{
    public void foo() throws IOException
    {
        //在任一个空闲的端口上创建一个套接字
        ServerSocket ss = new ServerSocket(0);
        try
        {
            Socket socket = ss.accept();
            //此处的其他代码
        }
        catch (IOException e)
        {
            ss.close(); //1
            throw e;
        }
        ss.close(); //2
    }
```

```
    }
```

以上代码创建了一个套接字,并调用 accept()方法。在退出该方法之前,必须关闭此套接字,以避免资源漏洞。为了完成这一任务,我们在//2 处调用 close()方法,它是该方法的最后一条语句。但是,如果 try 块中发生一个异常会怎么样呢?在这种情况下,//2 处的 close()调用永远不会发生。因此,必须捕获这个异常,并在重新发生异常之前在//1 处插入对 close()的另一个调用。这样就可以确保在退出该方法之前关闭套接字。

这样编写代码既麻烦又容易出错,但在没有 finally 关键字的情况下这是必不可少的。在没有 finally 关键字的语言中,程序员就可能忘记以这种方式组织他们的代码,从而产生资源漏洞。Java 中的 finally 子句解决了这个问题。有了 finally 关键字,前面的代码就可以重写为以下形式:

```java
import java.net.*;
import java.io.*;
class WithFinally
{
    public void foo2() throws IOException
    {
        //在任一个空闲的端口上创建一个套接字
        ServerSocket ss = new ServerSocket(0);
        try
        {
            Socket socket = ss.accept();
            //此处的其他代码
        }
        finally
        {
            ss.close();
        }
    }
}
```

finally 块确保 close()方法总被执行,不管 try 块内是否发生异常。因此,可以确定在退出该方法之前总会调用 close()方法。这样就可以确保套接字被关闭并且没有泄漏资源。从而在此方法中不需要再执行一个 catch 块。在第一个示例中提供 catch 块只是为了关闭套接字,而现在是通过 finally 关闭的。如果提供了一个 catch 块,则 finally 块中的代码会在 catch 块完成以后执行。

finally 块必须与 try 或 try…catch 块配合使用。另外,不可能退出 try 块而不执行其 finally 块。如果 finally 块存在,则它总会执行。

☆**注意**☆　无论从哪点看,这个陈述都是正确的。有一种方法可以退出 try 块而不执行 finally 块。如果代码在 try 内部执行一条 “System.exit(0);” 语句,则应用程序终止而不会执行 finally 块。另一方面,如果在 try 块执行期间拔掉电源,finally 块也不会执行。

6.1.6　自定义异常

1. 为什么需要自定义异常

Java 中不同的异常,分别表示着某一种具体的异常情况,那么在开发中总是有些异常情况是没有定义好的,此时我们需要根据自己程序的异常情况来定义异常。

有些异常都是 Java 内部定义好的,但是实际开发中也会出现很多异常,这些异常很可能在 JDK 中没有定义过,例如年龄负数问题、考试成绩负数问题等,这时就需要我们自定义异常。

2. 异常类如何定义

（1）自定义一个编译器异常：自定义类并继承 java.lang.Exception；

（2）自定义一个运行时的异常类：自定义类并继承于 java.lang.RuntimeException。

建议保留两种构造器的形式，即：

- 无参构造。
- 带给父类的 message 属性赋值的构造器。

3. 语法格式

```
public class XXXExcepiton extends Exception | RuntimeException{
    添加一个空参数的构造方法
    添加一个带异常信息的构造方法
}
```

☆**注意**☆ ①自定义异常类一般都是以 Exception 结尾，说明该类是一个异常类。②自定义异常类，必须继承 Exception 或者 RuntimeException。继承 Exception：自定义的异常类就是一个编译器异常，如果方法内部抛出了编译器异常，就必须处理这个异常，要么使用 throws 语句，要么使用 try…catch 语句。继承 RuntimeException：自定义的异常类就是一个运行时异常，无须处理，交给虚拟机处理（中断处理）即可。

6.2 精选面试、笔试题解析

前面我们已经学习了关于 Java 异常处理的一些基础知识，相信读者已经对 Java 的异常处理机制有了初步的了解，在接下来将带领大家学习一些经典面试、笔试题的回答方法，这些面试、笔试题都是在应聘过程中经常遇到的，学习完本节相信能够帮助应聘者轻松地应对。

6.2.1 Java 里的异常包括哪些

题面解析：本题是对 Java 中基础知识的考查，也是学习异常处理方式的基础。应聘者需要知道 Java 中的异常都有哪些，需要在理解的基础上熟练地表达出来。

解析过程：

Java 标准库内有一些通用的异常类，这些类以 Throwable 为顶层父类。

Throwable 又派生出 Error 类和 Exception 类。

（1）错误：Error 类以及它的子类的实例，代表了 JVM 本身的错误。错误不能被程序员通过代码处理，但 Error 很少出现。因此，程序员应该关注 Exception 为父类分支下的各种异常类。

（2）异常：Exception 以及它的子类，代表程序运行时发生的各种不期望发生的事件。它可以被 Java 异常处理机制使用，是异常处理的核心。

Java 异常的分类如图 6-4 所示。

总体上根据 Java 对异常的处理要求，可以将异常类分为两类。

（1）非检查异常（Unchecked Exception）：Error 和 RuntimeException 以及它们的子类。javac 在编译时，不会提示和发现这样的异常，从而不要求程序处理这些异常。所以如果愿意，我们可以编写代码（使用 try…catch…finally 语句块）处理这样的异常，也可以不处理。对于这些异常，我们应该修正代码，而不是通过异常处理器处理。这样的异常发生的原因大部分是由于代码编写有问题，如除 0 异常（ArithmeticException）、类型转换异常（ClassCastException）、数组索引越界（ArrayIndexOutOfBoundsException）、空指针异常（NullPointerException）等。

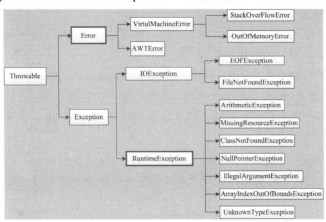

图 6-4　Java 异常的分类

（2）检查异常（Checked Exception）：除了 Error 和 RuntimeException 的其他异常。javac 强制要求程序员为这样的异常做预备处理工作（使用 try…catch…finally 语句块或者 throws 语句）。在方法中要么使用 try…catch 语句捕获它并处理，要么使用 throws 子句声明抛出它，否则编译不会通过。这样的异常一般是由程序的运行环境导致的。由于程序可能被运行在各种未知的环境下，而程序员无法干预用户如何使用自己编写的程序，因此程序员就应该为这样的异常时刻准备着。如 SQLException、IOException、ClassNotFoundException 异常等。

☆**注意**☆　检查异常和非检查异常是对于 javac 来说的，这样就很好理解和区分了。

6.2.2　异常处理机制的原理和应用

试题题面：简单叙述 Java 中异常处理机制的原理和应用。

题面解析：本题主要考查应聘者对 Java 的异常处理机制原理的掌握，应聘者首先应熟练地掌握异常处理机制的原理，能够对原理进行透彻的分析和讲解，其次对应用也要了解，这样才能完整地回答问题。

解析过程：

异常是指 Java 程序运行时（非编译）所发生的非正常情况或错误，与现实生活中的事件很相似，现实生活中的事件可以包含事件发生的时间、地点、人物、情节等信息，而在 Java 中可以用一个对象来表示，Java 使用面向对象的方式来处理异常，它把程序中发生的每个异常也都分别封装到一个对象中表示，该对象中包含异常的信息。

Java 对异常进行了分类，不同类型的异常分别用不同的 Java 类表示，所有异常的根类为 java.lang.Throwable，而 Throwable 下面又派生了两个子类：

（1）Error 表示应用程序本身无法克服和恢复的一种严重问题，程序只能瘫痪了，例如，内存溢出和线程死锁等系统问题。

（2）Exception 表示程序能够克服和恢复的问题，其中又分为系统异常和普通异常。

系统异常是软件本身的缺陷所导致的问题，也就是软件开发人员考虑不周所导致的问题，软件使用者无法克服和恢复这种问题，但在这种情况下可以让软件系统继续运行或者让软件死掉来解决。例如数组索引越界（ArrayIndexOutOfBoundsException）、空指针异常（NullPointerException）、类型转换异常（ClassCastException）。

普通异常是运行环境的变化或异常所导致的问题，是用户能够克服的问题，例如，网络断线、硬盘空间不够等，发生这样的异常后，程序不会死掉。

Java 为系统异常和普通异常提供了不同的解决方案，编译器会强制普通异常必须使用 try…catch 语句块处理或使用 throws 声明继续抛给上层调用方法处理，所以普通异常也称为检查异常；而系统异常可以处理也可以不处理，编译器不强制使用 try…catch 语句块处理或 throws 声明处理，所以系统异常也称为非检查异常。

☆**注意**☆　throw 语句用来明确地抛出一个异常。throws 语句用来表明一个成员函数可能抛出的各种异常。finally 语句为确保一段代码不管发生什么异常都执行一段代码。

6.2.3　throw 和 throws 有什么区别

题面解析：本题属于对概念类知识的考查，在解题的过程中需要先分别解释 throw 和 throws 的基本概念和使用方法，然后通过对比从各个方面总结说明两者之间的区别。

解析过程：

1. 系统自动抛出的异常

应聘者首先需要明白异常在 Java 中是以一个对象来看待，所有系统定义的编译和运行异常都可以由系统自动抛出，这些称为标准异常。Java 强烈地要求应用程序进行完整的异常处理，给用户友好的提示，或者修正后使程序继续执行。

2. 语句抛出的异常

用户程序自定义的异常和应用程序特定的异常，必须借助于 throws 和 throw 语句来定义抛出异常。

（1）throw 是指语句抛出一个异常。语法如下：

```
throw (异常对象);
```

例如：

```
throw e;
```

（2）throws 是方法可能抛出异常的声明（表示该方法可能要抛出异常，也有可能不会抛出异常）。语法如下：

```
[(修饰符)](返回值类型)(方法名)([参数列表])[throws(异常类)]{...}
```

例如：

```
public void doA(int a) throws Exception1,Exception2,Exception3{...}
```

throws Exception1、Exception2、Exception3 只是告诉程序这个方法可能会抛出这些异常，方法的调用者可能要处理这些异常，而这些异常 Exception1、Exception2、Exception3 可能是该函数体产生的。

throw 则是明确了该地方要抛出这个异常。例如：

```
Void doA(int a) throws IOException,{
```

```
    try{
        ...
    }catch(Exception1 e){
      Throw e;
    }catch(Exception2 e){
      System.out.println("出错了！");
    }
    if(a!=b)
        throw new Exception3("自定义异常");
}
```

以上代码块中可能会产生 3 个异常（Exception1、Exception2、Exception3）。

①如果产生 Exception1 异常，则捕获之后再抛出，由该方法的调用者去处理。

②如果产生 Exception2 异常，则该方法自己处理了（即 System.out.println("出错了！");）。所以该方法就不会再向外抛出 Exception2 异常了，void doA() throws Exception1、Exception3 里面的 Exception2 也就不用写了。

③产生 Exception3 异常是该方法的某段逻辑出错，程序员自己做了处理，在该段逻辑错误的情况下抛出 Exception3 异常，则该方法的调用者也要处理此异常。

（3）throw 和 throws 的区别如下：

①throw 语句用在方法体内，表示抛出异常，由方法体内的语句处理。

②throws 语句用在方法声明后面，表示再抛出异常，由该方法的调用者来处理。

③throws 主要是声明这个方法并抛出这种类型的异常，使它的调用者知道要捕获这个异常。

④throw 是具体向外抛异常的动作，所以它是抛出一个异常实例。

⑤throws 出现在方法函数头部；而 throw 出现在函数体。

⑥throws 表示出现异常的一种可能性，并不一定会发生这些异常；throw 则是抛出了异常，执行 throw 则一定抛出了某种异常。

⑦两者都是消极处理异常的方式（这里的消极并不是说这种方式不好），只是抛出或者可能抛出异常，但是不会由函数去处理异常，处理异常由函数的上层调用处理。

6.2.4　Java 中如何进行异常处理

题面解析：本题主要考查应聘者的实际操作水平，应聘者首先应该知道 Java 中的异常都包括哪些，然后针对各种不同的异常能够有具体的解决方案。

解析过程：

在编写代码处理异常时，对于检查异常，有两种不同的处理方式：使用 try…catch…finally 语句块处理或者在函数签名中使用 throws 声明并交给函数调用者去解决。

1. try…catch…finally 语句块

```
try{
    //try 块中存放可能发生异常的代码
    //如果执行完 try 语句且不发生异常，则接着去执行 finally 块和 finally 后面的代码（如果有的话）
    //如果发生异常，则尝试去匹配 catch 块
}catch(SQLException SQLexception){
    //每一个 catch 块用于捕获并处理一个特定的异常或者这异常类型的子类。Java 中可以将多个异常声明在一个 catch 块中
```

```
        //catch 块后面的括号定义了异常类型和异常参数。如果异常与之匹配且是最先匹配到的,则虚拟机将使用
这个 catch 块来处理异常
        //在 catch 块中可以使用异常参数来获取异常的相关信息。异常参数是 catch 块中的局部变量,其他块不
能访问
        //如果当前 try 块中发生的异常在后续的所有 catch 块中都没捕获到,则先去执行 finally 块,然后到
这个函数的外部调用者中去匹配异常处理器
        //如果 try 块中没有发生异常,则所有的 catch 块将被忽略
    }catch(Exception exception){
    }finally{
        //finally 块通常是可选的
        //无论异常是否发生,异常是否匹配被处理,finally 块都会执行
        //一个 try 语句至少要有一个 catch 块、一个 finally 块。但是 finally 块不是用来处理异常的,因此
finally 不会捕获异常
        //finally 块主要做一些清理工作,如:关闭流、关闭数据库连接等
    }
```

需要注意的地方:

(1)try 块中的局部变量和 catch 块中的局部变量（包括异常变量）以及 finally 块中的局部变量,它们之间不可共享使用。

(2)每一个 catch 块用于处理一个异常。异常匹配是按照 catch 块的顺序从上往下寻找的,只有第一个匹配的 catch 块会得到执行。匹配时,不仅支持精确匹配,也支持父类匹配,因此,如果同一个 try 块下的多个 catch 异常类型有父子关系,应该将子类异常放在前面,父类异常放在后面,这样保证每个 catch 块都有存在的意义。

(3)在 Java 中,异常处理的任务就是将执行控制流从异常发生的地方转移到能够处理这种异常的地方。也就是说,当一个函数的某条语句发生异常时,其后面的语句不会再执行。执行流跳转到最近的匹配异常处理 catch 代码块中执行,异常被处理完后,执行流会接着在"异常的catch 代码块"后面接着执行。

当异常被处理后,控制流会恢复到异常抛出点接着执行,这种策略叫作 Resumption Model Of Exception Handling（恢复式异常处理模式）。

而 Java 则是让执行流恢复到处理了异常的 catch 块后接着执行,这种策略叫作 Termination Model Of Exception Handling（终结式异常处理模式）。

2. throws 函数声明

(1)throws 声明:如果一个方法内部的代码会抛出检查异常,而方法自己又没有完全处理掉,则 javac 保证必须在方法的名称上使用 throws 关键字声明这些可能抛出的异常,否则编译不通过。

(2)throws 是另一种处理异常的方式,它不同于 try…catch…finally 语句块,throws 仅仅是将函数中可能出现的异常向调用者声明,而自己则不具体处理。

(3)采取这种异常处理的原因:方法本身不知道如何处理这样的异常或者说让调用者处理更好,调用者需要为可能发生的异常负责。例如:

```
Public void foo() throws ExceptionType1 , ExceptionType2 ,ExceptionTypeN
{
    //foo 内部可以抛出 ExceptionType1 , ExceptionType2 ,ExceptionTypeN 类的异常,或者它们
的子类的异常对象
    }
```

6.2.5　Java 中如何自定义异常

题面解析：要解决这道题首先需要知道为什么要使用自定义异常，然后说出自定义异常的缺点，当然自定义异常的规则也是必不可少的，最后也可以介绍如何使用。

解析过程：

1. 为什么要使用自定义异常

（1）我们在工作的时候，项目是分模块或者分功能开发的，基本不会是一个人开发整个项目，使用自定义异常就统一了对外异常展示的方式。

（2）有时候我们遇到某些校验或者问题时，需要直接结束当前的请求，这时便可以通过抛出自定义异常来结束。如果项目中使用了 SpringMVC 比较新的版本，里面有控制器，可以通过 @ControllerAdvice 注解写一个控制器增强类来拦截自定义的异常并响应给前端相应的信息。

（3）自定义异常可以在项目中有某些特殊的业务逻辑时抛出异常。

（4）使用自定义异常来处理抛出后的异常信息，可以隐藏底层的异常。这样更安全，异常信息也会更加直观。自定义异常可以抛出我们自己想要抛出的异常，还可以通过抛出的信息区分异常发生的位置，根据异常名我们就可以知道哪里有异常，然后根据异常提示信息对程序进行修改。比如空指针异常 NullPointerException，我们可以抛出信息为 "XXX 为空" 的定位异常位置，而不用输出堆栈信息（默认异常抛出的信息）。

2. 自定义异常的缺点

毋庸置疑，我们不能期待 JVM 自动抛出一个自定义异常，也不能期待 JVM 会自动处理一个自定义异常。发现异常、抛出异常和处理异常的工作必须靠编程人员在代码中使用异常处理机制自己完成。这样就相应地增加了一些开发成本和工作量，所以如果没必要的话，也可以不使用自定义异常。

3. 自定义异常的规则

在 Java 中可以自定义异常，编写异常类时需要注意以下几点：

（1）所有的异常都必须是 Throwable 的子类。

（2）如果希望写一个检查异常类，则需要继承 Exception 类。

（3）如果希望写一个运行时异常类，则需要继承 RuntimeException 类。

4. 自定义异常的定义与使用

代码如下：

```
public class CommonException extends RuntimeException {
    public CommonException(String msg) {
        super(msg);
    }
}
public void testCommonException () {
    throw new CommonException("错误");
}
```

6.2.6　在声明方法中是抛出异常还是捕获异常

题面解析：本题是考查对抛出异常和捕获异常的理解，应聘者首先应该知道什么是抛出异常，什么是捕获异常，然后能对两者进行区分，知道怎么应用，进而就能够很好地回答本题。

解析过程：

（1）如果方法声明里面有 throws 异常，那么方法体里面可以不抛出异常。因为可以在方法声明中包含异常说明，但实际上却不抛出。这样做的好处是为异常先占个位置，以后就可以抛出这种异常而不用修改已有的代码。在定义抽象类和接口时这种功能很重要，从而派生类或接口实现类就能够抛出这些预先声明的异常。

（2）为什么有的方法声明里面没有 throws，但方法体里面却抛出了异常？

从 RuntimeException 继承的异常，可以在没有异常说明的情况下被抛出。对于 RuntimeException 异常（也称为非检查异常），编译器不需要异常说明。只能在代码中忽略 RuntimeException（及其子类）类型的异常，其他类型的异常处理都是由编译器强制实施的。究其原因，RuntimeException 代表的是编程错误。

（3）运行时的异常会被 JVM 自动抛出。

（4）异常处理基础。

①调用 System.out.println 会降低系统吞吐量。

②在生产环境中不要用异常的 printStackTrace()方法。printStackTrace 默认会把调用的堆栈打印到控制台上，在生产环境中访问控制台是不现实的。

（5）异常处理基本原则。

①如果不能处理异常，不要捕获该异常。

②如果要捕获，则应在距离异常较近的地方捕获它。

③不要吞没捕获的异常。

④除非重新抛出异常，否则把它记录起来。

⑤当一个异常被重新包装，然后重新抛出时，不要打印堆栈状态。

⑥使用自定义的异常类，不要每次需要抛出异常时都抛出 java.lang.Exception。方法的调用者可以通过 throws 知道有哪些异常需要处理。

⑦如果编写业务逻辑，对于终端用户无法修复的错误，系统应该抛出非检查异常；如果编写一个第三方的包给其他的开发人员用，对于不可修复的错误则需要抛出检查异常。

⑧必须使用 throws 语句声明需要检查的异常。

⑨应用级别的错误或不可修复的系统异常，使用非检查异常抛出。

⑩根据异常的粒度组织方法。

6.2.7　什么时候使用 throws

题面解析： 本题通常出现在面试中，面试官提问该问题主要是想考查应聘者对 throws 的掌握情况。

解析过程：

Java 中调用的函数可能会抛出异常，而抛出的异常在本函数内不想处理的时候就加上 throws。但是注意异常必须处理，否则程序就中止了。

如果使用 throws，有抛出异常未处理时会提示，例如：调用 Integer.parseInt()时可能会出现异常，有两种选择：

（1）交给调用本函数的程序处理，加上 throw；

（2）自己加上 try…catch 语句，包住可能抛出异常的语句。

6.2.8　Java 中 Error 和 Exception 有什么区别

题面解析：本题主要考查的是基本的概念，应聘者首先应对 Error 有基本的了解，同时对 Exception 也要有所认识，清楚两者之间的联系和区别，才能够向面试官讲解清楚。

解析过程：

Error 类和 Exception 类的父类都是 Throwable 类，两者之间的区别如下：

（1）Error 类一般是指与虚拟机相关的问题，如系统崩溃、虚拟机错误、内存空间不足、方法调用栈溢出等。对于这类错误导致的应用程序中断，仅靠程序本身是无法恢复和预防的，遇到这样的错误，建议让程序终止。

（2）Exception 类表示程序可以处理的异常，通过捕获可能恢复。遇到这类异常，应该尽可能处理异常，使程序恢复运行，而不应该随意终止异常。

Exception 类又分为运行时异常（Runtime Exception）和检查异常。

（1）运行时异常：ArithmaticException、IllegalArgumentException 等编译能通过，但是一运行就终止了，程序不会处理运行时异常，出现这类异常，程序会终止。

（2）检查异常，可以使用 try…catch 捕获，也可以使用 throws 关键字声明抛出，交给它的父类处理，否则编译不会通过。

Exception（异常）是应用程序中出现的可预测、可恢复的问题。大多数异常表示中度到轻度的问题。异常一般是在特定环境下产生的，通常出现在代码的特定方法和操作中。在 EchoInput 类中，当试图调用 readLine()方法时，可能出现 IOException 异常。

Exception 类有一个重要的子类 RuntimeException。RuntimeException 类及其子类表示"JVM 常用操作"引发的错误。例如：若试图使用空值对象引用、除数为零或数组越界，则分别引发运行时异常 NullPointerException、ArithmeticException 和 ArrayIndexOutOfBoundsException。

Error（错误）表示应用程序中较严重的问题。大多数错误与代码编写者执行的操作无关，而表示代码运行时 JVM（Java 虚拟机）出现的问题。例如当 JVM 不再有继续执行操作所需的内存资源时，将出现 OutOfMemoryError。

6.2.9　Java 中的 finally 是否一定会执行

题面解析：本题是对 finally 的考查，Java 中的 finally 代码块在程序运行时是否一定会执行，如果不会执行，分析其中的原理和原因。

解析过程：

熟悉 Java 的人一定听说过，finally 块中的代码一定会执行，但实际上真的是这样吗？接下来我们看一下，Java 中有哪些情况 finally 中的代码不会执行。

先来解释一下 Java 中总是被人们放到一起比较的三个概念。

- final：Java 中的修饰符。final 修饰的类不能被继承，final 修饰的方法不能被重写；
  final 修饰的变量初始化之后不能被修改（当然这条不是绝对的，Java 中有一些手段可以修改）。

- finally：Java 异常处理的组成部分，finally 代码块中的代码一定会执行，常用于释放资源。
- finalize：Object 类中的一个方法，垃圾收集器删除对象之前会调用这个对象的 finalize() 方法。

finally 与 return 的组合使用如下：

```
public static int getNum(){
    int a = 10;
    try {
        a = 20;
        //a = a/0;
        return a;
    } catch (Exception e) {
        a = 30;
        return a;
    }finally{
        a = 40;
        //return a;
    }
}//调用该方法返回 20
```

有不少人认为该方法的返回值是 40。执行完 finally 中的代码后 a 的值是 40，这是毋庸置疑的，但方法执行的结果为什么是 20 呢？那是因为在执行 finally 之前，程序将 return 结果赋值给临时变量，然后执行 finally 代码块，最后将临时变量返回。当然如果在 finally 代码块中有 return 语句，最终生效的是 finally 代码块中的 return。

下面我们看一个例子：

```
public static void main(String[] args) {
    System.out.println(getMap().get("name").toString());
}
public static Map<String, String> getMap() {
    Map<String, String> map = new HashMap<String, String>();
    map.put("name", "zhangsan");
    try {
        map.put("name", "lisi");
        return map;
    }
    catch (Exception e) {
        map.put("name", "wangwu");
    }
    finally {
        map.put("name", "zhaoliu");
        map = null;
    }
    return map;
}
```

以上代码更加证实了 return 返回的不是变量本身，而是这里的"临时变量"，从而也说明了 Java 中只有值传递没有引用传递。

以下列举了四种 finally 中的代码不会执行的情况。

1. 在执行异常处理代码之前程序已经返回

```
public static boolean getTrue(boolean flag) {
```

```
        if (flag) {
            return flag;
        }
        try {
            flag = true;
            return flag;
        } finally {
            System.out.println("我是一定会执行的代码。");
        }
    }
```

如果上述代码传入的参数为 true，那么 finally 中的代码就不会执行了。

2. 在执行异常处理代码之前程序抛出异常

```
public static boolean getTrue(boolean flag) {
    int i = 1/0;
    try {
        flag = true;
        return flag;
    } finally {
        System.out.println("我是一定会执行的代码。");
    }
}
```

这里会抛出异常，finally 中的代码同样不会执行。原理同情况 1 中的差不多，只有与 finally 相对应的 try 语句块得到执行的情况下，finally 语句块才会执行。

3. finally 之前执行了 System.exit()

```
public static boolean getTrue(boolean flag) {
    try {
        flag = true;
        System.exit(1);
        return flag;
    } finally {
        System.out.println("我是一定会执行的代码。");
    }
}
```

System.exit()是用于结束当前正在运行中的 Java 虚拟机，参数为 0 代表程序正常退出，非 0 代表程序非正常退出。因为整个程序都结束了，finally 肯定也不会执行。

4. 主线程终止时，后台线程会突然终止

```
public static void main(String[] args) {
    Thread t1 = new Thread(new Runnable() {
        @Override
        public void run() {
            try {
                Thread.sleep(5);
            } catch (Exception e) {
            }finally{
                System.out.println("我是一定会执行的代码。");
            }
        }
    });
    t1.setDaemon(true);//设置 t1 为后台线程
    t1.start();
```

```
        System.out.println("我是主线程中的代码,主线程是非后台线程。");
    }
```

在以上代码中，后台线程 t1 中有 finally 块，但在执行前，主线程终止了，导致后台线程立即终止，故 finally 块无法执行。

总结：

（1）与 finally 块相对应的 try 语句得到执行的情况下，finally 块才有可能执行。

（2）finally 块执行前，程序或线程终止，finally 块不会执行。

6.2.10　运行时异常和检查异常有什么区别

题面解析： 本题是对 Java 中异常处理机制的考查，主要是分析运行时异常和检查异常之间的区别有哪些。

解析过程：

Java 提供了常出现的两类异常：运行时异常（RuntimeException）和检查异常（Checked Exception）。

（1）检查异常主要是指 I/O 异常、SQL 异常等。对于这种异常，JVM 要求我们必须对其进行处理，所以，面对这种异常，不管我们是否愿意，都是要写一大堆的 catch 块去处理可能出现的异常。

（2）运行时异常我们一般不处理，当出现这类异常的时候程序会由虚拟机接管。比如，我们从来没有去处理过 NullPointerException，而且这个异常还是最常见的异常之一。

出现运行时异常时，程序会将异常一直向上抛，直到遇到处理代码为止，如果没有 catch 块进行处理，到了最上层，如果是多线程就由 Thread()抛出，如果不是多线程那么就由 main () 抛出。抛出之后，无论是线程还是主程序都将终止。

其实运行时异常也是继承自 Exception，也可以用 catch 块对其处理，只是我们一般不处理罢了。也就是说，如果不对运行时异常进行 catch 处理，那么结果不是线程退出就是主程序终止。

如果不想终止，那么我们就必须捕获所有可能出现的运行时异常。如果程序中出现了异常数据，但是它不影响下面的程序执行，那么我们就应该在 catch 块里面将异常数据舍弃，然后记录日志。如果它影响到了下面的程序运行，那么还是程序退出比较好。

6.3　名企真题解析

接下来，我们收集了一些各大企业往年的面试及笔试题，读者可以根据以下题目来作参考，看自己是否已经掌握了基本的知识点。

6.3.1　请说一下 Java 中的异常处理机制

【选自 DD 笔试题】

题面解析： 本题是对 Java 中异常处理机制的考查，不是特别难，主要是能够完整地说出异常处理机制的过程即可。

解析过程：

在 Java 中，异常处理机制分为抛出异常和捕获异常。

（1）抛出异常：当一个方法出现错误引发异常时，该方法会创建异常对象并交付给运行时系统，异常对象中包含异常类型和异常出现时的程序状态等异常信息。运行时系统负责寻找发生异常的代码并执行。

（2）捕获异常：在方法抛出异常之后，运行时系统将转为寻找合适的异常处理器（exception handler）。潜在的异常处理器是异常发生时依次存留在调用栈中的方法的集合。当异常处理器所能处理的异常类型与方法抛出的异常类型相符时，即为合适的异常处理器。运行时系统从发生异常的地方开始，依次往回查找调用栈中的方法，直至找到含有合适异常处理器的方法并执行。当运行时系统遍历调用栈而未找到合适的异常处理器时，运行时系统终止。同时，意味着 Java 程序的终止。

对于运行时异常、错误或可查异常，Java 技术所要求的异常处理方式有所不同。

（1）由于运行时异常的不可查性，为了更合理、更容易地实现应用程序，Java 规定，运行时异常将由 Java 运行时系统自动抛出，允许应用程序忽略运行时异常。

（2）对于方法运行中可能出现的 Error，当运行方法不欲捕获时，Java 允许该方法不做任何的抛出声明。因为大多数 Error 异常属于永远不被允许发生的情况，也属于合理的应用程序不该捕获的异常。

（3）对于所有的可查异常，Java 规定一个方法必须捕获，或者声明抛出方法之外。也就是说，当一个方法选择不捕获可查异常时，它必须声明并抛出异常。

能够捕获异常的方法，需要提供相符类型的异常处理器。

（1）所捕获的异常，可能是由于自身语句所引发并抛出的异常，也可能是由某个调用的方法或者 Java 运行时系统等抛出的异常。也就是说，一个方法所能捕获的异常，一定是 Java 代码在某处所抛出的异常。简单地说，异常总是先被抛出后被捕获的。

（2）任何 Java 代码都可以抛出异常，如自己编写的代码、来自 Java 开发环境包中的代码或者 Java 运行时系统。无论是哪个，都可以通过 Java 的 throw 语句抛出异常。从方法中抛出的任何异常都必须使用 throws 子句。捕获异常通过 try…catch 语句或者 try…catch…finally 语句实现。

6.3.2　什么是异常链

【选自 BD 面试题】

题面解析：本题主要考查异常链的基础知识。读者需要知道它是如何产生的以及产生之后如何进行处理，这道题在面试过程中是经常被问到的。看到题目时读者可能感觉很陌生，没关系，通过下面对本题的解析，相信读者会对异常链有所了解。

解析过程：

异常链是一种面向对象的编程技术，主要是将捕获的异常包装进一个新的异常中并重新抛出的异常处理方式。原异常被保存为新异常的一个属性（比如 cause）。也就是说一个方法应该抛出定义在相同的抽象层次上的异常，但不会丢弃更低层次的信息。其实意思就是处理异常 1 的同时会抛出异常 2，并且希望把原始的异常信息保存下来。

在 JDK1.4 以前，作为一个程序员，我们必须要自己编写代码来保存原始的异常信息。

现在，所有 Throwable 的子类在构造器中都可以接受一个 cause（因由）对象作为参数。

此 cause 用来表示原始异常，这样通过将原始异常传递给新的异常的方式，不仅能在当前位置创建并抛出新的异常，也能通过这个异常链追踪到异常最初发生的地方。

部分代码如下：

```java
//异常链
class DynamicFieldException extends Exception{}
public class DynamicFields {
    private Object[][] fields;
    public DynamicFields(int initialSize) {
      fields = new Object[initialSize][2];
      for(int i=0;i<initialSize;i++)
          fields[i] = new Object[] {null,null};
    }
    public String toString() {
        StringBuilder result = new StringBuilder();
        for(Object[] obj:fields) {
            result.append(obj[0]);
            result.append(": ");
            result.append(obj[1]);
            result.append("\n");
        }
        return result.toString();
    }
    private int hasField(String id) {
        for(int i = 0;i<fields.length;i++)
            if(id.equals(fields[i][0]))
                return i;
        return -1;
    }
    public static void main(String[] args) {
        DynamicFields df = new DynamicFields(3);
        System.out.println(df);
        try {
            df.setField("d", "A value for d");
            df.setField("Number",47);
            df.setField("Number2",48);
            System.out.println(df);
            df.setField("d", "A new value for d");
            df.setField("Number3", 11);
            System.out.println("df:"+df);
            System.out.println("df.getField(\"d\"):"+df.getField("d"));
            Object field = df.setField("d", null);
        }catch(NoSuchFieldException e) {
            e.printStackTrace(System.out);
        }catch(DynamicFieldException e) {
            e.printStackTrace(System.out);
        }
    }
}
```

运行以上代码后，结果如图 6-5 所示。

```
d: A value for d
Number: 47
Number2: 48

df:d: A new value for d
Number: 47
Number2: 48
Number3: 11

df.getField("d"):A new value for d
捕获所有异常 DynamicFieldException
        at 捕获所有异常 DynamicFields.setField(DynamicFields.java:58)
        at 捕获所有异常 DynamicFields.main(DynamicFields.java:86)
Caused by: java.lang.NullPointerException
        at 捕获所有异常 DynamicFields.setField(DynamicFields.java:59)
        ... 1 more
```

图 6-5　程序运行结果

6.3.3　finally 块中的代码执行问题

【选自 BD 面试题】

试题题面： 如果执行 finally 代码块之前方法返回了结果，或者 JVM 退出，这时 finally 块中的代码还会执行吗？

题面解析： 本题也是在大型企业的面试中最常问的问题之一，主要考查 finally 代码块是否执行的问题，应聘者需要全方面对问题进行分析。

解析过程：

Java 程序中的 finally 块并不一定会被执行，至少有两种情况 finally 语句是不会执行的。

（1）try 语句没有被执行到

即没有进入 try 代码块，对应的 finally 块自然不会执行。比如在 try 语句之前 return 就返回了，这样 finally 块不会执行；或者在程序进入 Java 之前就出现异常，程序会直接结束，也不会执行 finally 块。

（2）在 try…catch 块中有 System.exit(0)来退出 JVM

System.exit(0)是终止 JVM 的，会强制退出程序，finally 块中的代码就不会被执行。

6.3.4　final、finally 和 finalize 有什么区别？

【选自 GG 面试题】

题面解析： 本题主要是针对三种相似修饰符之间的区别进行分析，应聘者需要知道这三者是如何使用的以及都适用于哪种场景。

解析过程：

1. final

（1）修饰符（关键字）如果一个类被声明为 final，这意味着它不能再派生新的子类，不能作为父类被继承。因此一个类不能既被声明为 abstract，又被声明为 final。

（2）将变量或方法声明为 final，可以保证它们在使用中不被改变。被声明为 final 的变量必须在声明时给定初值，而以后的引用中只能读取，不可修改，被声明为 final 的方法也同样只能使用，不能重载。

2. finally

在异常处理时提供 finally 块来执行相应操作。如果抛出一个异常，那么相匹配的 catch 语句就会执行，然后就会进入 finally 块。

3. finalize

finalize 是方法名。Java 允许使用 finalize()方法，在垃圾收集器中将对象从内存中清除之前做必要的清理工作。这个方法是在垃圾收集器已经确定被清理对象没有被引用的情况下调用的。

finalize 是在 Object 类中定义的，因此，所有的类都继承它。子类可以覆盖 finalize()方法来整理系统资源或者执行其他清理工作。

第 7 章 |

线程

本章导读

本章带领读者来学习线程的基础知识以及在面试和笔试中常见的问题。本章先告诉读者要掌握的重点知识有哪些，然后教会读者应该如何更好地回答这些问题，在本章的最后收集了各大企业的面试及笔试真题，以便进一步帮助读者掌握线程知识。

知识清单

本章要点（已掌握的在方框中打钩）
☐ 线程
☐ 进程
☐ 死锁与活锁
☐ 线程安全
☐ 线程阻塞

7.1 线程基础知识

操作系统中运行的程序就是一个进程，而线程是进程的组成部分，因此在学习线程时，进程的学习也是必不可少的。

7.1.1 线程和进程

1. 进程

进程（Process）是计算机程序基于某个数据集合上的一次独立运行活动，是系统运行资源分配和调度的基本单位，也是操作系统的基础。在早期面向进程设计的计算机结构中，进程是程序的基本执行实体；在当代面向线程设计的计算机结构中，进程是线程的容器。程序是指令、数据及其组织形式的描述，进程是程序的实体。

进程的特征有以下几点：

（1）一个进程就是一个执行的程序，而每一个进程都有自己独立的内存空间和系统资源。每一个进程的内部数据和状态都是完全独立的。

（2）创建并执行一个进程的系统开销是比较大的。

（3）进程是程序的一次执行过程，是系统运行程序的基本单位。

2. 线程

线程有时候被称为轻量级进程（Light Weight Process，LWP），是程序执行流的最小单元。一个标准的线程由线程 ID、当前指令指针和寄存器组合（即堆栈）组成。

线程是进程中的一个实体，是被系统独立调用和分派的基本单位，线程自己不拥有系统资源，只拥有少量在运行中必不可少的资源，但它可以同属一个进程和其他线程共享进程所拥有的全部资源。

线程与进程的主要区别在于以下两个方面：

（1）同样作为基本的执行单元，线程是比进程更小的执行单元。

（2）每个进程都有一段专用的内存区域。与此相反，线程则共享内存单元，通过共享内存单元实现数据交换、实时通信和必要的同步操作。

7.1.2 线程的创建

在这里介绍三种创建线程的方法。

1. 继承 Thread 类的创建

通过继承 Thread 类并且重写其 run()方法，run()方法即线程执行任务。创建后的子类通过调用 start()方法即可执行线程方法。

通过继承 Thread 类实现的线程类，多个线程间无法共享线程类的实例变量（需要创建不同的 Thread 对象，自然不共享）。代码实现如下：

```
/**
 * 通过继承 Thread 类实现线程
 */
public class ThreadTest extends Thread{
    private int i = 0 ;
    @Override
    public void run() {
      for(;i<50;i++){
        System.out.println(Thread.currentThread().getName() + " is running " + i );
      }
    }
  public static void main(String[] args) {
    for(int j=0;j<50;j++){if(j==20){
    new ThreadTest().start() ;
    new ThreadTest().start() ;
    }
  }
 }
}
```

2. 通过 Runnable 接口创建线程类

该方法需要先定义一个类，实现 Runnable 接口，并重写该接口的 run()方法，此 run()方法是线程执行体。接着创建 Runnable 实现类的对象，作为创建 Thread 对象的参数 target，此 Thread 对象才是真正的线程对象。通过 Runnable 实现接口的线程类，是互相共享资源的。

代码实现如下：

```
/**
 * 通过 Runnable 接口实现的线程类
 */
public class RunnableTest implements Runnable {
  private int i ;
  @Override
  public void run() {
    for(;i<50;i++){
      System.out.println(Thread.currentThread().getName() + " -- " + i);
    }
  }
  public static void main(String[] args) {
    for(int i=0;i<100;i++){
      System.out.println(Thread.currentThread().getName() + " -- " + i);
      if(i==20){
        RunnableTest runnableTest = new RunnableTest() ;
        new Thread(runnableTest,"线程 1").start() ;
        new Thread(runnableTest,"线程 2").start() ;
      }
    }
  }
}
```

3. 使用 Callable 和 Future 创建线程

从继承 Thread 类和实现 Runnable 接口可以看出，上述两种方法都不能有返回值，并且不能声明抛出异常。而 Callable 接口则实现了以上两点，Callable 接口如同 Runnable 接口的升级版，其提供的 call()方法将作为线程的执行体，同时允许有返回值。

但是 Callable 对象不能直接作为 Thread 对象的 target，因为 Callable 接口是 Java 5 中新增的接口，不是 Runnable 接口的子接口。对于这个问题的解决办法就是引入 Future 接口，此接口可以接收 call()方法的返回值，RunnableFuture 接口是 Future 接口和 Runnable 接口的子接口，可以作为 Thread 对象的 target。并且 Future 接口提供了一个实现类 FutureTask。

FutureTask 实现了 RunnableFuture 接口，可以作为 Thread 对象的 target。

代码实现如下：

```
import java.util.concurrent.Callable;
import java.util.concurrent.FutureTask;
public class CallableTest {
  public static void main(String[] args) {
    CallableTest callableTest = new CallableTest() ;
    //因为 Callable 接口是函数式接口，可以使用 Lambda 表达式
    FutureTask<Integer> task = new FutureTask<Integer>((Callable<Integer>)()->{
      int i = 0 ;
      for(;i<100;i++){
        System.out.println(Thread.currentThread().getName() + "的循环变量 i 的值 :" + i);
      }
      return i;
    });
    for(int i=0;i<100;i++){
      System.out.println(Thread.currentThread().getName()+" 的循环变量 i :  + i");
```

```
    if(i==20){
      new Thread(task,"有返回值的线程").start();
    }
  }
  try{
    System.out.println("子线程返回值： " + task.get());
  }catch (Exception e){
    e.printStackTrace();
  }
  }
}
```

7.1.3 线程的生命周期

线程的生命周期分为五种状态：

（1）创建状态：当一个 Thread 类或其子类的对象被声明并创建时，新生的线程对象属于新建状态。

（2）就绪状态：处于新建状态的线程执行 start()方法后，进入线程队列等待 CPU 时间片，该状态具备了运行的状态，只是没有分配到 CPU 资源。

（3）运行状态：当就绪的线程分配到 CPU 资源便进入运行状态，run()方法定义了线程的操作。

（4）阻塞状态：在某种特殊情况下，被人为挂起或执行输入输出操作时，让出 CPU 并临时终止自己的执行，进入阻塞状态。

（5）终止状态：当线程执行完自己的操作或提前被强制性地终止或出现异常导致结束，会进入终止状态。

线程生命周期的状态运行图如图 7-1 所示。

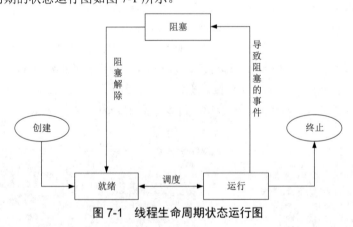

图 7-1 线程生命周期状态运行图

7.1.4 线程同步机制

线程同步主要用于协调对临界资源的访问，临界资源可以是硬件设备（比如打印机）、磁盘（文件）、内存（变量、数组、队列等）。

线程同步有临界区、互斥量、事件、信号量四种机制。

各同步机制详细的功能说明如下：

（1）临界区是一段独占对某些共享资源访问的代码，在任意时刻只允许一个线程对共享资源进行访问。如果有多个线程试图同时访问临界区，那么在有一个线程进入后，其他所有试图访问此临界区的线程将被挂起，并一直持续到进入临界区的线程离开。临界区被释放后，其他线程可以继续抢占，并以此达到使用原始方式操作共享资源的目的。

（2）互斥量功能上跟临界区类似，不过可用于不同进程间的线程同步。

（3）对于事件而言，触发重置事件对象，等待的所有线程中将只有一个线程能被唤醒，并同时自动地将此事件对象设置为无信号的；它能够确保一个线程独占对一个资源的访问。事件和互斥量的区别在于多了一个前置条件判定。

（4）信号量用于限制对临界资源的访问数量，保证了消费数量不会大于生产数量。

它们的主要区别如下：

（1）适用范围：临界区在用户模式下，不会发生用户态到内核态的切换，只能用于同进程和线程间的同步。其他模式会导致用户态到内核态的切换，利用内核对象实现，可用于不同进程间的线程同步。

（2）性能：临界区性能较好，一般只需几个 CPU 周期。其他机制性能相对较差，一般需要数十个 CPU 周期。临界区不支持等待时间，为了获取临界资源，需要不断轮询（死循环或睡眠一段时间后继续查询）；其他机制内核负责触发。在对临界资源竞争较少的情况下临界区的性能表现较好，在对临界区资源竞争激烈的情况下临界区有额外的 CPU 损耗（死循环方式下）或响应时间延迟（睡眠方式下）。

（3）应用范围：可用临界区机制实现同进程内的互斥量、事件、信号量功能；互斥量实现了互斥使用临界资源；事件实现单生产、多消费（同时只能一个消费）功能；信号量实现多生产多消费功能。

7.1.5　线程的交互

线程交互是指两个线程之间通过通信联系对锁的获取与释放的过程，从而达到较好的线程运行结果，避免引起混乱。一般来说 synchronized 块的锁，会让代码进入同步状态，即一个线程运行的同时让其他线程等待。如果需要实现更复杂的交互，则需要学习以下几个方法：

（1）void notify()：唤醒在此对象监视器上等待的单个线程。

（2）void notify All()：唤醒在此对象监视器上等待的所有线程。

（3）void wait()：让占用了这个同步对象的线程临时释放当前的占用，并且等待。

（4）wait()：使当前线程临时暂停，释放锁，并进入等待。其功能类似于 sleep()方法，但是wait()方法需要释放锁，而 sleep()方法不需要释放锁。

7.1.6　线程的调度

计算机通常只有一个 CPU，在任意时刻只能执行一条机器指令，每个线程只有获得 CPU的使用权才能执行指令。所谓多线程的并发运行，其实是指各个线程轮流获得 CPU 的使用权，分别执行各自的任务。在运行池中，会有多个处于就绪状态的线程在等待 CPU。Java

虚拟机的一项任务就是负责线程的调度，线程调度是指按照特定机制为多个线程分配 CPU 的使用权。

有两种调度模型：分时调度模型和抢占式调度模型。

（1）分时调度模型是指让所有的线程轮流获得 CPU 的使用权，并且平均分配每个线程占用的 CPU 的时间片。

（2）Java 虚拟机采用的是抢占式调度模型。抢占式调度模型是指先让运行池中优先级高的线程占用 CPU，如果运行池中的线程优先级相同，那么就随机选择一个线程使其占用 CPU。处于运行状态的线程会一直运行，直至它不得不放弃 CPU 为止。

一个线程会因为以下原因而放弃 CPU：

（1）Java 虚拟机让当前线程暂时放弃 CPU，转到就绪状态，使其他线程获得运行机会。

（2）当前线程因为某些原因而进入阻塞状态。

（3）线程结束运行。

☆**注意**☆　线程的调度不是跨平台的，它不仅仅取决于 Java 虚拟机，还依赖于操作系统。在某些操作系统中，只要运行中的线程没有遇到阻塞，就不会放弃 CPU；但还有另一种情况，即使线程没有遇到阻塞，也会运行一段时间后放弃 CPU，给其他线程运行的机会。

Java 的线程调度是不分时的，同时启动多个线程后，不能保证各个线程轮流获得均等的 CPU 时间片。

如果希望明确地让一个线程给另外一个线程运行的机会，可以采取以下办法调整各个线程的优先级：

（1）让处于运行状态的线程调用 Thread.sleep()方法。

（2）让处于运行状态的线程调用 Thread.yield()方法。

（3）让处于运行状态的线程调用另一个线程的 join()方法。

（4）线程切换：不是所有的线程切换都需要进入内核模式。

7.2　精选面试、笔试题解析

线程的基础知识都已经带领大家学习完毕，接着在本节中总结了一些在面试或笔试过程中经常遇到的问题。通过本节的学习，读者将掌握在面试或笔试过程中回答问题的方法。

7.2.1　线程

试题题面：什么是线程？它有哪些基本状态？各状态之间是怎样进行转换的？

题面解析：本题属于对概念类知识的考查，在解题的过程中需要先解释线程的概念，然后介绍线程具有哪些状态，最后再分析各状态之间是怎样进行转换的。

解析过程：

1）线程

线程是进程中的一个执行控制单元。

（1）一个进程中至少有一个线程负责控制程序的执行；

（2）一个进程中如果只有一个执行路径，这个程序称为单线程；

（3）一个进程中如果有多个执行路径，这个程序称为多线程；

（4）一个线程是进程的一个顺序执行流。

同类的多个线程共享一块内存空间和一组系统资源，线程本身有一个供程序执行时的堆栈。线程在切换时负荷小，因此，线程也被称为轻负荷进程。一个进程中可以包含多个线程。

在 JVM 内存模型中，线程出现在栈中，有些人称之为方法的栈帧，对于这个栈帧空间就是一个线程空间。一个进程调用了一个方法，这个方法在栈中就开辟一个空间，也可以认为是线程的空间，当该方法结束后，该线程就结束，但进程还在继续执行，还会继续执行接下来的方法，继续开辟线程。

2）线程状态

（1）创建状态：new 语句创建的线程对象处于新建状态，此时它和其他 Java 对象一样，仅被分配了内存。

（2）就绪状态：当一个线程对象创建后，其他线程调用它的 start()方法，该线程就进入就绪状态。处于这个状态的线程位于 Java 虚拟机的运行池中，等待 CPU 的使用权。

（3）运行状态：处于这个状态的线程占用 CPU，执行程序代码。在并发运行环境中，如果计算机只有一个 CPU，那么任何时刻只会有一个线程处于这个状态。只有处于就绪状态的线程才有机会转到运行状态。

（4）阻塞状态：线程因为某些原因放弃 CPU，暂时停止运行，此时线程处于阻塞状态。当线程处于阻塞状态时，Java 虚拟机不会给线程分配 CPU，直到线程重新进入就绪状态，它才会有机会转到运行状态。

阻塞状态又分为三种：

- 等待阻塞：运行的线程执行 wait()方法，JVM 会把该线程放入等待池中。
- 同步阻塞：运行的线程在获取对象同步锁时，若该同步锁被别的线程占用，则 JVM 会把线程放入锁池中。
- 其他阻塞：运行的线程执行 sleep()方法或者发出 I/O 请求时，JVM 会把线程设为阻塞状态。当 sleep()状态超时或者 I/O 处理完毕时，线程重新转入就绪状态。

（5）终止状态：当线程执行完 run()方法中的代码或者遇到了未捕获的异常时，就会退出 run()方法，此时就进入终止状态，该线程结束生命周期。

7.2.2 死锁与活锁、死锁与饥饿

试题题面：分别介绍死锁、活锁与饥饿的概念，然后再说明这几者之间的区别。

题面解析：本题属于对概念类知识的考查，在解题的过程中需要先解释死锁、活锁与饥饿的概念，然后介绍各自的特点，最后再分析死锁与活锁、死锁与饥饿之间的区别。

解析过程：

1. 死锁、活锁、饥饿的概念

（1）死锁：两个或两个以上的进程在执行过程中，因争夺资源而造成的一种互相等待的现象，若无外力作用，它们都将无法进行下去，此时称系统处于死锁状态或系统产生了死锁。

（2）饥饿：考虑一台打印机分配的例子，当有多个进程需要打印文件时，系统会按照短文件优先的策略排序，该策略具有平均等待时间短的优点，似乎非常合理，但当短文件打印任务源源不断时，长文件的打印任务将被无限期地推迟导致饥饿以至饿死。

（3）活锁：与饥饿相关的另外一个概念，在忙等待条件下发生的饥饿，称为活锁。

2. 死锁与活锁的不同点

活锁和死锁类似，不同之处在于，活锁的线程或进程的状态是一直在不断改变的，活锁可被认为是一种特殊的饥饿。

例如，两个人在狭小的走廊碰到，两个人都试着避让对方让彼此通过，但是因为避让的方向都一样导致最后谁都不能通过走廊。

简单地说，活锁和死锁的主要区别是：前者进程的状态可以改变但是却不能继续执行。

3. 死锁与饥饿的不同点

（1）从进程状态考虑，死锁进程都处于等待状态，忙等待（处于运行或就绪状态）的进程并非处于等待状态，但却可能被饿死。

（2）死锁进程等待永远不会被释放的资源，饥饿进程等待会被释放但却不会分配给自己的资源，表现为等待时限没有上界（排队等待或忙等待）。

（3）死锁一定发生了循环等待，而饥饿则不是。这也表明通过资源分配图可以检测死锁是否存在，但却不能检测是否有进程饥饿。

（4）死锁一定涉及多个进程，而饥饿或被饥饿的进程可能只有一个。

（5）在饥饿的情形下，系统中至少有一个进程能正常运行，只是饥饿进程得不到执行的机会。而死锁则可能会最终使整个系统陷入死锁并崩溃。

7.2.3 Java 中用到的线程调度算法是什么

题面解析：本题属于综合理解题，在解题的过程中首先要对线程的概念有一个具体的了解，然后在线程的基础上分析线程调度算法是什么。

解析过程：

Java 中用到的线程调度算法如下：

抢占式：一个线程使用完 CPU 之后，操作系统会根据线程优先级、线程饥饿情况等数据算出一个总的优先级并分配下一个时间片给某个线程执行。

操作系统中可能会出现某条线程常常获取到 CPU 使用权的情况，为了让某些优先级比较低的线程也能获取到 CPU 使用权，可以使用 Thread.sleep()方法手动触发一次操作系统分配时间片的操作，这也是平衡 CPU 使用权的一种操作。

7.2.4 多线程同步和互斥

试题题面：什么是线程的同步和互斥？有哪几种实现方法？

题面解析：本题属于对概念类知识的考查，在解题的过程中需要先解释方法同步和互斥的概念，然后介绍各自的特点，最后再分析具体的实现方法。

解析过程：

（1）线程同步是指线程之间所具有的一种制约关系，一个线程的执行依赖另外一个线程的消息，当它没有得到另一个线程的消息时应等待，直到消息到达时才被唤醒。

（2）线程互斥是指对于共享的线程系统资源，每个线程访问时的排他性。当有若干线程都要使用某一个共享资源时，任何时刻最多只允许一个线程去使用，其他线程必须等待，直到占用资源者释放该资源。线程互斥可以被看成一种特殊的线程同步。

（3）线程间的同步方法大体可以分为两类：用户模式和内核模式。

①用户模式：原子操作，临界区。

②内核模式：事件、信号量、互斥量。

内核模式就是利用系统内核对象的单一性来进行同步，使用时需要切换内核态与用户态，而用户模式就是不需要切换内核态，只在用户态内完成操作。

7.2.5 怎样唤醒一个阻塞的线程

题面解析：本题属于对线程基本知识的综合考查，也是在面试及笔试中出现频率较高的题目之一。在解题之前应聘者需要知道造成阻塞的原因是什么，然后才能对症下药，使用具体的方法唤醒一个阻塞的线程。

解析过程：

1. 线程发生阻塞的原因

（1）如果线程是因为调用了 wait()、sleep()或者 join()方法而导致的阻塞，可以中断线程，并且通过抛出 Interrupted Exception 来唤醒；

（2）如果线程遇到了 I/O 阻塞，则无能为力，因为 I/O 是由操作系统实现的，Java 代码并没有办法直接接触到操作系统。

2. 具体的唤醒方法

1）sleep()方法

sleep（毫秒）方法指定以毫秒为时间单位，使线程在该时间内进入线程阻塞状态，期间得不到 CPU 的时间片，等到时间过去了，线程重新进入可执行状态（暂停线程，不会释放锁）。

2）suspend()和 resume()方法

挂起和唤醒线程，suspend()方法使线程进入阻塞状态，只有对应的 resume()方法被调用的时候，线程才会进入可执行状态（不建议使用，容易发生死锁）。

3）yield()方法

yield()方法会使得线程放弃当前分得的 CPU 时间片，但此时线程仍然处于可执行状态，随时可以再次分得 CPU 时间片。yield()方法只能使同优先级的线程有执行的机会。调用 yield()方法的效果等价于调度程序认为该线程已经执行了足够的时间从而转到另一个线程（暂停当前正在执行的线程，并执行其他线程，且让出的时间不可知）。

4）wait()和 notify()方法

两个方法搭配使用，wait()方法使线程进入阻塞状态；调用 notify()方法时，线程进入可执行状态。wait()方法内可加或不加参数，加参数时是以毫秒为单位，当到了指定时间或调用 notify() 方法时，进入可执行状态（属于 Object 类，而不属于 Thread 类，wait()方法会先释放锁住的对象，然后再执行等待的动作。由于 wait()方法所等待的对象必须先锁住，因此，它只能用在同步化程序段或者同步化方法内，否则会抛出异常（Illegal Monitor State Exception）。

5）join()方法

join()方法也叫线程加入，是当前线程 A 调用另一个线程 B 的 join()方法，当前线程 A 转入阻塞状态，直到线程 B 运行结束，线程 A 才由阻塞状态转为可执行状态。

☆**注意**☆ 以上是 Java 线程唤醒的五种常用方法，不同的方法有不同的特点，wait()方法和 notify()方法是其中功能最强大、使用最灵活的方法，但这也导致了它们效率较低、较容易出错的特性，因此，在实际应用中应灵活运用各种方法，以达到期望的目的与效果！

7.2.6 启动一个线程是用 run()方法还是 start()方法

题面解析：本题也属于对线程知识的综合考查，在解题的过程中需要先解释在启动线程时，run()方法和 start()方法的具体含义是什么，它们之间的区别有哪些，最后分析使用哪一个方法比较好。

解析过程：

1）启动一个线程选择 start()方法

当使用 start()方法开始一个线程后，线程就进入就绪状态，线程所代表的虚拟处理机处于可运行状态，这意味着它可以由 Java 虚拟机调度并执行。但是这并不意味着线程就会立即运行，只有当 CPU 分配时间片，这个线程获得时间片时，才开始执行 run()方法。

2）start()方法调用 run()方法

run()方法是必须重写的，run()方法中包含的是线程的主体（真正的逻辑）。

（1）继承 Thread 类的启动方式：

```
public class ThreadStartTest {
    public static void main (String[] args) {
        ThreadTest tt = new ThreadTest();//创建一个线程实例
        tt.start();  //启动线程
    }
}
```

（2）实现 Runnable 接口的启动方式：

```
public class RunnableStartTest {
    public static void main(String[] args) {
        Thread t = new Thread(new RunnableTest());   //创建一个线程实例
        t.start();  //启动线程
    }
}
```

实际上这两种启动线程的方式原理是一样的。都是调用本地方法启动一个线程，然后在这个线程里执行目标对象的 run()方法。那么这个目标对象是什么呢？为了弄明白这个问题，我们来看看 Thread 类的 run()方法的实现：

```
public void run() {
    if (target != null) {
        target.run();
```

```
        }
    }
```

当我们采用实现 Runnable 接口的方式来实现线程的情况时，在调用 new Thread(Runnable target)构造器时，将实现 Runnable 接口的类的实例设置成了线程要执行的主体所属的目标对象 target，当线程启动时，这个实例的 run()方法就被执行了。当我们采用继承 Thread 的方式实现线程时，线程的这个 run()方法被重写了，所以当线程启动时，执行的是这个对象自身的 run()方法。总结起来，如果我们采用的是继承 Thread 类的方式，那么这个 target 就是线程对象自身；如果我们采用的是实现 Runnable 接口的方式，那么这个 target 就是实现 Runnable 接口的类的实例。

7.2.7　notify()方法和 notifyAll()方法有什么区别

题面解析： 本题主要考查线程中的基础知识。notify()方法和 notifyAll()方法都属于线程中关于调用的方法，但什么时候使用 notify()方法、什么时候使用 notifyAll()方法还需要读者分清。

解析过程：

1. 锁池和等待池

（1）锁池：假设线程 A 已经拥有了某个对象（注意不是类）的锁，而其他的线程想要调用这个对象的某个 synchronized()方法（或者 synchronized 块），由于这些线程在进入对象的 synchronized()方法之前必须先获得该对象锁的拥有权，但是该对象的锁目前正被线程 A 拥有，所以这些线程就进入了该对象的锁池中。

（2）等待池：假设一个线程 A 调用了某个对象的 wait()方法，线程 A 就会释放该对象的锁，进入该对象的等待池中。

2. 根据锁池和等待池的概念分析 notify()方法和 notifyAll()方法的区别

（1）如果线程调用了对象的 wait()方法，那么线程便会处于该对象的等待池中，等待池中的线程不会去竞争该对象的锁。

（2）当有线程调用了对象的 notifyAll()方法（唤醒所有 wait 线程）或 notify()方法（只随机唤醒一个 wait 线程），被唤醒的线程便会进入该对象的锁池中，锁池中的线程会去竞争该对象的锁。也就是说，调用了 notify()方法后只有一个线程会由等待池进入锁池，而 notifyAll()方法会将该对象等待池内的所有线程都移动到锁池中，等待锁竞争。

（3）优先级高的线程竞争到对象锁的概率比较大，假若某线程没有竞争到该对象锁，它还会留在锁池中，唯有线程再次调用 wait()方法，它才会重新回到等待池中。而竞争到对象锁的线程则继续往下执行，直到执行完了 synchronized 代码块，它会释放该对象锁，这时锁池中的线程会继续竞争该对象锁。

7.2.8　乐观锁和悲观锁

试题题面： 乐观锁和悲观锁的含义是什么？如何实现？有哪些实现方式？

题面解析： 本题属于对概念类知识的考查，也是线程重要的基础知识之一。在解题的过程中读者需要先解释乐观锁和悲观锁的概念，然后再分别介绍各自的特点，最后再分析具有哪些实现方法。

解析过程：

1. 乐观锁与悲观锁

（1）乐观锁：一段执行逻辑加上乐观锁，不同线程同时执行时，线程可以同时进入执行阶段，在最后更新数据时要检查这些数据是否被其他线程修改，没有修改则进行更新，否则放弃本次操作。

（2）悲观锁：一段执行逻辑加上悲观锁，不同线程同时执行时，只能有一个线程执行，其他的线程在入口处等待，直到锁被释放为止。Java 中的 synchronized 和 Reentrantlock 等独占锁就是悲观锁思想的实现。

2. 两种锁的实现方法

1）悲观锁的实现

```
//开始事务
begin;/begin work;/start transaction; (三者选一就可以)
//查询出商品信息
select status from t_goods where id=1 for update;
//根据商品信息生成订单
insert into t_orders (id,goods_id) values (null,1);
//修改商品status为2
update t_goods set status=2;
//提交事务
commit;/commit work;
```

2）乐观锁的实现

```
//查询出商品信息
select (status,status,version) from t_goods where id=#{id}
//根据商品信息生成订单
//修改商品status为2
update t_goods
set status=2,version=version+1
where id=#{id} and version=#{version};
```

3. 两种锁的使用情景

从以上两种锁的基本介绍中，我们了解到了两种锁各自具有的优缺点。

（1）乐观锁适用于线程比较少的情况，即冲突很少发生的时候，这样可以省去锁的开销，加大整个系统的吞吐量。

（2）如果是多线程情况，会产生冲突，导致上层应用会不断地进行重试，这样反倒降低了性能，因此在多线程情况下用悲观锁就比较合适。

4. 乐观锁常见的两种实现方式

乐观锁一般会使用版本号机制或 CAS 算法实现。

1）版本号机制

一般是在数据表中加上一个数据版本号 version 字段，表示数据被修改的次数，当数据被修改时，version 值会加 1。当线程要更新数据值时，在读取数据的同时也会读取 version 值，在提交更新时，若刚才读取到的 version 值与当前数据库中的 version 值相等时才更新，否则重试更新操作，直到更新成功。

2）CAS 算法

CAS 算法即 Compare And Swap（比较与交换），是一种有名的无锁算法。无锁编程，即在不使用锁的情况下实现多线程之间的变量同步，也就是在没有线程被阻塞的情况下实现变量的同步，所以也叫非阻塞同步（Non-blocking Synchronization）。

CAS 算法涉及三个操作数：需要读写的内存值 V，进行比较的值 A 和拟写入的新值 B。

当且仅当 V 的值等于 A 时，CAS 通过原子方式用新值 B 来更新 V 的值，否则不会执行任何操作（比较和替换是一个原子操作）。一般情况下是一个自旋操作，即不断重试。

5. 乐观锁的缺点

ABA 问题是乐观锁一个常见的问题。

1）ABA 问题

如果一个变量 V 初次读取的是 A 值，并且在准备赋值时检查到它仍然是 A 值，那就能说明它的值没有被其他线程修改过吗？很明显是不能的，因为在这段时间内它的值可能被改为其他值，然后又改回 A，那 CAS 操作就会误认为它从来没有被修改过。这个问题被称为 CAS 操作的 ABA 问题。

JDK 1.5 以后的 AtomicStampedReference 类就提供了此种能力，其中的 compareAndSet()方法就是先检查当前引用是否等于预期引用、当前标志是否等于预期标志，如果全部相等，则以原子方式将该引用和该标志的值设置为给定的更新值。

2）循环时间长、开销大

自旋 CAS（也就是不成功就一直循环执行直到成功）如果长时间不成功，会给 CPU 带来非常大的执行开销。如果 Java 虚拟机支持处理器提供的 pause 指令，那么效率会有一定的提升。

pause 指令有两个作用：第一，它可以延迟流水线执行指令（de-pipeline），使 CPU 不会消耗过多的执行资源，延迟的时间取决于具体实现的版本，在一些处理器上延迟时间是 0。第二，它可以避免在退出循环时因内存顺序冲突（memory order violation）而引起 CPU 流水线被清空（CPU pipeline flush），从而提高 CPU 的执行效率。

3）只能保证一个共享变量的原子操作

CAS 只对单个共享变量有效，当操作涉及多个共享变量时 CAS 无效。但是从 JDK 1.5 开始，提供了 AtomicReference 类来保证引用对象之间的原子性，可以把多个变量放在一个对象里进行 CAS 操作。所以我们可以使用锁或者利用 AtomicReference 类把多个共享变量合并成一个共享变量来操作。

7.2.9　线程安全

试题题面 1：什么是线程安全？Servlet 属于线程安全吗？

题面解析：本题属于对概念类知识的考查，在解题的过程中需要先解释线程安全的含义，然后根据所学知识分析说明 Servlet 在线程安全中占有什么地位。

解析过程：

（1）Java 中的线程安全：就是线程同步的意思，即当一个程序对一个线程安全的方法或者语句进行访问时，其他的程序不能再对它进行操作了，必须等到这次访问结束以后才能对这个线程安全的方法进行访问。

如果你的代码所在的进程中有多个线程在同时运行，而这些线程可能会同时运行这段代码，而每次运行的结果和单线程运行的结果是一样的，并且其他变量的值也和预期的是一样的，此时就是线程安全的。

一个类或者程序所提供的接口对于线程来说是原子操作或者多个线程之间的切换不会导致该接口的执行结果存在二义性，这时我们不用考虑同步的问题。

①线程安全问题都是由全局变量和静态变量引起的。

②若每个线程对全局变量、静态变量只有读操作，而无写操作，一般来说，这个全局变量是线程安全的；若有多个线程同时执行写操作，一般都需要考虑线程同步的问题，否则就可能影响线程安全。

③存在竞争的线程不安全，不存在竞争的线程就是安全的。

（2）Servlet 是单实例的，假如在处理请求时，多线程访问了 Servlet 的成员变量，则 Servlet 是线程不安全的。只有保证在 service()方法中访问的都是局部变量，Servlet 才是线程安全的。多线程下每个线程对局部变量都会有自己的副本，这样对局部变量的修改只会影响到自己的副本而不会对别的线程产生影响。

针对 Servlet 实例，详细的代码如下：

```java
public class HelloWorldServlet extends HttpServlet
{
    String message;
    private static final long serialVersionUID = 888553024399133588L;
    public void service(HttpServletRequest request,HttpServletResponse response)
    throws IOException{
    message =request.getParameter("message");
    PrintWriter pw = response.getWriter();
    try
        {
            Thread.sleep(5000);
        }
        catch (InterruptedException e)
        {
            e.printStackTrace();
        }
        pw.write("<div><strong>Hello World</strong>!</div>"+message);
        pw.close();
    }
}
```

试题题面 2：如何确保线程安全？

题面解析：本题主要是对线程安全基础知识的延伸，前面了解了什么是线程安全的问题，本题在线程安全的基础上说明了如何确保线程安全。

解析过程：

1）如何保证线程安全

按照线程安全的安全程度由强到弱来排序，我们可以将 Java 语言中各种操作共享的数据分为以下 5 类：不可变、绝对线程安全、相对线程安全、线程兼容和线程对立。

（1）不可变

在 Java 语言中，不可变的对象一定是线程安全的，无论是对象的方法实现还是方法的调用，都不需要再采取任何的线程安全保障措施。如 final 关键字修饰的数据不可修改，可靠性最高。

（2）绝对线程安全

绝对的线程安全完全满足 Brian Goetz 给出的线程安全的定义，这个定义其实是很严格的，一个类要达到"不管运行时环境如何，调用者都不需要任何额外的同步措施"通常需要付出很大的代价。

（3）相对线程安全

相对线程安全就是我们通常意义上所讲的一个类是"线程安全"的。它需要保证对这个对象单独的操作是线程安全的，我们在调用时不需要做额外的保障措施，但是对于一些特定顺序的连续调用，就可能需要在调用端使用额外的同步手段保证调用的正确性。

在 Java 语言中，大部分的线程安全类都属于相对线程安全的，例如 Vector 类、HashTable 类、Collections 类的 synchronizedCollection()方法。

（4）线程兼容

线程兼容就是我们通常意义上所讲的一个类不是线程安全的。

线程兼容是指对象本身并不是线程安全的，但是可以通过在调用端正确地使用同步手段来保证对象在并发环境下可以安全地使用。Java API 中大部分的类都属于线程兼容。如与前面的 Vector 和 HashTable 相对应的集合类 ArrayList 和 HashMap 等。

（5）线程对立

线程对立是指无论调用端是否采取了同步措施，都无法在多线程环境中并发使用代码。由于 Java 语言天生就具有多线程的特性，线程对立这种排斥多线程的代码是很少出现的。

一个线程对立的例子是 Thread 类的 suspend()和 resume()方法。当两个线程同时持有一个线程对象，一个尝试去中断线程，另一个尝试去恢复线程时，如果并发进行，无论调用时是否进行了同步，目标线程都有死锁的风险。正因为如此，这两个方法已经被废弃。

2）线程安全的实现方法

保证线程安全以是否需要同步手段分类，可以分为同步方案和无须同步方案。而同步方案又分为互斥同步和非阻塞同步。

（1）互斥同步

互斥同步是最常见的一种并发正确性保障手段。同步是指在多线程并发访问共享数据时，保证共享数据在同一时刻只被一个线程使用（同一时刻，只有一个线程在操作共享数据）。而互斥是实现同步的一种手段，临界区、互斥量和信号量都是主要的互斥实现方式。因此，在这 4 个字里面，互斥是因，同步是果；互斥是方法，同步是目的。

（2）非阻塞同步

随着硬件指令集的发展，出现了基于冲突检测的乐观并发策略，通俗地说，就是先进行操作，如果没有其他线程争用共享数据，操作就成功了；如果共享数据有争用，产生了冲突，那就再采用其他的补偿措施（最常见的补偿措施就是不断地重试，直到成功为止）。这种乐观的并发策略的许多实现都不需要把线程挂起，因此这种同步操作称为非阻塞同步。

（3）无须同步方案

要保证线程安全，并不是一定就要进行同步，两者没有因果关系。同步只是保证共享数据争用时的正确性的手段，如果一个方法本来就不涉及共享数据，那么它自然就无须任何同步操作去保证正确性，因此会有一些代码天生就是线程安全的，例如：

①可重入代码。

②线程本地存储。

7.2.10　线程设计

试题题面：设计 4 个线程，其中两个线程每次对 j 增加 1，另外两个线程每次对 j 减少 1，写出具体的程序。

题面解析：本题主要考查应聘者的实际应用能力。根据所学知识应聘者能够使用程序解决在线程中遇到的问题，从而能够更好地巩固所学知识。

解析过程：

设计 4 个线程，其中两个线程每次对 j 增加 1，另外两个线程每次对 j 减少 1，写出程序。因为这 4 个线程共享 j，所以线程类要写到内部类中。加线程：每次对 j 加 1。减线程：每次对 j 减 1。代码实现如下：

```java
public class TestThreads {
 private int j = 1;
 //加线程
 private class Inc implements Runnable {
   public void run() {
     for (int i = 0; i < 10; i++) {
       inc();
     }
   }
 }
 //减线程
 private class Dec implements Runnable {
   public void run() {
     for (int i = 0; i < 10; i++) {
       dec();
     }
   }
 }
 //加1
 private synchronized void inc() {
   j++;
   System.out.println(Thread.currentThread().getName() + "-inc:" + j);
 }
 //减1
 private synchronized void dec() {
   j--;
   System.out.println(Thread.currentThread().getName() + "-dec:" + j);
 }
 //测试程序
 public static void main(String[] args) {
   TestThreads test = new TestThreads();
   //创建两个线程类
   Thread thread = null;
   Inc inc = test.new Inc();
   Dec dec = test.new Dec();
```

```
//启动 4 个线程
for (int i = 0; i < 2; i++) {
  thread = new Thread(inc);
  thread.start();
  thread = new Thread(dec);
  thread.start();
  }
 }
}
```

7.3　名企真题解析

接下来，我们收集了一些各大企业往年的面试及笔试真题，读者可以根据以下题目来作参考，看自己是否已经掌握了基本的知识点。

7.3.1　如何停止一个正在运行的线程

【选自 BD 面试题】

题面解析： 本题也是在大型企业的面试及笔试中最常见的问题之一，主要考查正在运行的线程用什么方法停止。

解析过程：

停止一个线程意味着在任务处理完之前停掉正在做的操作，也就是放弃当前的操作。停止一个线程可以使用 Thread.stop()方法，但最好不要使用它。虽然它确实可以停止一个正在运行的线程，但是这个方法是不安全的，而且是已经被废弃的方法。

在 Java 中有以下几种方法可以终止正在运行的线程：

（1）可以在线程中用 for 语句来判断线程是否是停止状态，如果是停止状态，则后面的代码不再运行即可。具体的代码如下：

```
public class MyThread extends Thread {
 public void run(){
   super.run();
   for(int i=0; i<500000; i++){
    if(this.interrupted()) {
     System.out.println("线程已经终止，for 循环不再执行");
     break;
    }
     System.out.println("i="+(i+1));
   }
 }
}

public class Run {
 public static void main (String args []){
   Thread thread = new MyThread ();
   thread.start();
   try {
    Thread.sleep(2000);
    thread.interrupt();
   } catch (InterruptedException e) {
    e.printStackTrace();
   }
 }
}
```

程序的运行结果如下：

```
...
i=202053
i=202054
i=202055
i=202056
线程已经终止，for 循环不再执行
```

（2）对能停止的线程强制终止，使用 stop()方法停止线程。具体的代码如下：

```java
public class MyThread extends Thread {
 private int i = 0;
 public void run(){
   super.run();
   try {
     while (true){
       System.out.println("i=" + i);
       i++;
       Thread.sleep(200);
     }
   } catch (InterruptedException e) {
     e.printStackTrace();
   }
 }
}
public class Run {
 public static void main(String args[]) throws InterruptedException {
   Thread thread = new MyThread();
   thread.start();
   Thread.sleep(2000);
   thread.stop();
   }
 }
```

程序的运行结果如下：

```
i=0
i=1
i=2
i=3
i=4
i=5
i=6
i=7
i=8
i=9
Process finished with exit code 0
```

（3）使用 return 语句终止线程，将方法 interrupt()与 return 结合使用也能实现终止线程的效果，具体的代码如下：

```java
public class MyThread extends Thread {
 public void run(){
   while (true){
     if(this.isInterrupted()){
       System.out.println("线程被停止了！");
       return;
     }
     System.out.println("Time: " + System.currentTimeMillis());
   }
 }
}
public class Run {
 public static void main(String args[]) throws InterruptedException {
   Thread thread = new MyThread();
```

```
        thread.start();
        Thread.sleep(2000);
        thread.interrupt();
    }
}
```

程序的运行结果如下：

```
...
Time: 1468082288503
Time: 1468082288503
Time: 1468082288503
线程被停止了！
```

7.3.2　导致线程阻塞的原因有哪些

【选自 GG 面试题】

题面解析： 本题也是在大型企业的面试中最常见的问题之一，首先对线程阻塞的概念进行说明，然后分析有哪几种情况会导致线程阻塞。

解析过程：

1）线程阻塞

在某一时刻，一个线程在运行一段代码时，另一个线程也需要运行，但是在运行过程中该线程执行完成之前，另一个线程是无法获取到 CPU 使用权的（调用 sleep()方法是进入到睡眠暂停状态，但是 CPU 使用权并没有交出去，而调用 wait()方法则是将 CPU 使用权交给另一个线程），这个时候就会造成线程阻塞。

2）出现线程阻塞的原因

（1）睡眠状态：当一个线程执行代码时调用了 sleep()方法后，线程处于睡眠状态，需要设置一个睡眠时间，此时有其他线程需要执行时就会造成线程阻塞，而且 sleep()方法被调用之后，线程不会释放锁对象，也就是说锁还在该线程手里，CPU 使用权也还在该线程手里，等睡眠时间一过，该线程就会进入就绪状态。

（2）等待状态：当一个线程正在运行时，调用了 wait()方法，此时该线程需要交出 CPU 执行权，也就是将锁释放出去，交给另一个线程，该线程进入等待状态，但与睡眠状态不一样的是，进入等待状态的线程不需要设置睡眠时间，但是需要执行 notify()方法或者 notifyAll()方法来对其唤醒，自己是不会主动醒来的，等被唤醒之后，该线程也会进入就绪状态，但是进入该状态的该线程是没有 CPU 的使用权的，也就是没有锁，而睡眠状态的线程一旦苏醒，进入就绪状态时自己是拿着锁的。

（3）礼让状态：当一个线程正在运行时，调用了 yield()方法之后，该线程会将 CPU 的使用权礼让给同等级的线程或者比它高一级的线程优先执行，此时该线程有可能只执行了一部分而此时把 CPU 的使用权礼让给了其他线程，这个时候也会进入阻塞状态，但是该线程会随时可能又被分配到 CPU 的使用权。

（4）自闭状态：当一个线程正在运行时，调用了一个 join()方法，此时该线程会进入阻塞状态，另一个线程会运行，直到运行结束后，原线程才会进入就绪状态。

（5）suspend()方法和 resume()方法：这两个方法是配套使用的，suspend()方法是让线程进入阻塞状态，它的解药就是 resume()方法，没有 resume()方法它自己是不会恢复的，由于这种方法比较容易出现死锁的现象，所以 JDK 1.5 之后就已经被废除了。

7.3.3 写一个生产者—消费者队列

【选自 BD 面试题】

题面解析：本题是在大型企业的面试及笔试中经常遇到的问题之一，应聘者需要重视此类题目。本题不仅考查线程的知识，而且还涉及队列，通过两者之间的结合实现一个创建对象的方法。

解析过程：

生产者—消费者模型的作用：

（1）通过平衡生产者的生产能力和消费者的消费能力来提升整个系统的运行效率，这是生产者—消费者模型最重要的作用。

（2）解耦，这是生产者—消费者模型附带的作用，解耦意味着生产者和消费者之间的联系少，联系越少越可以独自发展。

使用阻塞队列来实现的具体代码如下：

```java
package yunche.test.producer;
import java.util.Random;
import java.util.concurrent.BlockingQueue;
/**
 * @ClassName: Producer
 * @Description: 生产者
 */
public class Producer implements Runnable
{
  private final BlockingQueue<Integer> queue;
  public Producer(BlockingQueue q)
  {
    this.queue = q;
  }
  @Override
  public void run()
  {
    try
    {
    while(true)
    {
  private int produce()
  {
    int n = new Random().nextInt(10000);
    System.out.println("Thread: " + Thread.currentThread().getName() + " produce: " + n);
    return n;
  }
}
package yunche.test.producer;
import java.util.concurrent.BlockingQueue;
public class Consumer implements Runnable
{
  private final BlockingQueue<Integer> queue;
  public Consumer(BlockingQueue q)
  {
    this.queue = q;
  }
  private void consume(Integer n)
  {
    System.out.println("Thread:" + Thread.currentThread().getName() + " consume: " + n);
  }
}
 package yunche.test.producer;
```

```java
import java.util.concurrent.ArrayBlockingQueue;
import java.util.concurrent.BlockingQueue;
public class Main
{
  public static void main(String[] args)
  {
    BlockingQueue<Integer> queue = new ArrayBlockingQueue<>(100);
    Producer p = new Producer(queue);
    Consumer c1 = new Consumer(queue);
    Consumer c2 = new Consumer(queue);
    Thread producer = new Thread(p);
    producer.setName("生产者线程");
    Thread consumer1 = new Thread(c1);
    consumer1.setName("消费者 1");
    Thread consumer2 = new Thread(c2);
    consumer2.setName("消费者 2");
    producer.start();
    consumer1.start();
    consumer2.start();
  }
}
```

7.3.4　在 Java 中 wait()和 sleep()方法有什么不同

【选自 BD 面试题】

题面解析：本题属于概念分析题。应聘者在回答该问题时需要知道什么是 wait()方法和 sleep()方法，以及两者之间的关联。

解析过程：

通过以下几个方面来解释两者之间有什么样的区别：

（1）sleep()是线程类（Thread）的方法，导致此线程暂停执行指定时间，把执行机会给其他线程，但是监控状态依然保持，到时会自动恢复，调用 sleep()方法不会释放对象锁。由于没有释放对象锁，所以不能调用里面的同步方法。

sleep()方法使当前线程进入停滞状态（阻塞当前线程），让出 CPU 的使用，目的是不让当前线程独自霸占该进程所获的 CPU 资源，留一定时间给其他线程执行。

sleep()是 Thread 类的 Static（静态）的方法；因此它不能改变对象的锁，所以当在一个 synchronized 块中调用 sleep()方法时，线程虽然休眠了，但是对象的锁并没有被释放，其他线程无法访问这个对象（即使睡着也持有对象锁）。

在 sleep()方法休眠时间期满后，该线程不一定会立即执行，这是因为其他线程可能正在运行而且没有被调度为放弃执行，除非此线程具有更高的优先级。

wait()方法是 Object 类里的方法；当一个线程执行 wait()方法时，它就进入到一个和该对象相关的等待池中，同时失去（释放）了对象的锁（暂时失去锁，wait(long timeout)超时时间到后还需要返还对象锁）；wait()方法可以调用里面的同步方法，其他线程可以访问。

wait()方法使用 notify()、notifyAll()或者指定睡眠时间来唤醒当前等待池中的线程。

（2）sleep()方法必须捕获异常，而 wait()、notify()和 notifyAll()方法不需要捕获异常。

sleep()方法属于 Thread 类中的方法，表示让一个线程进入睡眠状态，等待一定的时间之后，自动醒来进入到可运行状态，不会马上进入运行状态，因为线程调度机制恢复到线程的运行也需要时间，一个线程对象调用了 sleep()方法之后，并不会释放它所持有的所有对象锁，因此也就不会影响其他进程对象的运行。但在使用 sleep()方法的过程中有可能被其他对象调用它的 interrupt()方法，产生 InterruptedException 异常，如果程序不捕获这个异常，线程就会异常终止，进入 TERMINATED 状态，如果程序捕获了这个异常，那么程序就会继续执行 catch 语句块（可能还有 finally 语句块）以及之后的代码。

☆**注意**☆　sleep()方法是一个静态方法，也就是说它只对当前对象有效，通过 t.sleep()方法让 t 对象进入睡眠，这样的做法是错误的，它只会使当前线程而不是 t 线程被睡眠。

wait()属于 Object 类的成员方法，一旦一个对象调用了 wait()方法，必须要采用 notify()和 notifyAll()方法唤醒该进程；如果线程拥有某个或某些对象的同步锁，那么在调用了 wait()方法后，这个线程就会释放它持有的所有同步资源，而不限于这个被调用了 wait()方法的对象。wait()方法也同样会在等待的过程中被其他对象调用 interrupt()方法而产生中断。

（3）sleep()方法是让某个线程暂停运行一段时间，其控制范围是由当前线程决定。例如，我要做的事情是"点火—烧水—煮面"，而当我点完火之后我不立即烧水，我要休息一段时间再烧，对于运行的主动权是由我的流程来控制的。

而对于 wait()方法，首先，这是由某个确定的对象来调用的，将这个对象理解成一个传话的人，当这个人在某个线程里面说"暂停"，也是 thisOBJ.wait()，这里的暂停是阻塞。还是"点火—烧水—煮饭"，thisOBJ 就好比一个监督我的人站在我旁边，本来该线程应该执行 1 后执行 2，再执行 3，而在 2 处被那个对象喊暂停，那么我就会一直等在这里而不执行 3，但整个流程并没有结束，我一直想去煮饭，但还没被允许，直到那个对象在某个地方说"通知暂停的线程启动"，也就是 thisOBJ.notify()的时候，那么我就可以煮饭了，这个被暂停的线程就会从暂停处继续执行。

①在 java.lang.Thread 类中，提供了 sleep()方法；而 java.lang.Object 类中提供了 wait()、notify()和 notifyAll()方法来操作线程。

②sleep()方法可以将一个线程睡眠，参数可以指定一个时间；而 wait()方法可以将一个线程挂起，直到超时或者该线程被唤醒。

③wait 有两种形式 wait()和 wait(milliseconds)。

（4）sleep()方法和 wait()方法的区别总结如下：

①这两个方法来自不同的类，分别是 Thread 类和 Object 类。

②最主要是 sleep()方法没有释放锁，而 wait()方法释放了锁，使得其他线程可以使用同步控制块或者方法。

③wait()、notify()和 notifyAll()方法只能在同步控制方法或者同步控制块里面使用，而 sleep()方法可以在任何地方使用。

④sleep()方法必须捕获异常，而 wait()、notify()和 notifyAll()方法不需要捕获异常。

第 8 章

Servlet

从本章开始主要带领读者来学习 Java 中 Servlet 的基础知识以及在面试和笔试中常见的问题。本章先告诉读者要掌握的重点知识有哪些，比如 Servlet 简介、Servlet 的生命周期、get()和 post()方法、Servlet HTTP 状态码、Servlet 过滤器、Cookie 和 Session 等，然后展示一部分面试及笔试题，并给出解答，教会读者应该如何更好地回答这些问题，最后总结一些在企业的面试及笔试中较深入的真题，以便读者能够轻松应聘。

本章要点（已掌握的在方框中打钩）
- [ ] Servlet 简介
- [ ] Servlet 的生命周期
- [ ] get()和 post()方法
- [ ] Servlet HTTP 状态码
- [ ] Servlet 过滤器
- [ ] Cookie 和 Session

8.1　Servlet 基础

本节主要讲解 Servlet 的基础知识，主要包括 Servlet 简介、Servlet 的生命周期、get()和 post()方法、Servlet HTTP 状态码、Servlet 过滤器、Cookie 和 Session 知识点等，读者需要掌握这些基本知识点，并且能够逻辑清晰地表达出来，才能在应聘中轻松应对。

8.1.1　Servlet 简介

Servlet 是在服务器上运行的小程序。这个词是在 Java Applet 的环境中创造的，Java Applet 是一种当作单独文件跟网页一起发送的小程序，它通常用于在客户端运行，为用户提供运算或者根据用户相互作用定位图形等服务。

服务器上需要一些程序，常常是根据用户输入访问数据库的程序。这些通常是使用公共网关接口（Common Gateway Interface，CGI）应用程序完成的。然而，在服务器上运行 Java 程序，可以使用 Java 编程语言实现。在通信量大的服务器上，Java Servlet 的优点在于它们的执行速度更快于 CGI 程序。各个用户的请求被激活成单个程序中的一个线程，而无须创建单独的进程，这意味着服务器端处理请求的系统开销将明显降低。

最早支持 Servlet 技术的是 Java Web Server。此后，一些其他的基于 Java 的 Web Server 开始支持标准的 Servlet API。Servlet 的主要功能在于可以交互式地浏览和修改数据，生成动态 Web 内容，这个过程为：

（1）客户端发送请求至服务器端；

（2）服务器将请求信息发送至 Servlet；

（3）Servlet 生成响应内容并将其传给服务器。响应内容的动态生成，通常取决于客户端的请求；

（4）服务器将响应返回给客户端。

Servlet 类似于普通的 Java 程序，Servlet 也需要导入特定的属于 Java Servlet API 的包。因为是对象字节码，因此可以动态地从网络加载，可以说 Servlet 对 Server 来说就如同 Applet 对 Client 的性质一样，但是，由于 Servlet 运行于 Server 中，它们并不需要一个图形用户界面。从这个角度讲，Servlet 也被称为 FacelessObject。

一个 Servlet 就是 Java 编程语言中的一个类，它被用来扩展服务器的性能，服务器上存放着可以通过"请求—响应"编程模型来访问的应用程序。虽然 Servlet 可以对任何类型的请求产生响应，但通常 Servlet 只用来扩展 Web 服务器的应用程序。

8.1.2　Servlet 的生命周期

1）Servlet 的实现过程

（1）客户端请求该 Servlet。

（2）加载 Servlet 类到内存。

（3）实例化并调用 init()方法初始化该 Servlet。

（4）调用 service()（根据请求方法不同调用 doGet()方法或者 doPost()方法，此外还有 doHead()、doPut()、doTrace()、doDelete()、doOptions()和 destroy()方法）。

（5）加载和实例化 Servlet。这项操作一般是动态执行的。然而，Server 通常会提供一个管理的选项，用于在 Server 启动时强制装载和初始化特定的 Servlet。

2）使用 Server 创建一个 Servlet 的实例

（1）第一个客户端的请求到达 Server。

（2）Server 调用 Servlet 的 init()方法（可配置为 Server 创建 Servlet 实例时调用，在 web.xml 中<servlet>标签下配置<load-on-startup>标签，配置的值为整型，值越小 Servlet 的启动优先级越高）。

（3）一个客户端的请求到达 Server。

（4）Server 创建一个请求对象，处理客户端请求。

（5）Server 创建一个响应对象，响应客户端请求。

（6）Server 激活 Servlet 的 service()方法，传递请求和响应对象作为参数。

（7）service()方法获得关于请求对象的信息，处理请求，访问其他资源，获得需要的信息。

（8）service()方法使用响应对象的方法，将响应传回 Server，最终到达客户端。service() 方法可能激活其他方法以处理请求，如 doGet()方法、doPost()方法或程序员自己开发的新的 方法。

3）对于更多的客户端请求，Server 创建新的请求和响应对象，仍然激活此 Servlet 的 service() 方法，将这两个对象作为参数传递给它。如此重复以上的循环，但无须再次调用 init()方法。一 般 Servlet 只初始化一次（只有一个对象），当 Server 不再需要 Servlet 时（一般当 Server 关闭 时），Server 调用 Servlet 的 destroy()方法。

图 8-1 显示了一个典型的 Servlet 生命周期方案。

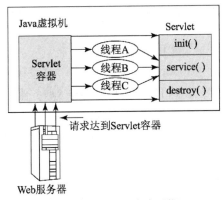

图 8-1　Servlet 生命周期

（1）第一个到达服务器的 HTTP 请求被委派到 Servlet 容器。

（2）Servlet 容器在调用 service()方法之前加载 Servlet。

（3）Servlet 容器处理由多个线程产生的多个请求，每个线程执行一个单一的 Servlet 实例的 service()方法。

8.1.3　get()和 post()方法

（1）get()方法会将提交的数据放在 URL 中，即以明文的方式传递参数数据（以"？"分割 URL 地址和传输数据，参数间以"&"相连。比如：http://localhost：8080/.../Login.aspx?name=user &pwd =123456）；post()方法会将提交的数据放在请求体中。

（2）get()方法传递的数据量较小，最大不超过 2KB（因为受 URL 长度限制）；post()方法 传递的数据量较大，一般不受限制（大小取决于服务器的处理能力）。

（3）get()方法会产生一个 TCP 数据包，浏览器会把响应头和数据一并发出去，服务器响 应 200（OK），并回传相应的数据。

post()方法会产生两个 TCP 数据包，浏览器会先将响应头发送出去，服务器响应 100 （Continue）后，浏览器再发送数据，服务器响应 200（OK），并回传相应的数据。

HTTP 是基于 TCP/IP 的万维网通信协议，所以 get 和 post 的底层也是 TCP/IP 链接。

TCP 就像汽车，我们用 TCP 来运输数据，它很可靠，从来不会发生丢件、少件的现象。但是如果路上跑的全是看起来一模一样的汽车，那么这个世界看起来是一团混乱，送急件的汽车可能被前面满载货物的汽车拦堵在路上，整个交通系统一定会瘫痪。

为了避免这种情况的发生，交通规则 HTTP 诞生了。HTTP 给汽车运输设定了好几个服务类别，有 GET、POST、PUT、DELETE 等。

HTTP 规定：当执行 GET 请求时，要给汽车贴上 GET 的标签（设置 method 为 get()），而且要求把传送的数据放在车顶上（URL 中）以方便记录；如果是 POST 请求，则要在车上贴上 POST 的标签，并把货物放在车厢里。

HTTP 只是个行为准则，而 TCP 才是 get() 和 post() 方法实现的基本。

此外，还有另一个重要的角色：运输公司。不同的浏览器（发起 HTTP 请求）和服务器（接受 HTTP 请求）就是不同的运输公司。虽然理论上可以在车顶上无限地堆货物（即在 URL 中无限加参数）。但是运输公司会限制单次的运输量来控制风险，数据量太大对浏览器和服务器都有很大的负担。

（大多数）浏览器通常都会限制 URL 长度在 2KB，而（大多数）服务器最多处理 64KB 大小的 URL。超过的部分，不予处理。如果用 get() 方法，在请求体偷偷藏了数据，不同服务器的处理方式也是不同的，有些服务器会帮你读出数据，有些服务器则直接忽略。所以，虽然 get() 方法可以携带请求体，也并不能保证一定能被接收到。

GET 只需要汽车跑一趟就把货送到了，而 POST 得跑两趟：第一趟，先去和服务器打个招呼，然后再回头把货送过去。

GET 和 POST 的优缺点对比：

get() 方法安全性低，效率高；post() 方法安全性高，效率低（耗时较长）。

8.1.4 Servlet HTTP 状态码

HTTP 请求和 HTTP 响应消息的格式是类似的，结构如下：

（1）初始状态行+回车换行符（回车+换行）；

（2）零个或多个标题行+回车换行符；

（3）一个空白行，即回车换行符；

（4）一个可选的消息主体，比如文件、查询数据或查询输出。

例如，服务器的响应头代码如下：

```
HTTP/1.1 200 OK
Content-Type: text/html
Header2: ...
...
HeaderN: ...
   (Blank Line)
<!doctype ...>
<html>
<head>...</head>
<body>
...
</body>
</html>
```

状态行包括 HTTP 版本（在本例中为 HTTP/1.1）、一个状态码（在本例中为 200）和一个对应于状态码的短消息（在本例中为 OK）。

表 8-1 是可能从 Web 服务器返回的 HTTP 状态码和相关的信息列表。

表 8-1　HTTP 状态码和相关信息列表

代　　码	消　　息	描　　述
100	Continue	只有请求的一部分已经被服务器接收，但只要它没有被拒绝，客户端应继续该请求
101	Switching Protocols	服务器切换协议
200	OK	请求成功
201	Created	该请求是完整的，并创建一个新的资源
202	Accepted	该请求被接受处理，但是该处理是不完整的
203	Non-authoritative Information	–
204	No Content	–
205	Reset Content	–
206	Partial Content	–
300	Multiple Choices	链接列表。用户可以选择一个链接，进入到该位置。最多 5 个地址
301	Moved Permanently	所请求的页面已经转移到一个新的 URL
302	Found	所请求的页面已经临时转移到一个新的 URL
303	See Other	所请求的页面可以在另一个不同的 URL 下被找到
304	Not Modified	–
305	Use Proxy	–
306	Unused	在以前的版本中使用该代码。现在已不再使用它，但代码仍被保留
307	Temporary Redirect	所请求的页面已经临时转移到一个新的 URL
400	Bad Request	服务器不理解请求
401	Unauthorized	所请求的页面需要用户名和密码
402	Payment Required	用户还不能使用该代码
403	Forbidden	禁止访问所请求的页面
404	Not Found	服务器无法找到所请求的页面
405	Method Not Allowed	在请求中指定的方法是不允许的
406	Not Acceptable	服务器只生成一个不被客户端接受的响应
407	Proxy Authentication Required	在请求送达之前，用户必须使用代理服务器的验证
408	Request Timeout	请求需要的时间比服务器能够等待的时间长，超时

代　码	消　　息	描　　述
409	Conflict	请求因为冲突无法完成
410	Gone	所请求的页面不再可用
411	Length Required	Content-Length 未定义。服务器无法处理客户端发送的不带 Content-Length 的请求信息
412	Precondition Failed	请求中给出的先决条件被服务器评估为 false
413	Request Entity Too Large	服务器不接受该请求，因为请求实体过大
414	Request-URL Too Long	服务器不接受该请求，因为 URL 太长。当用户转换一个 post 请求为一个带有长的查询信息的 get 请求时发生
415	Unsupported Media Type	服务器不接受该请求，因为媒体类型不被支持
417	Expectation Failed	-
500	Internal Server Error	未完成的请求。服务器遇到了一个意外的情况
501	Not Implemented	未完成的请求。服务器不支持所需的功能
502	Bad Gateway	未完成的请求。服务器从上游服务器收到无效响应
503	Service Unavailable	未完成的请求。服务器暂时超载或死机
504	Gateway Timeout	网关超时
505	HTTP Version Not Supported	服务器不支持 HTTP 协议版本

设置 HTTP 状态代码的方法如表 8-2 所示。

表 8-2 中的方法可用于在 Servlet 程序中设置 HTTP 状态码。这些方法可以通过 HttpServlet Response 对象使用。

表 8-2　方法和描述

序　号	方法和描述
1	public void setStatus(int statusCode) 该方法设置一个任意的状态码。setStatus()方法接受一个 int（状态码）作为参数。如果响应包含了一个特殊的状态码和文档，请确保在使用 PrintWriter 实际返回任何内容之前调用 setStatus()方法
2	public void sendRedirect(String url) 该方法生成一个 302 响应，连同一个带有新文档 URL 的 Location 头
3	public void sendError(int code, String message) 该方法发送一个状态码（通常为 404），连同一个在 HTML 文档内部自动格式化并发送到客户端的短消息

HTTP 状态码实例如下。

例如，把 407 错误代码发送到客户端浏览器，浏览器会显示 "Need authentication" 的提示。

```java
//导入必需的 java 库
import java.io.*;
import javax.servlet.*;
import javax.servlet.http.*;
import java.util.*;
```

```
import javax.servlet.annotation.WebServlet;
@WebServlet("/showError")
//扩展 HttpServlet 类
public class showError extends HttpServlet {
  //处理 GET 方法请求的方法
  public void doGet(HttpServletRequest request,
            HttpServletResponse response)
        throws ServletException, IOException
{
    //设置错误代码和原因
    response.sendError(407, "Need authentication!!!" );
  }
  //处理 POST 方法请求的方法
  public void doPost(HttpServletRequest request,
            HttpServletResponse response)
    throws ServletException, IOException {
    doGet(request, response);
  }
}
```

现在，调用上面的 Servlet 将显示以下结果：

```
HTTP Status 407 - Need authentication!!!
type Status report
message Need authentication!!!
description The client must first authenticate itself with the proxy (Need
authentication!!!).
```

8.1.5　Servlet 过滤器

1）过滤器的基本概念

Servlet 过滤器从字面上可以理解为经过一层次的过滤处理才达到使用的要求，而其实 Servlet 过滤器就是服务器与客户端请求与响应的中间层组件。在实际项目开发中 Servlet 过滤器主要用于对浏览器的请求进行过滤处理，将过滤后的请求再转给下一个资源。

Filter 是在 Servlet 2.3 之后增加的新功能，当需要限制用户访问某些资源或者在处理请求时需要提前处理某些资源时，就可以使用过滤器完成。

过滤器以一种组件的形式绑定到 Web 应用程序当中，与其他的 Web 应用程序组件不同的是，过滤器采用了"链"的方式进行处理，如图 8-2 所示。

图 8-2　过滤器

2）Filter

Servlet 的过滤器 Filter 是一个小型的 Web 组件，它们通过拦截请求和响应，以便查看、提取或以某种方式操作客户端和服务器之间数据的交换，实现"过滤"的功能。Filter 通常封装了一些功能的 Web 组件；过滤器提供了一种面向对象的模块化机制，将任务封装到一个可插入的组件中。Filter 组件通过配置文件来声明，并动态地代理。

3）Servlet 的 Filter 特点如下：

（1）声明式：通过在 web.xml 配置文件中声明，允许添加、删除过滤器，而无须改动任何应用程序代码或 JSP 页面。

（2）灵活性：过滤器可用于客户端的直接调用执行预处理和后期的处理工作，通过过滤链可以实现一些灵活的功能。

（3）可移植性：由于现今各个 Web 容器都是以 Servlet 的规范进行设计的，因此 Servlet 过滤器同样是跨容器的。

（4）可重用性：基于其可移植性和声明式的配置方式，Filter 是可重用的。

总的来说，Servlet 的过滤器是通过一个配置文件来灵活地声明模块化的可重用组件。过滤器动态地拦截传入的请求和传出的响应，在不修改程序代码的情况下，透明地添加或删除它们。并且 Servlet 过滤器独立于任何平台和 Web 容器。

4）Filter 的体系结构

Servlet 过滤器用于拦截传入的请求和传出的响应，并监视、修改处理 Web 工程中的数据流。过滤器是一个可插入的自由组件。Web 资源可以不配置过滤器、也可以配置单个过滤器，也可以配置多个过滤器，形成一个过滤链。Filter 接受用户的请求，并决定将请求转发给链中的下一个组件，或者终止请求直接向客户端返回一个响应。如果请求被转发了，它将被传递给链中的下一个过滤器（以 web.xml 过滤器的配置顺序为标准）。这个请求在通过过滤链并被服务器处理之后，一个响应将以相反的顺序通过该链发送回去。这样，请求和响应都得到了处理。

Filter 可以应用在客户端和 Servlet 之间、Servlet 和 Servlet 或 JSP 之间，并且可以通过配置信息，灵活地使用过滤器。

5）Filter 的工作原理

基于 Filter 体系结构的描述，Filter 的工作原理如图 8-3 所示。

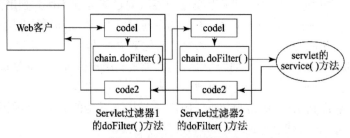

图 8-3　Filter 的工作原理

客户端浏览器在访问 Web 服务器的某个具体资源时，经过过滤器 1 中 code1 代码块的相关处理之后，将请求传递给过滤链中的下一个过滤器 2（过滤链的顺序以配置文件中的顺序为基准），过滤器 2 处理完之后，请求就是根据传递的 Servlet 完成相应的逻辑。返回响应的过程和传入请求的过程类似，只是过滤链的顺序相反。

6）Filter 的创建过程

要编写一个过滤器必须实现 Filter 接口，并实现其接口规定的方法。

（1）实现 javax.Servlet.Filter 接口。

（2）实现 init()方法，读取过滤器的初始化参数。

（3）实现 doFilter()方法，完成对请求或响应的过滤。

（4）调用 FilterChain 接口对象的 doFilter()方法，向后续的过滤器传递请求或响应。

8.1.6　Cookie 和 Session

1）Cookie 定义

Cookie 是小量信息，由网络服务器发送出来以存储在网络浏览器上，从而当下次这位独一无二的访客又回到该网络服务器时，可以从该浏览器读回此信息。这是很有用的，可以让浏览器记住这位访客的特定信息，如上次访问的位置、花费的时间或用户首选项（如样式表）。Cookie 是存储在浏览器目录的文本文件，当浏览器运行时，存储在 RAM 中。如果从该网站或网络服务器退出，Cookie 也可存储在计算机的硬盘上。当访客结束其浏览器对话时，即终止所有 Cookie。

2）使用 Cookie 的原因

Web 程序是使用 HTTP 协议传输的，而 HTTP 协议是无状态的协议，对于事务处理没有记忆能力。如果后续处理需要前面的信息，则它必须重传，这样可能导致每次连接传送的数据量增大。然而，在服务器不需要先前信息时它的应答就较快。

3）Cookie 的产生

Cookie 的使用先要看需求。因为浏览器可以禁用 Cookie，同时服务端也可以不使用 Set-Cookie。

客户端向服务端发送一个请求时，服务端向客户端发送一个 Cookie，然后浏览器将 Cookie 保存，Cookie 有两种保存方式：一种是浏览器会将 Cookie 保存在内存中；还有一种是保存在客户端的硬盘中，之后每次 HTTP 请求浏览器都会将 Cookie 发送给服务端。

具体流程如下：

（1）客户端提交一个 HTTP 请求给服务端。

服务端这个时候做了两件事：一是 Set-Cookie；还有一个是提交响应内容给客户端，客户端再次向服务端请求时会在请求头中携带一个 Cookie。

（2）服务端提交响应内容给客户端。

例如，登录前和登录后。登录前服务端给浏览器一个 Cookie，但是这个 Cookie 里面没有用户信息，但是登录成功之后，服务端给浏览器一个 Cookie，这个时候的 Cookie 已经记录了用户的信息，在系统内任意访问，可以实现免登录。

4）Cookie 的生存周期

Cookie 在生成时就会被指定一个 Expire 值，这就是 Cookie 的生存周期，在这个周期内 Cookie 有效，超出周期 Cookie 就会被清除。有些页面将 Cookie 的生存周期设置为"0"或负值，这样在关闭浏览器时，就马上清除 Cookie，不会记录用户信息，更加安全。

5）Cookie 的缺陷

（1）数量受到限制。一个浏览器能创建的 Cookie 数量最多为 300 个，并且每个不能超过 4KB，每个 Web 站点能设置的 Cookie 总数不能超过 20 个。

（2）安全性无法得到保障。通常跨站点脚本攻击往往利用网站漏洞在网站页面中植入脚本代码或网站页面引用第三方法脚本代码，均存在跨站点脚本攻击的可能，在受到跨站点脚本攻击时，脚本指令将会读取当前站点的所有 Cookie 内容（已不存在 Cookie 作用域限制），然后通过某种方式将 Cookie 内容提交到指定的服务器（如 Ajax）。一旦 Cookie 落入攻击者手中，它将会重现其价值。

（3）浏览器可以禁用 Cookie，禁用 Cookie 后，也就无法享有 Cookie 带来的方便。

6）Session 的定义及产生

在计算机中，尤其是在网络应用中，Session 被称为"会话控制"。Session 对象存储特定用户会话所需的属性及配置信息。这样，当用户在应用程序的 Web 页面之间跳转时，存储在 Session 对象中的变量将不会丢失，而是在整个用户会话中一直保存下去。当用户的请求来自应用程序的 Web 页面时，如果该用户还没有会话，则 Web 服务器将自动创建一个 Session 对象。当会话过期或被放弃后，服务器将终止该会话。

7）使用 Session 的原因

因为很多第三方可以获取到这个 Cookie，服务器无法判断 Cookie 是不是真实用户发送的，所以 Cookie 可以伪造。伪造 Cookie 实现登录进行一些 HTTP 请求。如果从安全性上来讲，Session 比 Cookie 安全性稍微高一些，客户端第一次请求服务器时，服务器会为客户端创建一个 Session，并将通过特殊算法算出一个 Session 的 ID，下次请求资源时（Session 未过期），浏览器会将 SessionID（实质是 Cookie）放置到请求头中，服务器接收到请求后就得到该请求的 SessionID，服务器找到该 ID 的 Session 返还给请求者使用。

8）Session 的生命周期

根据需求设定，一般来说为半小时。例如，登录一个服务器，服务器返回一个 SessionID，登录成功之后的半小时之内如果没有对该服务器进行任何 HTTP 请求，半小时后进行一次 HTTP 请求，会提示重新登录。

9）Session 的缺陷

因为 Session 是存储在服务器当中的，所以 Session 过多，会对服务器产生压力。Session 的生命周期算是减少服务器压力的一种方式。

10）Cookie 与 Session 的比较

知道了 Cookie 与 Session，我们来做一些简单的总结：

（1）Cookie 可以存储在浏览器或者本地，Session 只能存储在服务器；

（2）Session 比 Cookie 更具有安全性；

（3）Session 占用服务器性能，Session 过多，增加服务器压力；

（4）单个 Cookie 保存的数据不能超过 4KB，很多浏览器都限制一个站点最多保存 20 个 Cookie。

8.2 精选面试、笔试题解析

Servlet 是在服务器上运行的小程序，它通常用于在客户端运行，为用户提供运算或者定位图形等服务。基于以上的知识点我们将在本节的内容中展示一些面试及笔试题，教给读者一些应聘技巧。

8.2.1 什么是 Servlet

题面解析：本题主要考查应聘者对基本知识点的掌握程度，应聘者应该清楚地理解 Servlet 的基本概念、注意事项，做到准确及时地回答问题。

解析过程：

Java Servlet 是运行在 Web 服务器或应用服务器上的程序，它是作为来自 Web 浏览器或其他 HTTP 客户端的请求和 HTTP 服务器上的数据库或应用程序之间的中间层。

使用 Servlet，不仅可以收集来自网页表单的用户输入，呈现来自数据库或者其他来源的记录，还可以动态地创建网页。

Java Servlet 通常情况下与使用 CGI（Common Gateway Interface，公共网关接口）实现的程序可以达到异曲同工的效果。但是相比于 CGI，Servlet 有以下几点优势：

（1）性能明显更好。

（2）Servlet 在 Web 服务器的地址空间内执行。这样它就没有必要再创建一个单独的进程来处理每个客户端请求。

（3）Servlet 是独立于平台的，因为它们是用 Java 编写的。

（4）服务器上的 Java 安全管理器具有一定的限制，以保护服务器计算机上的资源。因此，Servlet 是可信的。

（5）Java 类库的全部功能对 Servlet 来说都是可用的。它可以通过 Socket 和 RMI 机制与 Applet、数据库或其他软件进行交互。

Servlet 主要执行以下任务：

（1）读取客户端（浏览器）发送的显式数据。包括网页上的 HTML 表单，或者也可以是来自 Applet 或自定义的 HTTP 客户端程序的表单。

（2）读取客户端（浏览器）发送的隐式的 HTTP 请求数据。包括 Cookies、媒体类型和浏览器能理解的压缩格式等。

（3）处理数据并生成结果。这个过程可能需要访问数据库，执行 RMI 或 CORBA 调用，调用 Web 服务，或者直接计算得出对应的响应。

（4）发送显式的数据（即文档）到客户端（浏览器）。该文档的格式可以是多种多样的，包括文本文件（HTML 或 XML）、二进制文件（GIF 图像）、Excel 等。

（5）发送隐式的 HTTP 响应到客户端（浏览器）。这包括告诉浏览器或其他客户端被返回的文档类型（例如 HTML），设置 Cookie 和缓存参数，以及其他类似的任务。

8.2.2　Servlet 是如何运行的

题面解析： 本题主要考查应聘者对 Servlet 运行原理的掌握情况，本题比较基础，属于对基本知识点的掌握理解。应聘者首先应对运行流程有简单的了解，然后经过总结能够连续地表达自己的观点。

解析过程：

例如：http://ip:port/applicationName/login?name=Yishen&password=123。

（1）浏览器使用 Socket（Ip+端口）与服务器建立连接。

（2）浏览器将请求数据按照 HTTP 协议打成一个数据包（请求数据包）发送给服务器。

（3）服务器解析请求数据包并创建请求对象（request）和响应对象（response）。

请求对象是 HttpServletRequest 接口的一个实现。响应对象是 HttpServletResponse 接口的一个实现，响应对象用于存放 Servlet 处理的结果。

（4）服务器将解析之后的数据存放到请求对象（request）里面。

（5）服务器依据请求资源路径找到相应的 Servlet 配置，通过反射创建 Servlet 实例。

（6）服务器调用其 service()方法，在调用 service()方法时，会将事先创建好的请求对象（request）和响应对象（response）作为参数进行传递。

（7）在 Servlet 内部，可以通过 request 获得请求数据，或者通过 response 设置响应数据。

（8）服务器从 response 中获取数据，按照 HTTP 协议打成一个数据包（响应数据包），发送给浏览器。

（9）浏览器会解析响应数据包，取出相应的数据，生成相应的界面。

图 8-4 展示了 Servlet 的运行过程。

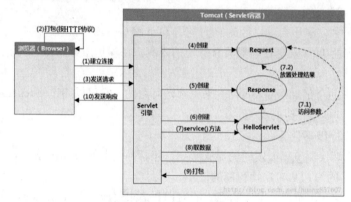

图 8-4　Servlet 的运行过程

8.2.3　常见的状态码有哪些

题面解析：本题是对常见状态码的考查，熟练的记忆是前提，在工作中遇到能够知道是什么原因导致的错误，才能够及时排除故障。

解析过程：

常见的状态码及类别如表 8-3 所示。

表 8-3　常见的状态码及类别

状态码	类　　别	原　因　短　语
1XX	Informational（信息性状态码）	接受的请求正在处理
2XX	Success（成功状态码）	请求正常处理完毕
3XX	Redirection（重定向状态码）	需要进行附加操作以完成请求
4XX	Client Error（客户端错误状态码）	服务器无法处理请求
5XX	Server Error（服务器错误状态码）	服务器处理请求出错

1. 2XX：表明请求被正常处理了

（1）200 OK：请求已正常处理。

（2）204 No Content：请求处理成功，但没有任何资源可以返回给客户端，一般只需要从客户端往服务器发送信息，而对客户端不需要发送新信息内容的情况下使用。

（3）206 Partial Content：是对资源某一部分的请求，该状态码表示客户端进行了范围请求，而服务器成功执行了这部分的 GET 请求。响应报文中包含由 Content-Range 指定范围的实体内容。

2. 3XX：表明浏览器需要执行某些特殊的处理以正确处理请求

（1）301 Moved Permanently：资源的 URL 已更新。永久性重定向，请求的资源已经被分配了新的 URL，以后应使用资源现在所指的 URL。

（2）302 Found：资源的 URL 已临时定位到其他位置了。临时性重定向，和 301 相似，但 302 代表的资源不是永久性移动，只是临时性的。换句话说，已移动的资源对应的 URL 将来还有可能发生改变。

（3）303 See Other：资源的 URL 已更新，是否能按照新的 URL 访问。该状态码表示由于请求对应的资源存在着另一个 URL，应使用 get()方法定向获取请求的资源。303 状态码和 302 状态码有着相同的功能，但 303 状态码明确表示客户端应当采用 get()方法获取资源，这点与 302 状态码有区别。

当 301、302、303 响应状态码返回时，几乎所有的浏览器都会把 POST 改成 GET，并删除请求报文内的主体，之后请求会自动再次发送。

（4）304 Not Modified：资源已找到，但未符合条件请求。该状态码表示客户端发送附带条件的请求时（采用 get()方法的请求报文中包含 If-Match，If-Modified-Since，If-None-Match，If-Range，If-Unmodified-Since 中任一个首部），服务端允许请求访问资源，但因发生请求未满足条件的情况，直接返回 304。

（5）307 Temporary Redirect：临时重定向，与 302 有相同的含义。

3. 4XX：表明客户端是发生错误的原因所在

（1）400 Bad Request：服务器端无法理解客户端发送的请求，请求报文中可能存在语法错误。

（2）401 Unauthorized：该状态码表示发送的请求需要有通过 HTTP 认证（BASIC 认证，DIGEST 认证）的认证信息。

（3）403 Forbidden：不允许访问那个资源。该状态码表明对请求资源的访问被服务器拒绝了。

（4）404 Not Found：服务器上没有请求的资源、路径错误等。

4. 5XX：服务器本身发生错误

（1）500 Internal Server Error：貌似内部资源出故障了，该状态码表明服务器端在执行请求时发生了错误，也有可能是 Web 应用存在 Bug 或某些临时故障。

（2）503 Service Unavailable：该状态码表明服务器暂时处于超负载或正在停机维护，现在无法处理请求。

8.2.4　GET 和 POST 的区别

题面解析：GET 和 POST 传输数据是客户端向服务端传输数据的两种形式，一种是明文传输，一种是加密传输，对这两种方式要能够有一个清晰的理解，区别两者的不同之处。这道题是面试中经常遇到的问题，读者一定要准确地理解掌握。

解析过程：

1. 在原理方面的区别

一般我们在浏览器输入一个网址访问网站都是 GET 请求；在 Form 表单中，可以通过设置 method 的值指定提交方式为 GET 或者 POST，默认为 GET 提交方式。

HTTP 定义了与服务器交互的不同方法，其中最基本的有五种：GET、POST、PUT、DELETE、HEAD，其中 GET 和 HEAD 被称为安全方法，因为使用 GET 和 HEAD 的 HTTP 请求不会产生动作。不会产生动作意味着 GET 和 HEAD 的 HTTP 请求不会在服务器上产生任何结果。但是安全方法并不是什么动作都不产生，这里的安全方法仅仅指不会修改信息。

根据 HTTP 规范，POST 可能会修改服务器上的资源的请求。比如 CSDN 的博客，用户提交一篇文章或者一个读者提交评论是通过 POST 请求来实现的，在提交文章或者评论后资源（即某个页面）就变得不同了，或者说资源被修改了，这些便是"不安全方法"。

2. 表现形式的区别

搞清楚了两者的原理区别后，我们来看一下在实际应用中的区别。

首先看一下 HTTP 请求的格式：

```
<method> <request-URL> <version>
<headers>
<entity-body>
```

在 HTTP 请求中，第一行必须是一个请求行，包括请求方法、请求 URL、报文所用的 HTTP 版本信息。紧接着是一个 herders 小节，可以有零或一个首部，用来说明服务器要使用的附加信息。在首部之后就是一个空行，最后就是报文实体的主体部分，包含一个由任意数据组成的数据块，但是并不是所有的报文都包含实体的主体部分。

GET 请求实例：

```
GET http://weibo.com/signup/signup.php?inviteCode=2388483434
Host: weibo.com
Accept: text/html,application/xhtml+xml,application/xml;q=0.8,image/webp,*/*;q=0.8
```

POST 请求实例：

```
POST /inventory-check.cgi HTTP/1.1
Host: www.joes-hardware.com
Content-Type: text/plain
Content-length: 18
item=bandsaw 2647
```

接下来看看两种请求方式的区别：

（1）GET 请求：请求的数据会附加在 URL 之后，以"?"分割 URL 和传输数据，多个参数用"&"连接。URL 的编码格式采用的是 ASCII 编码，而不是 Unicode，即是说所有的非 ASCII 字符都要编码之后再传输。

（2）POST 请求：POST 请求会把请求的数据放置在 HTTP 请求包的包体中。上面的 item=bandsaw 就是实际的传输数据。因此，GET 请求的数据会暴露在地址栏中，而 POST 请求则不会。

（3）传输数据的大小。

在 HTTP 规范中，没有对 URL 的长度和传输的数据大小进行限制。但是在实际开发过程中，对于 GET 请求，特定的浏览器和服务器对 URL 的长度有限制。因此，在使用 GET 请求时，传输数据会受到 URL 长度的限制。

对于 POST 请求，由于不是 URL 传值，理论上是不会受限制的，但是实际上各个服务器会规定对 POST 提交数据大小进行限制，在 Apache、IIS 中都有各自的配置。

（4）安全性。

POST 的安全性比 GET 要高。这里的安全是指真正的安全，而不同于上面 GET 提到的安全方法中的安全，上面提到的安全仅仅是不修改服务器的数据。比如，在进行登录操作时，通过 GET 请求，用户名和密码都会暴露在 URL 上，因为登录页面有可能被浏览器缓存以及其他人查看浏览器的历史记录，此时的用户名和密码就很容易被他人拿到了。除此之外，GET 请求提交的数据还可能会造成 Cross-site request frogery 攻击。

（5）HTTP 中的 GET、POST、SOAP 协议都是在 HTTP 上运行的。

3. HTTP 响应

HTTP 响应报文格式如下：

```
<version> <status> <reason-phrase>
<headers>
<entity-body>
```

status 状态码描述了请求过程中发生的情况；reason-phrase 是数字状态码的可读版本。

常见的状态码以及含义如下：

（1）200 OK：服务器成功处理请求。

（2）301/302 Moved Permanently（重定向）：请求的 URL 已移走。响应报文中应该包含一个 Location URL，说明资源现在所处的位置。

（3）304 Not Modified（未修改）：客户的缓存资源是最新的，要客户端使用缓存内容。

（4）404 Not Found：未找到资源。

（5）501 Internal Server Error：服务器遇到错误，使其无法对请求提供服务。

HTTP 响应示例，HTTP/1.1 200 OK。

```
Content-type: text/plain
Content-length: 12
Hello World!
```

8.2.5　如何获取请求参数值

题面解析：这道题是对基本知识点的考查，在参数值获取方法上，应该分别在不同的方面进行分析，多角度考虑问题，在表达过程中分点描述。

解析过程：

（1）使用 request 提供的（如果客户端表单数据没有格式检查，遇到非字符串类型参数建议使用）String request.getParameter（"表单 name 属性值"）文本、密码、单选框，必须与实际发送过来的参数名一致，如果不一致，则会获得 null 提示。

或者 String[] getParameterValues（"表单 name 属性值"）方法用于多选框，对复选框、单选按钮要设置 value 属性值，提交的数据就是 value 的值。对于复选框和单选按钮，如果不选择任何选项的话，则会获得 null 提示。

其中参数名一定要与客户端表单中的控件 name 属性相一致，所以在构建表单各元素时，name 属性一定要有。而 name 属性和 id 属性的区别就在于，id 属性一般是作为客户端区分控件的标识，name 属性是服务端区分各控件的标识。

（2）在处理方法里面，添加相应的参数（少量参数使用）。

①参数名应该与请求参数名一致（就是添加参数名字和表单 name 属性值一样）；

②如果不一致，可以使用@RequestParam（"请求参数名"）。

（3）使用对象来封装提交数据（大量参数使用）。

封装请求参数类要求如下：

①属性名与请求参数名一致。

②提供相应的 get()或 set()方法。

③Spring 会将请求参数值自动转换成实际的参数类型，注意转换有可能会出错。一般不建议使用 String。

8.2.6　重定向和转发

试题题面：什么是重定向和转发？两者之间有什么区别？

题面解析：本题属于概念型问题，也是面试中经常问的问题，读者首先要知道什么是重定向，什么是转发，然后开始将两者进行比较，分别说出这两者之间有什么区别，回答这一类问题都是这种思路。

解析过程：

1. 重定向

（1）重定向过程：客户浏览器发送 HTTP 请求，Web 服务器接收后发送 302 状态码响应及对应新的 Location 给客户浏览器，客户浏览器发现是 302 响应，则自动再发送一个新的 HTTP 请求，请求 URL 是新的 Location 地址，服务器根据此请求寻找资源并发送给客户。在这里 Location 可以重定向到任意 URL，既然是浏览器重新发出了请求，则就不需要 request 去传递了。在客户浏览器路径栏显示的是其重定向的路径，客户可以观察到地址的变化。重定向行为是浏览器做了至少两次访问请求。

重定向到某一个页面：

```
response.sendRedirect("xx.jsp");
```

使用如下重定向方法：

```
response.setStatus(302);response.addHeader("Location","URL");
```

sendRedirect()这个方法属于 response 的方法，当这个请求处理完之后，看到 response.sendRedirect()，将立即返回客户端，然后客户端再重新发送一个请求，去访问 xx.jsp 页面。

（2）重定向流程为：客户端请求→响应，遇到 sendRedirect()，返回响应→客户端再次请求 xx.jsp 页面→响应。这里两个请求互不干扰，相互独立，在前面请求 setAttribute()的任何东西，在后面的 request 里面都获得不了。

总结：在 response.sendRedirect("xx.jsp")里面有两个请求、两个响应，地址栏会发生改变。

2. 转发

转发过程：客户浏览器发送 HTTP 请求，Web 服务器接收此请求，调用内部的一个方法在容器内部完成请求处理和转发动作，将目标资源发送给客户；在这里，转发的路径必须是同一个 Web 容器下的 URL，其不能转向到其他的 Web 路径上去，中间传递的是自己的容器内的请求。在客户浏览器路径栏显示的仍然是其第一次访问的路径，也就是说客户是感觉不到服务器做了转发的，转发行为是浏览器只做了一次访问请求的结果。

通过转发将请求提交给别的地方进行处理：

```
request.getRequestDispatcher("new.jsp").forward(request,response);
```

当发送请求时，服务器会根据请求创建一个代表请求的 request 对象和一个代表响应的 response 对象。当 response 返回数据时，并不是直接提交到页面上，而是先存储在了 response 自己的缓存区，当整个请求结束时，服务器会将 response 缓存区中的内容全部取出，返回给页面。

3. 重定向和转发的区别

重定向和转发有一个重要的不同：当使用转发时，JSP 容器将使用一个内部的方法来调用目标页面，新的页面继续处理同一个请求，而浏览器将不会知道这个过程。与之相反，重定向方式的含义是第一个页面通知浏览器发送一个新的页面请求。因为当使用重定向时，浏览器中所显示的 URL 会变成新页面的 URL，而当使用转发时，该 URL 会保持不变。重定向的速度比转发慢，因为浏览器还得发出一个新的请求。同时，由于重定向方式产生了一个新的请求，所以经过一次重定向后，request 内的对象将无法使用。

怎么选择是重定向还是转发呢？

通常情况下转发更快，而且能保持 request 内的对象，所以它是第一选择。不过，在转发之后浏览器中 URL 仍然指向开始页面，此时如果重载当前页面，开始页面将会被重新调用。如果不想看到这样的情况，则选择重定向。

不要仅仅为了把变量传到下一个页面而使用 Session 作用域，那会无故增大变量的作用域，转发也许可以解决这个问题。

（1）重定向：以前的 request 中存放的变量全部失效，并进入一个新的 request 作用域。

（2）转发：以前的 request 中存放的变量不会失效，类似于把两个页面拼到了一起。

8.2.7　过滤器、拦截器和监听器分别是什么

题面解析：这道题是对基本概念的考查，熟练的记忆是前提，对概念、定义类知识的解答主要靠平时的积累掌握，注意回答的时候应分点叙述，做到条理清晰。

解析过程：

1. 过滤器

过滤器依赖于 Servlet 容器，在实现上基于函数回调，可以对几乎所有请求进行过滤，但是缺点是一个过滤器实例只能在容器初始化时调用一次。使用过滤器的目的是用来做一些过滤操作，获取我们想要获取的数据，比如，在过滤器中修改字符编码；在过滤器中修改 HttpServletRequest 的一些参数，包括：过滤低俗文字、危险字符等。

（1）项目中使用：编写实现接口的类在 web.xml 中进行配置。

（2）过滤器只需要实现 javax.servlet.filter，重写 doFilter()、init()和 destroy()方法即可。

（3）实现 doFilter()方法，完成对请求或响应的过滤。

（4）实现 init()方法，读取过滤器的初始化参数。

（5）实现 destroy()方法，过滤器销毁的时候做一些操作。

2. 拦截器

拦截器依赖于 Web 框架，在 Spring MVC 中依赖于 Spring MVC 框架。在实现上基于 Java 的反射机制，属于面向切面编程（AOP）的一种运用。由于拦截器是基于 Web 框架的调用，因此可以使用 Spring 的依赖注入（DI）进行一些业务操作，同时一个拦截器实例在一个控制器生命周期之内可以多次调用。但是缺点是只能对控制器请求进行拦截，对其他的一些比如直接访问静态资源的请求则没办法进行拦截处理。

项目中使用：编写实现接口的类在 SpringMVC.xml 中进行配置。

（1）preHandle()方法将在请求处理之前进行调用。所以可以在这个方法中进行一些前置初始化操作或者是对当前请求的一个预处理，也可以在这个方法中进行一些判断来决定请求是否要继续进行下去。该方法的返回值是布尔值 boolean 类型的，当返回值为 false 时，表示请求结束，后续的 Interceptor 和 Controller 都不会再执行；当返回值为 true 时就会继续调用下一个 Interceptor 的 preHandle()方法，如果已经是最后一个 Interceptor 就会是调用当前请求的控制器方法。

（2）postHandle()方法，顾名思义就是在当前请求进行处理之后，也就是控制器方法调用之后执行，但是它会在 DispatcherServlet 进行视图返回渲染之前被调用，所以我们可以在这个方法中对 Controller 处理之后的 ModelAndView 对象进行操作。

（3）afterCompletion()方法将在整个请求结束之后，也就是在 DispatcherServlet 渲染了对应的视图之后执行。这个方法的主要作用是进行资源清理工作。

3. 监听器

Web 监听器是一种 Servlet 中的特殊的类，它们能帮助开发者监听 Web 中的特定事件，实现了 javax.Servlet.ServletContextListener 接口的服务器端程序，它也是随 Web 应用的启动而启动，只初始化一次，随 Web 应用的停止而销毁。

（1）主要作用是：感知到包括 Request（请求域），Session（会话域）和 Applicaiton（应用程序）的初始化和属性的变化。

（2）项目中使用：编写实现接口的类在 SpringMVC.xml 中进行配置。

监听器接口主要有四类八种，能够监听包括 Request 域、Session 域、Application 域的产生、销毁和属性的变化。

4. 监听对象的创建

（1）ServletContext：主要监听 ServletContext 的创建，需要实现 ServeltContextListener 接口。

（2）ServletRequest：主要监听 Request 的创建，需要实现 ServletRequestListener 接口。

（3）HttpSession：主要监听 Session 的创建，需要实现 HttpSessionListener 接口。

8.2.8　JSP 的内置对象和方法

题面解析：本题是对概念和方法的考查，读者首先应该知道 JSP 有多少个内置对象，分别是什么，还要对方法进行阐述，要知道在编码的过程中是如何使用的。

解析过程：

JSP 一共定义了九个对象分别为 Request、Response、Session、Application、Out、Config、PageContext、Page 和 Exception。

（1）Request 代表客户端的请求信息，主要用于接收通过 HTTP 协议传送到服务器的数据，Request 对象的作用域为一次请求。Request 常用的方法如下：

①getParameter(String strTextName)：获取表单提交的信息；

②getProtocol()：获取客户使用的协议，String strProtocol=request.getProtocol()；

③getServletPath()：获取客户提交信息的页面，String strServlet=request.getServletPath()；

④getMethod()：获取客户提交信息的方式，String strMethod=request.getMethod()；

⑤getHeader()：获取 HTTP 头文件中的 accept、accept-encoding 和 host 的值，String strHeader=request.getHeader()；

⑥getRemoteAddr()：获取客户的 IP 地址，String strIP=request.getRemoteAddr()；

⑦getRemoteHost()：获取客户机的名称，String clientName=request.getRemoteHost()；

⑧getServerName()：获取服务器名称，String serverName=request.getServerName()；

⑨getServerPort()：获取服务器的端口号，int serverPort=request.getServerPort()；

⑩getParameterNames()：获取客户端提交的所有参数的名字。

（2）Response 代表对客户端的请求，主要将 JSP 容器处理过的对象传回客户端，它只在 JSP 页面有效。常用方法如下：

①setContentType(String s)，改变 contentType 的属性值；

②response.sendRedirect(index.jsp)，重定向。

（3）Session 是一个 JSP 的内置对象，在第一个 JSP 页面被加载时自动创建，完成会话期的管理。当客户进行请求 JSP 页面时，JSP 引擎会自动创建一个 Session 对象，给这个对象一个 ID 号，JSP 引擎将这个 ID 号发送给客户端，存放在 Cookie 中，该对象保存的数据格式为 key/value。常用方法如下：

①public String getId()：获取 session 对象的 ID；

②public void setAttribute(String key,Object obj)：将参数 Object 指定的对象 obj 添加到 Session 对象中，并为添加的对象指定一个索引关键字；

③public Object getAttribute(String key)：获取 Session 对象中含有关键字的对象；

④public Boolean isNew()：判断是不是一个新的客户。

（4）Application 对象：只要服务器一启动就会创建该对象，直到服务器关闭，所有客户的 Application 对象都是同一个。常用方法如下：

①setAttribute(String key, Object obj)：将参数 Object 指定的对象 obj 添加到 Application 对象中，并为添加的对象指定一个索引关键字。

②getAttribute(String key)：获取 Application 对象中含有关键字的对象。

（5）Out 用于在浏览器中输出信息，并且管理应用服务器上的输出缓冲区。常用方法如下：

①out.print()：输出各种类型数据；

②out.newLine()：输出一个换行符；

③out.close()：关闭流。

（6）Config：Config 对象的主要作用是取得服务器的配置信息。通过 PageConext 对象的 getServlet Config()方法可以获取一个 Config 对象。当一个 Servlet 初始化时，容器把某些信息通过 Config 对象传递给这个 Servlet。开发者可以在 web.xml 文件中为应用程序环境中的 Servlet 程序和 JSP 页面提供初始化参数。

（7）PageContext 可以取得任何范围的参数，通过它可以获取 JSP 页面的 Out、Request、Response、Application 等对象。

（8）Page 代表 JSP 本身，有点像 Java 中的 this 关键字。

（9）Exception 用于显示异常信息，只有在包含 isErrorPage="true"的页面才能被使用。

8.2.9　Cookie 和 Session 有什么区别

题面解析：这道题是面试中的常见问题，出现的频率非常高，首先要知道 Cookie 的原理、Session 的原理，然后要知道它们分别是如何保存临时会话，以及它们之间有什么区别。

解析过程：

1. Cookie

在网站中，HTTP 请求是无状态的。也就是说即使第一次和服务器连接并且登录成功后，第二次请求服务器依然不能知道当前请求是哪个用户。Cookie 的出现就是为了解决这个问题，第一次登录后服务器返回一些数据（Cookie）给浏览器，然后浏览器保存在本地，当该用户发送第二次请求的时候，就会把上次请求存储的 Cookie 数据自动携带给服务器，服务器通过浏览器携带的数据就能判断当前用户是哪个了。Cookie 存储的数据量有限，不同的浏览器有不同的存储大小，但一般不超过 4KB，因此使用 Cookie 只能存储一些小量的数据。

2. Session

Session 和 Cookie 的作用有点类似，都是为了存储用户相关的信息。不同的是 Cookie 存储在本地浏览器，而 Session 存储在服务器。存储在服务器的数据会更加安全，不容易被窃取。但存储在服务器也有一定的弊端，就是会占用服务器的资源，但服务器发展至今，存储一些 Session 信息还是绰绰有余的。

3. Cookie 和 Session 的区别

（1）Cookie 数据存放在客户的浏览器上，Session 数据存放在服务器上。

当你登录一个网站时，如果 Web 服务器端使用的是 Session，那么所有的数据都保存在服务器上面，客户端每次请求服务器时会发送当前会话的 SessionID，服务器根据当前的 SessionID 判断相应的用户数据标志，以确定用户是否登录，或具有某种权限。

由于数据是存储在服务器上面的，所以以不能伪造。

SessionID 是服务器和客户端链接时随机分配的，一般来说不会有重复，但如果有大量的并发请求，也不是没有重复的可能性。

Session 是由应用服务器维持的一个服务端的存储空间，用户在连接服务器时，会由服务器生成一个唯一的 SessionID，用该 SessionID 为标识符来存取服务端的 Session 存储空间。而 SessionID 这一数据则是保存到客户端，并且用 Cookie 保存，用户提交页面时，会将这一 SessionID 提交到服务端，来存取 Session 数据。这一过程，是不用开发人员干预的。所以一旦客户端禁用 Cookie，那么 Session 也会失效。

（2）Cookie 不是很安全，别人可以分析存放在本地的 Cookie 并进行 Cookie 欺骗。考虑到安全应当使用 Session。

（3）设置 Cookie 时间可以使 Cookie 过期。但是使用 session-destory()方法，我们将会销毁会话。

（4）Session 会在一定时间内保存在服务器上。当访问增多，会比较影响服务器的性能。考虑到减轻服务器性能方面，应当使用 Cookie。

（5）单个 Cookie 保存的数据不能超过 4KB，很多浏览器都限制一个站点最多保存 20 个 Cookie（Session 对象没有对存储的数据量的限制，其中可以保存更为复杂的数据类型）。

8.2.10　Servlet 执行时一般实现哪几个方法

题面解析：本题主要考查应聘者对 Servlet 运行原理的掌握情况，比较基础，是属于对基本的知识点掌握理解，首先应对运行流程有个简单的了解，然后能够清晰地将知识点表达出来。

解析过程：

Servlet 类要继承的 GenericServlet 与 HttpServlet 类的一般要实现的方法如下：

（1）GenericServlet 与 HttpServlet 类，GenericServlet 类是一个实现了 Servlet 的基本特征和功能的基类，其完整名称为 javax.Servlet.GenericServlet，它实现了 Servlet 和 ServletConfig 接口。

（2）HttpServlet 类是 GenericServlet 的子类，其完整名称为 javax.Servlet.HttpServlet，它提供了处理 HTTP 协议的基本构架。如果一个 Servlet 类要充分使用 HTTP 协议的功能，就应该继承 HttpServlet。在 HttpServlet 类及其子类中，除可以调用 HttpServlet 类内部新定义的方法外，还可以调用包括 Servlet、ServletConfig 接口和 GenericServlet 类中的一些方法。

（3）Servlet 执行时一般要实现的方法：

```
public void init(ServletConfig config)
public ServletConfig getServletConfig()
public String getServletInfo()
public void service(ServletRequest request,ServletResponse response)
public void destroy()
```

①init()方法在 Servlet 的生命周期中仅执行一次，在 Servlet 引擎创建 Servlet 对象后执行。Servlet 在调用 init()方法时，会传递一个包含 Servlet 的配置和运行环境信息的 ServletConfig 对象。如果初始化代码中要使用到 ServletConfig 对象，则初始化代码就只能在 Servlet 的 init()方法中编写，而不能在构造方法中编写。默认的 init()方法通常是符合要求的，不过也可以根据需要进行覆盖，比如管理服务器端资源、初始化数据库连接等，默认的 init()方法设置了 Servlet 的初始化参数，并用它的 ServletConfig 对象参数来启动配置，所以覆盖 init()方法时，应调用 super.init()方法以确保仍然执行这些任务。

②service()方法是 Servlet 的核心，用于响应对 Servlet 的访问请求。对于 HttpServlet，每当客户请求一个 HttpServlet 对象，该对象的 service()方法就要被调用，HttpServlet 默认的 service()方法的服务功能就是调用与 HTTP 请求的方法相应的功能：doPost()和 doGet()，所以对于 HttpServlet 来说，一般都是重写 doPost()和 doGet()方法。

③destroy()方法在 Servlet 的生命周期中也仅执行一次，即在服务器停止卸载 Servlet 之前被

调用，把 Servlet 作为服务器进程的一部分关闭。默认的 destroy() 方法通常是符合要求的，但也可以覆盖，来完成与 init() 方法相反的功能。比如在卸载 Servlet 时将统计数字保存在文件中，或是关闭数据库连接或 IO 流。

④getServletConfig() 方法返回一个 ServletConfig 对象，该对象用来返回初始化参数和 ServletContext。ServletContext 接口提供有关 Servlet 的环境信息。

⑤getServletInfo() 方法提供有关 Servlet 的描述信息，如作者、版本、版权。可以对它进行覆盖。

⑥doXxx() 方法客户端可以用 HTTP 协议中规定的各种请求方式来访问 Servlet，Servlet 采取不同的访问方式进行处理。不管哪种请求方式访问 Servlet，Servlet 引擎都会调用 Servlet 的 service() 方法，service() 方法是所有请求方式的入口。

- doGet() 用于处理 GET 请求；
- doPost() 用于处理 POST 请求；
- doHead() 用于处理 HEAD 请求；
- doPut() 用于处理 PUT 请求；
- doDelete() 用于处理 DELETE 请求；
- doTrace() 用于处理 TRACE 请求；
- doOptions() 用于处理 OPTIONS 请求。

8.2.11　Servlet 是线程安全的吗

题面解析：本题是一道比较综合的问题，要了解 Servlet 的知识以及原理，然后说明 Servlet 是否属于线程安全。

解析过程：

虽然 service() 方法运行在多线程的环境下，但是并不一定要同步该方法。而是要看这个方法在执行过程中访问的资源类型（是不是成员变量，是不是全局资源）及对资源的访问方式（是对资源进行读还是进行写）。分析如下：

（1）如果 service() 方法没有访问 Servlet 的成员变量也没有访问全局的资源，比如静态变量、文件、数据库连接等，而是只使用了当前线程自己的资源，比如非指向全局资源的临时变量、Request 和 Response 对象等。该方法本身就是线程安全的，不必进行任何的同步控制。

（2）如果 service() 方法访问了 Servlet 的成员变量，但是对该变量的操作是只读操作，该方法本身就是线程安全的，不必进行任何的同步控制。

（3）如果 service() 方法访问了 Servlet 的成员变量，并且对该变量的操作既有读又有写，通常需要加上同步控制语句。

（4）如果 service() 方法访问了全局的静态变量，如果同一时刻系统中也可能有其他线程访问该静态变量，如果既有读也有写的操作，通常需要加上同步控制语句。

（5）如果 service() 方法访问了全局的资源，比如文件、数据库连接等，通常需要加上同步控制语句。

8.3　名企真题解析

　　下面我们将针对大型企业的面试及笔试真题，挑选几道进行重点的讲解，以便大家在面试及笔试中能够游刃有余，轻松面对。

8.3.1　JSP 和 Servlet 有哪些相同点和不同点

　　【选自 WY 笔试题】

　　题面解析：本题是一道比较综合的问题，属于比较类题目，读者首先应该了解 JSP 的知识以及原理，其次还要了解 Servlet 的知识以及原理，然后将两者进行比较，分别说出两者的相同点和不同点。

　　解析过程：

　　（1）JSP 经编译后就变成了 Servlet（JSP 的本质就是 Servlet，JVM 只能识别 Java 的类，不能识别 JSP 的代码，Web 容器将 JSP 的代码编译成 JVM 能够识别的 Java 类）。

　　（2）JSP 更擅长于页面显示，Servlet 更擅长于逻辑控制。

　　（3）Servlet 中没有内置对象，JSP 中的内置对象都是必须通过 HttpServletRequest 对象、HttpServletResponse 对象以及 HttpServlet 对象得到。

　　JSP 是 Servlet 的一种简化，使用 JSP 只需要完成输出到客户端的内容，JSP 中的 Java 脚本如何镶嵌到一个类中，由 JSP 容器完成。而 Servlet 则是个完整的 Java 类，这个类的 Service() 方法用于生成对客户端的响应。

　　（4）联系

　　①JSP 是 Servlet 技术的扩展，本质上就是 Servlet 的简易方式。

　　②JSP 编译后是"类 servlet"。

　　③Servlet 和 JSP 最主要的不同点在于，Servlet 的应用逻辑是在 Java 文件中，并且完全从表示层中的 HTML 里分离开来。而 JSP 是 Java 和 HTML 组合成一个扩展名为.jsp 的文件。

　　④JSP 侧重于视图，Servlet 主要用于控制逻辑。

8.3.2　Servlet 的生命周期是什么

　　【选自 MT 面试题】

　　题面解析：本题是对 Servlet 的考查，在掌握 Servlet 知识的基础上，还要了解 Servlet 的生命周期都有哪些阶段，是如何开始和结束的，对这些都要有一个掌握。

　　解析过程：

　　Servlet 的生命周期主要有三个阶段：

　　（1）init()初始化阶段；

　　（2）service()处理客户端请求阶段；

　　（3）destroy()终止阶段。

1. 初始化阶段

Servlet 容器加载 Servlet，加载完成后，Servlet 容器会创建一个 Servlet 实例并调用 init()方法，init()方法只会调用一次。

Servlet 容器会在以下几种情况加载 Servlet：

（1）Servlet 容器启动时自动加载某些 Servlet，这样需要在 web.xml 文件中添加 1；

（2）在 Servlet 容器启动后，客户首次向 Servlet 发送请求；

（3）Servlet 类文件被更新后，重新加载。

2. 处理客户端请求阶段

每收到一个客户端请求，服务器就会产生一个新的线程去处理。对于用户的 Servlet 请求，Servlet 容器会创建一个特定于请求的 ServletRequest 类和 ServletResponse 类。对于 Tomcat 来说，它会将传递来的参数放入一个哈希表中，这是一个 String 到 String[]的键值映射。

3. 终止阶段

当 Web 应用被终止，或者 Servlet 容器终止运行，或者 Servlet 重新装载 Servlet 新实例时，Servlet 容器会调用 Servlet 的 destroy()方法。

8.3.3　如何实现 Servlet 的单线程模式

【选自 BD 面试题】

题面解析：这道题在大型企业的面试中也经常被问到，首先应该知道 Servlet，然后知道单线程模式是如何实现的，需要用到什么命令，这都是面试及笔试过程中考查的重点。

解析过程：

实现单线程 JSP 的指令如下：

```
<%@ page isThreadSafe="false">
<%@ page isThreadSafe="true|false">
```

默认值是 true。

（1）当默认值为 false 时，表示它是以 Singleton 模式运行，该模式实现了接口 SingleThreadMode。该模式同一时刻只有一个实例，不会出现信息同步与否的概念。

若多个用户同时访问一个这种模式的页面，那么先访问者完全执行该页面后，后访问者才开始执行。

（2）当默认值为 true 时表示它是以多线程方式运行。

该模式的信息同步，需要访问同步方法（用 synchronize 标记的）来实现。

8.3.4　四种会话跟踪技术

【选自 JD 面试题】

题面解析：四种会话跟踪技术是需要掌握的重点知识，不仅会在面试中经常问到，在平时的开发工作中也是经常使用到的，读者要对它们能够进行区分，并且能够说出各自的特点。

解析过程：

1. 隐藏表单域

隐藏表单域的格式如下：

```
<input type="hidden" id="xxx" value="xxx">
```

特点：

（1）参数存放：参数是存放在请求实体里的，因此没有长度限制，但是不支持 GET 请求方法，因为 GET 没有请求实体；

（2）Cookie 禁用：当 Cookie 被禁用时依旧能够工作；

（3）持久性：不存在持久性，一旦浏览器关闭就结束。

2. URL 重写

可以在 URL 后面附加参数，和服务器的请求一起发送，这些参数为键值对。

特点：

（1）参数存放：参数是存放在 URL 里的，有 1024B 长度限制；

（2）Cookie 禁用：当 Cookie 被禁用时依旧能够工作；

（3）持久性：不存在持久性，一旦浏览器关闭就结束。

3. Cookie

Cookie 是浏览器保存的一个小文件，其包含多个键值对。

服务器首先使用 Set-Cookie 响应头传输多个参数给浏览器，浏览器将其保存为 Cookie，后续对同一服务器的请求都使用 Cookie 请求头将这些参数传输给服务器。

特点：

（1）参数存放：参数是存放在请求头部里的，也存在长度限制，但这个限制是服务器配置的限制，可以更改；

（2）Cookie 禁用：可能会禁用 Cookie；

（3）持久性：浏览器可以保存 Cookie 一段时间，在此期间 Cookie 持续有效。

4. Session

基于前三种会话跟踪技术之一（一般是基于 Cookie 技术基础，如果浏览器禁用 Cookie 则可以采用 URL 重写技术），在每一次请求中只传输唯一一个参数：SessionID，即会话 ID，服务器根据此会话 ID 开辟一块会话内存空间，以存放其他参数。

特点：

（1）会话数据全部存放在服务端，减轻了客户端及网络压力，但加剧了服务端压力；

（2）既然是基于前三种会话技术之一（Cookie、URL 重写、隐藏表单域），因此也具备其对应的几个特点。

第9章

JavaScript 基础

本章导读 ▅▅▅

　　本章主要讲解前端页面中的各种语言和命令的用法，以及怎么去实现不同语法在不同环境中的应用。我们通过面试与笔试题的方式让读者更加清楚地去理解、使用不同语法，同时也教会读者在面试与笔试中如何灵活地应对考试。

知识清单 ▅▅▅

　　本章要点（已掌握的在方框中打钩）
　　☐ JavaScript 的语法和操作
　　☐ jQuery 的事件和操作
　　☐ Vue.js 的语法和组件
　　☐ AngularJS 的指令和模块

9.1　JavaScript

　　JavaScript（简称"JS"）是一种具有函数优先的轻量级、解释型或即时编译型的编程语言。虽然它是作为开发 Web 页面的脚本语言而出名的，但是它也被用到了很多非浏览器环境中，JavaScript 是基于原型编程、多范式的动态脚本语言，并且支持面向对象、命令式和声明式（如函数式编程）风格。

9.1.1　组成结构

　　JavaScript 是一种网络脚本语言，已经被广泛用于 Web 应用开发，常用来为网页添加各式各样的动态功能，为用户提供了更流畅美观的浏览效果。通常 JavaScript 脚本是嵌入在 HTML 中来实现自身功能的。

　　JavaScript 可以分为三部分：ECMAScript、DOM 和 BOM。

　　（1）ECMAScript：JavaScript 的核心，描述了该语言的基本语法（var、for、if、array 等）和数据类型（数字、字符串、布尔、函数、对象、未定义）。

（2）文档对象模型（DOM）：DOM 是 HTML 和 XML 的应用程序接口（API）。DOM 将把整个页面规划成由节点层级构成的文档。

DOM 通过创建树来表示文档，从而使开发者对文档的内容和结构具有空前的控制力。用 DOM API 可以轻松地删除、添加和替换节点。

（3）浏览器对象模型（BOM）：BOM 主要用于对浏览器窗口进行访问和操作。例如弹出新的浏览器窗口，移动、改变和关闭浏览器窗口，提供详细的网络浏览器信息（navigator object）、详细的页面信息（location object）等。

9.1.2　核心语法

1. 变量的声明和赋值

在 JavaScript 中，变量是使用关键字 var 声明的，语法如下：

```
var 合法的变量名
```

JavaScript 的变量命名规则和 Java 命名规则相同。

JavaScript 区分大小写，所以大小写不同的变量名表示不同的变量。

另外，由于 JavaScript 是一种弱类型语言，因此允许不声明变量而直接使用，系统将会自动声明该变量。例如：x=99；没有声明 x 可以直接使用。

2. 数据类型

1）undefined（未定义类型）

undefined 类型只有一个值，即 undefined。当声明的变量未初始化时，该变量的默认值是 undefined。

2）null（空类型）

null 类型只有一个值，即 null。表示"什么都没有"，用来检测某个变量是否被赋值。

undefined 实际上是由 null 派生出来的，因此 JavaScript 把它们定义为相等的类型。

3）number（数值类型）

JavaScript 中定义的最特殊的类型是 number 类型，这种类型即表示 32 位的整数，也可以表示 64 位的浮点数。

整数也可以表示为八进制或十六进制，八进制首位数字必须是 0，其后是 0～9。十六进制的首位数字也必须是 0，其后是 0～9 或 A～F。

另外一个特殊值 NaN（Not a Number）表示非数字，它也是 number 类型。

4）string（字符串类型）

在 Javascript 中，字符是一组由引号（单引号或双引号）括起来的文本。

与 Java 不同的是，JavaScript 不对"字符"或"字符串"加以区别，因此 var a="a"也是字符串类型。

和 Java 相同的是，JavaScript 中的 string 也是一种对象，它有一个 length 属性，表示字符串的长度（包括空格等）。

5）boolean（布尔类型）

boolean 类型数据称为布尔型数据或逻辑型数据，boolean 类型是 ECMAScript 中常用的类型之一，它只有两个值：true 和 false。

6）typeof

typeof 运算符用来判断一个值或变量究竟属于哪种数据类型。语法如下：

```
typeof(变量或值);
```

其返回的值包括 undefined、number、string、boolean 和 object。

3. 数组

（1）创建数组，语法如下：

```
var  数组名称=new Array(size);
```

（2）为数组元素赋值。

（3）访问数组。

4. 运算符号

常用运算符如表 9-1 所示。

表 9-1　常用运算符

类　　　别	运 算 符 号
算数运算符	+、-、*、/、%、++、--
比较运算符	>、<、>=、<=、==、!=、===、!==
逻辑运算符	&&、||、!
赋值运算符	=、+=、-=

5. 逻辑控制语句

在 JavaScript 中，逻辑控制语句分为两类：

（1）条件结构：if 结构、switch 结构。

（2）循环结构：for 循环、while 循环、do-while 循环、for-in 循环。

6. 注释

当行注释：//

多行注释：/*注释内容*/

7. 常用的输入/输出

（1）alert( )方法警告，语法如下：

```
alert("提示信息");
```

（2）prompt( )方法提示，语法如下：

```
prompt("提示信息", "输入框的默认信息或空的输入框");
```

8. 常用的系统函数

1）parseInt()函数

parseInt()函数可以解析一个字符串，并返回一个整数。如果第一个字符不是数值类型，则返回 NaN，表示不是数组类型；如果中间遇到非数值字符，则会省略后面的字符，返回前面的数值。

2）parseFloat()函数

parseFloat()函数可以解析一个字符串，并返回一个浮点数。方法与 parseInt()函数相似。

3）isNaN()函数

isNaN()函数用于检查其参数是否是数字，如果不是数字则返回 true，如果是数字则返回 false。

9.1.3　函数的定义和调用

定义函数的方法有两种：通过 function 语句声明函数和通过 function 对象来构造函数。

（1）使用 function 语句来定义函数有两种方式：

```
//方式 1:命名函数
function fun(){
//函数体
}
//方式 2:匿名函数
var fun=function(){
//函数体
}
```

（2）使用 function 对象构造函数的语法如下：

```
var function_name = new Function(arg1, arg2, ..., argN, function_body)
```

function()的所有参数必须是字符串。

（3）调用函数

调用函数使用小括号运算符来实现。在括号运算符内部可以包含多个参数列表，参数之间通过逗号进行分隔。

9.1.4　JavaScript 操作 BOM 对象

1. Windows 对象

1）BOM 是一个分层结构，使用 BOM 通常可实现如下功能：

（1）弹出新的浏览器窗口。

（2）移动、关闭浏览器窗口及调整窗口大小。

（3）在浏览器窗口中实现页面的前进、后退功能。

2）windows 对象的常用属性

（1）history：有关客户访问过的 URL 的信息。

（2）location：有关当前 URL 的信息。

（3）screen：只读属性，包含有关客户端显示屏的信息。

3）windows 对象的常用方法

（1）prompt()方法：显示可提示用户输入的对话框。

（2）alert()方法：显示一个带有提示信息和一个"确定"按钮的警示对话框。

（3）confirm()方法：显示一个带有提示信息、"确定"和"取消"按钮的对话框。

（4）close()方法：关闭浏览器窗口。

（5）open()方法：打开一个新的浏览器窗口，加载 URL 所指定的文档。

（6）setTimeout()方法：在指定的毫秒数后调用函数或计算表达式。

（7）setInterval()方法：按照指定的周期（以毫秒计）来调用函数或表达式。

2. History 对象和 Location 对象

1）History 对象常用方法

（1）back()：加载 History 对象列表中的前一个 URL。

（2）forward()：加载 History 对象列表中的下一个 URL。

（3）go()：加载 History 对象列表中的某个具体 URL。

（4）history.back()==history.go(-1)：浏览器中的后退。

（5）history.forward()==history.go(1)：浏览器中的前进。

2）Location 对象常用方法及属性

（1）host：设置或返回主机名和当前 URL 的端口号。

（2）hostname：设置或返回当前 URL 的主机名。

（3）href：设置或返回完整的 URL。

（4）reload()：重新加载当前文档。

（5）reolace()：用新的文档替换当前文档。

9.1.5 JavaScript 操作 DOM 对象

1. 根据层次访问节点

parentNode：返回节点的父节点。

childNodes：返回子节点集合，即 childNodes[i]。

firstChild：返回节点的第一个子节点，最普遍的用法是访问该元素的文本节点。

lastChild：返回节点的最后一个子节点。

nextSibling：下一个节点。

previousSibling：上一个节点。

2. 节点信息

nodeName：节点名称。

nodeValue：节点值。

nodeType：节点类型。

3. 操作节点

（1）节点属性

getAttribute("属性名")。

setAttribute("属性名","属性值")。

（2）创建和插入节点

createElement(tagName)：创建一个标签名为 tagName 的新元素节点。

A.appendChild(B)：把 B 节点追加至 A 节点的末尾。

insertBefore(A, B)：把 A 节点插入到 B 节点之前。

cloneNode(deep)：复制某个指定的节点。

（3）删除和替换节点

removeChild(node)：删除指定的节点。

replaceChild(newNode, oldNode)属性 attr：用其他的节点替换指定的节点。

4．元素属性

offsetLeft：返回当前元素左边界到它上级元素左边界的距离，只读属性。

offsetTop：返回当前元素上边界到它上级元素上边界的距离，只读属性。

offsetHeight：返回元素的高度。

offsetWidth：返回元素的宽度。

offsetParent：返回元素的偏移容器，即对最近动态定位的包含元素的引用。

scrollTop：返回匹配元素的滚动条的垂直位置。

scrollLeft：返回匹配元素的滚动条的水平位置。

clientWidth：返回元素的可见宽度。

clientHeight：返回元素的可见高度。

9.2　jQuery

jQuery 是一个快速、简洁的 JavaScript 框架，是继 Prototype 之后又一个优秀的 JavaScript 代码库（或 JavaScript 框架）。它可以封装 JavaScript 常用的功能代码，提供了一种简便的 JavaScript 设计模式，并且优化 HTML 文档操作、事件处理、动画设计和 Ajax 的交互。

9.2.1　jQuery 工作原理

构造 jQuery 对象模块，如果在调用构造函数 jQuery()创建 jQuery 对象时传入了选择器表达式，则会调用选择器 Sizzle 遍历文档，查找与之匹配的 DOM 元素，并创建一个包含这些 DOM 元素引用的 jQuery 对象。

在底层支持模块中，回调函数列表模块用于增强对回调函数的管理，支持添加、移除、触发、锁定、禁用回调函数等功能。异步队列模块用于解耦异步任务和回调函数，它在回调函数列表的基础上为回调函数增加了状态，并提供了多个回调函数列表，支持传播任意同步或异步回调函数的成功或失败状态。数据缓存模块用于为 DOM 元素和 JavaScript 对象附加任意类型的数据；队列模块用于管理一组函数，支持函数的入队和出队操作，并确保函数按顺序执行，它是基于数据缓存模块实现的。

在功能模块中，事件系统提供了统一的事件绑定、响应、手动触发和移除机制，它并没有将事件直接绑定到 DOM 元素上，而是基于数据缓存模块来管理事件。Ajax 模块允许从服务器上加载数据，而不用刷新页面，它基于异步队列模块来管理和触发回调函数。动画模块用于向网页中添加动画效果，它基于队列模块来管理和执行动画函数。属性操作模块用于对 HTML 属性和 DOM 属性读取、设置和移除操作。DOM 遍历模块用于在 DOM 树中遍历父元素、子元素和兄弟元素。DOM 操作模块用于插入、移除、复制和替换 DOM 元素。样式操作模块用于获取计算样式或设置内联样式。坐标模块用于读取或设置 DOM 元素的文档坐标。尺寸模块用于获取 DOM 元素的高度和宽度。

9.2.2　事件与动画

1．事件

1）加载 DOM

页面加载完毕后，浏览器会通过 JavaScript 为 DOM 元素添加事件。在 JavaScript 代码中，通常使用 window.onload()方法，而在 jQuery 中，使用的是$(document).ready()方法。

2）事件绑定

在文档装载完成后，如果要为元素绑定事件来完成某些操作，可以使用 bind()方法对匹配元素进行特定事件的绑定，例如：

```
bind(type[,data],fn);
```

第一个参数是事件类型；第二个参数是可选参数；第三个参数则是用来绑定的处理函数。

3）合成事件

jQuery 有两个合成事件：hover()方法和 toggle()方法。

①hover()方法用于模拟光标悬停事件，hover()方法的语法结构如下：

```
hover(enter,leave);
```

当光标移动到元素上时，会触发指定的第一个函数；当光标移出这个元素时，会触发指定的第二个函数。

②toggle()方法用于模拟鼠标连续单击事件，语法格式如下：

```
toggle(fn1,fn2,...fnN);
```

第一次单击元素，触发指定的第一个函数，当再次单击同一个元素时，则触发指定的第二个函数，以此类推，直到最后一个。

4）事件冒泡

在页面上可以有多个事件，也可以多个元素响应同一个事件。jQuery 可以在任何浏览器中轻松获取事件对象。

停止事件冒泡可以阻止事件中其他对象的事件处理函数被执行，在 jQuery 中提供了 stopPropagation()方法来停止事件冒泡。

5）事件对象的属性

- event.type()：获取到事件的类型。
- event.preventDefault()：阻止默认的事件行为。
- event.stopPropagation()：阻止事件的冒泡。
- event.target()：获取到触发事件的元素。
- event.relatedTarget()：获取事件发生的相关元素。
- event.pageX()/event.pageY()：获取到光标相对于页面的 x 坐标和 y 坐标。
- event.which()：在鼠标单击事件中获取到鼠标的左、中、右键。
- event.metaKey()：键盘事件中获取<Ctrl>键。
- event.originalEvent()：指向原始的事件对象。

6）移除事件

unbind()方法可以用于删除元素的事件，语法结构如下：

```
unbind([type][,data]);
```

2. 动画

1）show()方法和 hide()方法

show()方法和 hide()方法是 jQuery 中最基本的动画方法。为一个元素调用 hide()方法，会将该元素的 display 样式改为"none"；当把元素隐藏后，可以使用 show()方法将元素的 display 样式设置为先前的显示状态。

2）fadeIn()方法和 fadeOut()方法

fadeIn()和 fadeOut()方法只改变元素的不透明度。fadeOut()方法会在指定时间内降低元素的不透明度，直到元素完全消失；fadeIn()方法则相反。

3）slideUp()方法和 slideDown()方法

slideUp()方法和 slideDown()方法只会改变元素的高度。如果一个元素的 display 属性值为"none"，当调用 slideDown()方法时，这个元素将由上至下延伸显示。slideUp()方法正好相反，元素将由下到上缩短隐藏。

4）自定义动画方法 animate()

可以使用 animate()方法来自定义动画，语法结构如下：

```
animate(params,speed,callback);
```

5）停止动画

停止动画，需要使用 stop()方法，语法结构如下：

```
stop([clearQueue][,gotoEnd]);
```

参数 clearQueue 和 gotoEnd 都是可选参数，为 boolean 类型。其中 clearQueue 代表是否要清空未执行完的动画队列，gotoEnd 代表是否直接将正在执行的动画跳转到末状态。

9.2.3　使用 jQuery 操作 DOM

1. DOM 操作的分类

（1）DOM Core。

（2）HTML-DOM。

（3）CSS-DOM。

2. 样式操作

1）直接设置样式值

```
css(name,value)   //设置单个属性
css({name:value,name:value,name:value....})   //同时设置多个属性
```

2）追加样式和移除样式

```
addClass(class)  //追加样式
removeClass(class)   //移除样式
```

3）切换样式

```
toggleClass()   //可以切换不同元素的类样式
```

3. 内容操作

1）html 代码操作

```
html([content])  //可选，规定备选元素的新内容，该参数可以包含 html 标签，无参数时，表示被选元素的文本内容
```

2）标签内容操作

```
text([content])   //可选，规定被选元素的新文本内容
```

4. 节点属性操作

1）查找节点

```
$("xxx")
```

2）创建节点

```
$(selector)   //选择器
$(element)    //DOM 元素
$(html)       //html 代码
```

3）插入节点

```
内部插入:append(content)  appendTo(content)  prepend(content)  prependTo(content)
外部插入:after(content)  insertAfter(content)  before(content)  insertBefore(content)
```

4）删除节点

```
$(selector).remove([expr])
```

5）替换节点

```
$("ul li:eq(1)").replaceWith($xxx)
```

6）复制节点

```
$(selector).clone([includeEvents])
```

9.3　Vue.js

Vue 是一套用于构建用户界面的渐进式 JavaScript 框架。与其他大型框架不同的是，Vue 被设计为可以自底向上逐层应用。

9.3.1　Vue.js 简介

Vue.js 是一套构建用户界面的渐进式框架，非常容易与其他库或已有项目整合。另一方面，Vue 完全有能力驱动采用单文件组件和 Vue 生态系统支持的库开发的复杂单页应用。

Vue.js 的目标是通过尽可能简单的 API 实现响应的数据绑定和组合的视图组件。

Vue.js 自身不是一个全能框架——它只聚焦于视图层。因此它非常容易学习，非常容易与其他库或已有项目整合。另一方面，在与相关工具和支持库一起使用时，Vue.js 也能完美地驱动复杂的单页应用。

9.3.2　基础语法

1. 引入

（1）导入 Vue.js 文件。

（2）创建一个 Vue 实例。

2. 使用

1）data 属性

v-cloak 属性：可以解决差值表达式闪烁的问题，可以放任何位置。

v-text 属性：没有闪烁的问题，会覆盖原本里面的内容。

v-html 属性：可以识别 HTML 标签。

v-bind 属性：是 Vue 中提供绑定属性的指令。

2）methods 属性

v-on 属性：事件绑定机制。

方法一：<input type="button" value="点击" v-on:mouseenter="fn">。

方法二：<input type="button" value="点击" @mouseenter="fn">。

☆**注意**☆　方法属性的调用：如果当前 Vue 实例想调用其内部的属性和方法时，必须通过 this 关键字来获取，this 表示当前 new 的 Vue 实例对象。

3）事件访问修饰符

.stop：阻止冒泡行为。

.prevent：阻止默认行为。

.capture：事件捕获机制，从外往里执行。

.self：被修饰的元素只能通过自己来触发事件，只会阻止自己的冒泡行为，不会阻止别的元素。

.once：只触发一次事件函数。

9.3.3　Vue.js 组件

1. 组件的注册

有两种方式注册 Vue 组件：全局注册和局部注册。前者可以在各 Vue 实例中使用，后者只能在注册自己的 Vue 实例或者父组件中使用。

组件由两部分构成，一部分是需要自定义的 tag-name，另一部分是 options 对象，里面包含了该组件的模板、方法、props、data 等细节。

2. prop

prop 是父组件用来传递数据的一个自定义属性，子组件需要显式地使用 props 选项声明 prop。

3. 动态 prop

可以使用 v-bind 动态绑定 props 的值到父组件的数据中。每当父组件的数据变化时，该变化也会传导给子组件。

☆**注意**☆　prop 是单向绑定的：当父组件的属性变化时，将传导给子组件，但是不会反过来。

4. prop 验证

组件可以为 props 指定验证要求，但必须为 props 中的值提供一个带有验证需求的对象。

5. 自定义事件

（1）每个 Vue 实例都是一个事件触发器。

（2）使用$on()方法监听事件。

（3）使用$emit()方法在它上面触发事件。

（4）使用$dispatch()方法派发事件，事件沿着父链冒泡。

（5）使用$broadcast()方法广播事件，事件向下传导给所有的后代。

9.4　AngularJS

AngularJS 是一个 JavaScript 框架，它是一个使用 JavaScript 编写的库，可以通过<script>标签添加到 HTML 页面。

AngularJS 通过指令扩展了 HTML，且通过表达式绑定数据到 HTML。

9.4.1　AngularJS 表达式

AngularJS 表达式写在双大括号内：{{expression}}。

AngularJS 表达式把数据绑定到 HTML。

AngularJS 将在表达式书写的位置"输出"数据。

AngularJS 表达式也可以包含文字、运算符和变量。

9.4.2　AngularJS 指令

AngularJS 指令是扩展的 HTML 属性，带有前缀 ng-。

AngularJS 常用指令如表 9-2 所示。

表 9-2　AngularJS 常用指令

指　　令	描　　述
ng-app	定义应用程序的根元素
ng-bind	绑定 HTML 元素到应用程序数据
ng-bind-html	绑定 HTML 元素的 innerHTML 到应用程序数据，并移除 HTML 字符串中危险字符
ng-bind-template	规定要使用模板替换的文本内容
ng-blur	规定 blur 事件的行为
ng-change	规定在内容改变时要执行的表达式
ng-checked	规定元素是否被选中
ng-class	指定 HTML 元素使用的 CSS 类
ng-class-even	类似 ng-class，但只在偶数行起作用
ng-class-odd	类似 ng-class，但只在奇数行起作用
ng-click	定义元素被点击时的行为
ng-cloak	在应用正要加载时防止其闪烁
ng-controller	定义应用的控制器对象
ng-copy	规定复制事件的行为

续表

指　　令	描　　述
ng-csp	修改内容的安全策略
ng-cut	规定剪切事件的行为
ng-dblclick	规定双击事件的行为
ng-disabled	规定一个元素是否被禁用
ng-focus	规定聚焦事件的行为
ng-form	指定 HTML 表单继承控制器表单
ng-hide	隐藏或显示 HTML 元素
ng-href	为 the\<a\>元素指定链接
ng-if	如果条件为 false 移除 HTML 元素
ng-include	在应用中包含 HTML 文件
ng-init	定义应用的初始化值
ng-jq	定义应用必须使用到的库，如：jQuery
ng-keydown	规定按下按键事件的行为
ng-keypress	规定按下按键事件的行为
ng-keyup	规定松开按键事件的行为
ng-list	将文本转换为列表(数组)
ng-model	绑定 HTML 控制器的值到应用数据
ng-model-options	规定如何更新模型
ng-mousedown	规定按下鼠标按键时的行为
ng-mouseenter	规定鼠标指针穿过元素时的行为
ng-mouseleave	规定鼠标指针离开元素时的行为
ng-mousemove	规定鼠标指针在指定的元素中移动时的行为
ng-mouseover	规定鼠标指针位于元素上方时的行为
ng-mouseup	规定当在元素上松开鼠标按钮时的行为
ng-non-bindable	规定元素或子元素不能绑定数据
ng-open	指定元素的 open 属性
ng-options	在\<select\>列表中指定\<options\>
ng-paste	规定粘贴事件的行为
ng-pluralize	根据本地化规则显示信息
ng-readonly	指定元素的 readonly 属性
ng-repeat	定义集合中每项数据的模板
ng-selected	指定元素的 selected 属性

续表

指　　令	描　　述
ng-show	显示或隐藏 HTML 元素
ng-src	指定\<img\>元素的 src 属性
ng-srcset	指定\<img\>元素的 srcset 属性
ng-style	指定元素的 style 属性
ng-submit	规定 onsubmit 事件发生时执行的表达式
ng-switch	规定显示或隐藏子元素的条件
ng-transclude	规定填充的目标位置
ng-value	规定 input 元素的值

9.4.3　AngularJS Scope

1. Scope 概述

Scope 是一个对象，有可用的方法和属性，可以应用在视图和控制器上。

2. Scope（作用域）特点

（1）$scope 提供了一些工具方法$watch()和$apply()。

$watch()方法用于监听模型变化，当模型发生变化，它会有提示。表达式如下：

```
$watch(watchExpression, listener, objectEquality);
```

- watchExpression：监听的对象，它可以是一个 Angular 表达式如"name"或函数如 function(){return $scope.name}。
- Listener：当 watchExpression 发生变化时会调用函数或者表达式，它接收 3 个参数：newValue（新值），oldValue（旧值），scope（作用域的引用）。
- objectEquality：是否深度监听，如果设置为 true，它告诉 Angular 检查所监控的对象中每一个属性的变化。如果你希望监控数组的个别元素或者对象的属性而不是一个普通的值，那么你应该使用它。

（2）$scope 可以为一个对象传播事件，类似 DOM 事件。

（3）$scope 不仅是 MVC 的基础，也是实现双向数据绑定的基础。

（4）$scope 是一个树型结构，与 DOM 标签平行。

（5）子$scope 对象会继承父$scope 上的属性和方法。

3. $scope（作用域）的生命周期

（1）创建：根作用域会在应用启动时通过注入器创建并注入。在模板连接阶段，一些指令会创建自己的作用域。

（2）注册观察者：在模板连接阶段，将会注册作用域的监听器。这些监听器被用来识别模型状态改变并更新视图。

（3）模型状态改变：更新模型状态必须发生在 Scope 的$apply()方法中才会被观察到。Angular 框架封装了$apply()方法的过程，无须我们操心。

（4）观察模型状态：在$apply()结束阶段，Angular 会从根作用域执行$digest()过程并扩散到子作用域。在这个过程中被观察的表达式或方法会检查模型状态是否变更及执行更新。

（5）销毁作用域：当不再需要子作用域时，通过 Scope 中的$destroy()销毁作用域，回收资源。

9.4.4　事件、模块和表单

1. AngularJS 中的事件

1）事件传播

（1）使用$emit()冒泡事件，事件从当前子作用域冒泡到父作用域，在产生事件的作用域之上的所有作用域都会收到这个事件的通知。

（2）使用$broadcast()向下传递事件，每个注册了监听器的子作用域都会收到这个信息。

（3）使用$on()监听事件。

2）事件对象属性

（1）targetScope（作用域对象）：发送或者广播事件的作用域。

（2）currentScope（作用域对象）：当前处理事件的作用域。

（3）name（字符串）：正在处理事件的名称。

（4）stopPropagation（函数）：stopPropagation()函数取消通过$emit()触发事件的进一步传播。

（5）preventDefault（函数）：preventDefault()把 defaultprevented 标志设置为 true。

（6）defaultPrevented（布尔值）：可以通过判断 defaultPrevented 属性来判断父级传播的事件是否可以忽略。

2. AngularJS 模块

在 AngularJS 中，模块是定义应用的最主要的方式。模块包含了主要的应用代码。一个应用可以包含多个模块，每一个模块都包含了定义具体功能的代码。

AngularJS 允许使用 Angular 中的 module()方法来声明模块，这个方法能够接受两个参数，第一个是模块的名称，第二个是依赖列表，也就是可以被注入模块中的对象列表。

3. 表单处理

1）Angular 表单 API

（1）模板式表单，需引入 FormsModule。

（2）响应式表单，需引入 ReactiveFormsModule。

2）模板式表单

在 Angular 中使用 form 表单时，Angular 会接管表单的处理，一些 form 表单原生的特性将不再生效。

模板式表单中的指令会被映射到隐式的数据模型中。

指令 NgForm=>数据模型 FormGroup。form 标签自动带有 ngForm 的特性。

指令 NgModel=>数据模型 FormControl。NgModel 指令代表表单中的一个字段，这个指令会隐式创建一个 FormControl 实例代表字段的数据模型，并使用 FormControl 中的属性存储字段的值。

指令 NgModelGroup => 数据模型 FormGroup。嵌套的 FormGroup，NgModelGroup 代表表单中的子集，将表单中的 ngModel 进行分组。

9.5 精选面试、笔试题解析

根据前面介绍的 JavaScript 基础知识，下面我们根据本章的基本内容总结了一些在面试或笔试过程中经常遇到的问题。通过本章的学习，读者可以熟练地去应对面试或笔试过程中所遇到的问题。

9.5.1 如何实现 DOM 对象和 jQuery 对象间的转换

题面解析：本题主要考查 DOM 对象和 jQuery 对象之间相互转化时所用的方法，应聘者在回答该问题时，可以先介绍一下 DOM 对象和 jQuery 对象获取元素的方法以及它们之间方法的不兼容。接着分别通过[index]方法和$()等相关方法来表示出它们两者之间的转化过程。

解析过程：

- DOM 对象：使用 JavaScript 中的方法获取页面中的元素返回的对象就是 DOM 对象。
- jQuery 对象：使用 jQuery 的方法获取页面中的元素返回的对象就是 jQuery 对象。

二者之间的方法是不兼容的，jQuery 对象不能使用 DOM 对象的方法，DOM 对象不能使用 jQuery 对象的方法，但二者之间又有着联系，是可以进行相互转化的。有时我们在特定的情况下，需要把 jQuery 对象转换成 DOM 对象，或者把 DOM 对象转换成 jQuery 对象，两种对象之间互相转换的方法有下面几种。

1. jQuery 对象转化成 DOM 对象

（1）jQuery 对象是一个数据对象，可以通过[index]的方法，来得到相应的 DOM 对象。

```
var $v =$("#v") ; //jQuery 对象
var v=$v[0]; //DOM 对象
alert(v.checked) //检测这个 checkbox 是否被选中
```

（2）jQuery 本身提供，通过.get(index)方法，得到相应的 DOM 对象。

```
var $v=$("#v"); //jQuery 对象
var v=$v.get(0); //DOM 对象
alert(v.checked) //检测这个 checkbox 是否被选中
```

2. DOM 对象转化成 jQuery 对象

对于一个 DOM 对象，只需要使用$()把 DOM 对象包装起来，就可以获得一个 jQuery 对象了。

```
var v=document.getElementById("v"); //DOM 对象
var $v=$(v); //jQuery 对象
```

9.5.2　AngularJS 的双向数据绑定原理是什么

题面解析：本题主要考查应聘者对 AngularJS 基础知识的掌握程度，因此应聘者不仅需要知道双向数据绑定原理，而且还要知道怎样一步一步地使用 AngularJS。

解析过程：

双向数据绑定是 AngularJS 的核心机制之一。当 View 中有任何数据变化时，会更新到 Model，当 Model 中数据有变化时，View 也会同步更新，显然，这需要一个监控。

AngularJS 的工作原理：

（1）HTML 页面的加载，这会触发加载页面包含的所有 JS（包括 AngularJS）。

（2）AngularJS 启动，搜寻所有的指令（Directive）。

（3）找到 ng-app，搜寻其指定的模块（Module），并将其附加到 ng-app 所在的组件上。

（4）AngularJS 遍历所有的子组件，查找指令和 bind 命令。

（5）每次发现 ng-controller 或者 ng-repeat 的时候，它会创建一个作用域（scope），这个作用域就是组件的上下文。作用域指明了每个 DOM 组件对函数、变量的访问权。

（6）AngularJS 会添加对变量的监听器，并监控每个变量的当前值。一旦值发生变化，AngularJS 会更新其在页面上的显示。

（7）AngularJS 优化了检查变量的算法，它只会在某些特殊的事件触发时，才会去检查数据的更新，而不是简单地在后台不停地检查。

9.5.3　如何使用 jQuery 实现隔行变色的效果

题面解析：本题主要考查实现隔行变色的效果的方法，应聘者应从不同的方式去考虑隔行变色的效果，包括 CSS 样式、JavaScript、jQuery。看到该问题时，应聘者脑海中要快速想到关于变色的各个知识点，以至于能够快速准确地回答出该问题。

解析过程：

隔行变色效果在网站中有大量应用，尤其是在类似新闻列表这样的网站中。隔行变色功能对于行与行之间的区分有很大的好处，也提高了网站的人性化程度，虽然是个小功能，但是网站的流量都是从这样的小功能点点滴滴积累起来的。此效果可以使用 CSS 实现，但是由于现有浏览器对于 CSS 支持度还不够好，所以使用 JS 或者 jQuery 是不错的选择，下面就介绍三种实现此种效果的方法。

方法一：使用 CSS 样式，定义两个类的样式，分别使用到表格中。这种方法想法简单，但是做起来很麻烦，工作量很大。这种方法也只局限在静态添加。

方法二：使用 JavaScript，就是用 JavaScript 做个方法判断表格是奇数行还是偶数行。

方法三：使用 jQuery，只需要我们做一个 JS 文件，代码如下：

```
$(document).ready(function(){
    $("table").attr("bgColor", "#222222");              //设置表格的背景颜色
    $("tr").attr("bgColor", "#3366CC");                 //为单数行表格设置背景颜色
    $("tr:even").css("background-color", "#CC0000");    //为双数行表格设置背景颜色
    $("table").css("width","300px");          //为表格添加样式，设置表格长度为 300 像素
});
```

然后在前台调用，在<head></head>中添加如下代码：<script type="text/javascript" src="js/

InterleaveTable.js"></script>，src 是指所编写的 JS 文件的路径。

9.5.4 谈谈你对 Vue.js 是一套渐进式框架的理解

题面解析： 本题属于对概念类知识的考查，在解题的过程中我们需要先解释渐进式的概念，然后再分析使用 Angular 和 React 时受到的限制，最后说出它们和 Vue 的不同之处，从而更加形象地来说明 Vue.js 是一套渐进式框架。

解析过程：

渐进式的含义是：没有多做职责之外的事，Vue.js 只提供了 vue-cli 生态中最核心的组件系统和双向数据绑定，就好像 vuex、vue-router 都属于围绕 Vue.js 开发的库。

1）使用 Angular，必须接受以下内容：

（1）必须使用它的模块机制。

（2）必须使用它的依赖注入。

（3）必须使用它的特殊形式定义组件。

所以 Angular 是带有比较强的排他性的，如果你的应用不是从头开始，而是要不断考虑是否跟其他东西集成，这些主张会带来一些困扰。

2）使用 React，必须理解以下内容：

（1）函数式编程的理念。

（2）需要知道它的副作用。

（3）什么是纯函数。

（4）如何隔离、避免副作用。

（5）它的侵入性看似没有 Angular 那么强，主要因为它是属于软性侵入的。

3）Vue 与 React、Angular 的不同之处在于，它是渐进的，没有强主张。

（1）可以在原有的大系统的上面，把一两个组件改用它实现，就是当成 jQuery 来使用。

（2）可以整个用它开发，当 Angular 来使用。

（3）可以用它的视图，搭配自己设计的整个下层使用。

（4）可以在底层数据逻辑的地方用 OO 和设计模式的那套理念。

（5）也可以函数式，它只是个轻量视图而已，只做了最核心的东西。

9.5.5 如何改变浏览器地址栏中的网址

题面解析： 本题主要考查应聘者对 History 对象中 pushState() 方法的理解，因此应聘者不仅需要知道 pushState() 方法中的参数作用，而且还要知道怎样使用 pushState() 方法。

解析过程：

现在的浏览器里，有一个十分有趣的功能，即可以在不刷新页面的情况下修改浏览器 URL。在浏览过程中，你可以将浏览历史储存起来，当你在浏览器点击后退按钮的时候，你可以从浏览历史上获得回退的信息，这听起来并不复杂，是可以实现的，我们来看看它是如何实现的。代码如下所示：

```
var stateObject = {};
var title = "Wow Title";
```

```
var newUrl = "/my/awesome/url";
history.pushState(stateObject,title,newUrl);
```

History 对象 pushState()这个方法有 3 个参数，第一个参数是一个 JSON 对象。第二个参数 title 就相当于传递一个文档的标题。第三个参数是用来传递新的 URL。因此可以看到浏览器的地址栏发生变化而当前页面并没刷新。

9.5.6　jQuery 操作 select 下拉框的多种方法

题面解析：本题主要考查应聘者对操作 select 下拉框的熟练程度，应聘者需要从获取、设置、添加和删除不同方面去介绍 select。这样才能更加清晰地说明 jQuery 操作 select 的方法。

解析过程：

1）jQuery 获取 select 选择的 Text 和 Value

（1）为 select 添加事件，当选择其中一项时触发。

```
$("#select_id").change(function(){//code...});
```

（2）获取 select 选择的 Text。

```
var checkText=$("#select_id").find("option:selected").text();
```

（3）获取 select 选择的 Value。

```
var checkValue=$("#select_id").val();
```

（4）获取 select 选择的索引值。

```
var checkIndex=$("#select_id ").get(0).selectedIndex;
```

（5）获取 select 最大的索引值。

```
var maxIndex=$("#select_id option:last").attr("index");
```

2）jQuery 设置 select 选择的 Text 和 Value

（1）设置 select 索引值为 1。

```
$("#select_id ").get(0).selectedIndex=1;
```

（2）设置 select 的 Value 值为 4。

```
$("#select_id ").val(4);
```

（3）设置 select 的 Text 值为 jQuery。

```
$("#select_id option[text='jQuery']").attr("selected", true);
```

3）jQuery 添加/删除 select 的 Option 项

（1）为 select 追加一个 Option（下拉项）。

```
$("#select_id").append("<option value='Value'>Text</option>");
```

（2）为 select 插入一个 Option（第一个位置）。

```
$("#select_id").prepend("<option value='0'>请选择</option>");
```

（3）删除 select 中索引值最大的 Option（最后一个）。

```
$("#select_id option:last").remove();
```

（4）删除 select 中索引值为 0 的 Option（第一个）。

```
$("#select_id option[index='0']").remove();
```

（5）删除 select 中 Value='3'的 Option。

```
$("#select_id option[value='3']").remove();
```

（6）删除 select 中 Text='4'的 Option。

```
$("#select_id option[text='4']").remove();
```

9.5.7　如何在 Vue.js 中实现组件之间的传值

题面解析：本题主要考查应聘者对 Vue.js 中组件类型的熟练掌握程度。看到此问题，应聘者需要把关于组件的所有知识在脑海中回忆一下，其中包括父组件向子组件传值、子组件向父组件传值和组件传值给兄弟组件，熟悉了组件之间的基本关系之后，Vue.js 中组件之间的传值问题将迎刃而解。

解析过程：

1. 父组件向子组件传值

首先在父组件中定义好数据，接着将子组件导入到父组件中。父组件只要在调用子组件的地方使用 v-bind 指令定义一个属性，并传值在该属性中即可。

2. 子组件向父组件传值

子组件向父组件传值这一个技术点有个专业名词，叫作"发布订阅模式"，很明显在这里子组件为发布方，而父组件为订阅方。根据这个专业名词，我们来看看子组件里面发生的事情。首先，需要触发子组件视图层里的某个事件，接着在该事件触发的方法中又使用关键方法$emit()发布了一个自定义的事件，并且能够传入相关的参数。

1）子组件发射数据，父组件接收

子组件：this.$emit('cartadd', event.target);

父组件：<v-cartcont @cartadd='_drop'></v-cartcont>

☆**注意**☆　在这里不能用 this.on，因为 emit 和 on 必须基于同一个 vue 实例，所以父组件作用域 on 必须基于同一个 vue 实例，所以父组件作用域 on()作用在子组件标签上用 v-on 代替，还可以创建中央事件总线 eventBus.js。

2）子组件直接改变父组件数据

在 vue2.0 中，子组件中不能修改父组件的状态，否则在控制台中会报错。比如，父组件传给子组件一个变量，子组件只能接收这个值，不能修改这个值，修改会报错。想要修改，只能赋值给另一个数据中定义的变量。但是，这仅限于 props 为非数组及对象等引用类型数据，例如字符串、数字等。如果 props 是对象，在子组件内修改 props，父组件是不会报错的，父组件的值也会跟着改变。

父组件传递给子组件一个对象，子组件将这个对象改了值，那么父组件中的值相应改变，为对象添加属性时，应该用这种方式增加，而不是直接点击 Vue.set(this.food,'count',1)。

3. 组件传值给兄弟组件

组件传值给兄弟组件其实是子组件传值给父组件，父组件监听到数据再传递给另一个子组件的过程。

9.5.8　什么是 vue 的计算属性

题面解析：本题主要考查应聘者对 vue 中计算属性的理解，了解计算机属性的形式。因此应聘者不仅需要知道什么是计算属性、计算属性包含的方法和计算属性缓存，而且还要知道怎样使用计算属性。

解析过程：

模板内的表达式非常便利，但是设计它们的初衷是用于简单运算的。在模板中放入太多的逻辑会让模板过重且难以维护。

所有的计算属性都以函数的形式写在 vue 实例内的 computed 选项内，最终返回计算后的结果。

1. 计算属性用法

（1）在一个计算属性里可以完成各种复杂的逻辑，包括运算、函数调用等，只要最终返回一个结果就可以。

（2）计算属性还可以依赖多个 vue 实例的数据，只要其中任一个数据发生变化，计算属性就会重新执行，视图也会更新。

2. getter()方法和 setter()方法

每一个计算属性都包含一个 getter()方法和一个 setter()方法，通常使用的都是计算属性的默认用法，只是利用了 getter 来读取。在你需要时，也可以提供一个 setter 函数，手动修改计算属性的值时就像修改一个普通数据那样，触发 setter 函数，执行一些自定义的操作。

绝大多数情况下，我们只会用默认的 getter()方法来读取一个计算属性，在业务中很少用到 setter()方法，所以在声明一个计算属性时，可以直接使用默认的写法，不需要将 getter()方法和 setter()方法都声明。

3. 计算属性缓存

我们可以将同一函数定义为一个方法而不是一个计算属性，两种方式的最终结果确实是完全相同的。只是一个使用 reverseTitle()取值，一个使用 reverseTitle 取值。

然而，不同的是计算属性是基于它们的依赖进行缓存的。计算属性只有在它的相关依赖发生改变时才会重新求值。

这就意味着只要 title 还没有发生改变，多次访问 reverseTitle 计算属性会立即返回之前的计算结果，而不必再次执行函数。

9.5.9　如何在页面上实现前进、后退

题面解析：本题主要考查应聘者对页面使用的熟练程度。看到此问题，应聘者需要思考在页面上实现前进、后退都有哪些方法。然后再通过不同的方法来具体说明一下实现的步骤和思路。

解析过程：

这里有两种方法可以实现，一种是在数组后面进行增加与删除操作，另外一种是利用栈的后进先出原理。

1. 在数组最后进行增加与删除操作

通过监听路由的变化事件 Hashchange，与路由的第一次加载事件 load，判断如下情况：

（1）URL 存在于浏览记录中即为后退，后退时，把当前路由后面的浏览记录删除。

（2）URL 不存在于浏览记录中即为前进，前进时，往数组里面 push 当前的路由。

（3）URL 在浏览记录的末端即为刷新，刷新时，不对路由数组做任何操作。

另外，应用的路由路径中可能允许相同的路由出现多次（例如 A->B->A），所以给每个路由添加一个 key 值来区分相同路由的不同实例。

☆**注意**☆　这个浏览记录需要存储在 SessionStorage 中，这样用户刷新后浏览记录也可以恢复。

2. 用两个栈实现浏览器的前进、后退功能

使用两个栈 X 和 Y，我们把首次浏览的页面依次压入栈 X，当点击后退按钮时，再依次从栈 X 中出栈，并将出栈的数据依次放入栈 Y。当点击前进按钮时，我们依次从栈 Y 中取出数据，放入栈 X 中。当栈 X 中没有数据时，那就说明没有页面可以继续后退浏览了。当栈 Y 中没有数据，那就说明没有页面可以点击前进按钮浏览了。

（1）首先，进入一系列页面 a、b、c：将 a、b、c 依次压入栈 X，此时在页面 c。

（2）后退两步：将 c、b 依次弹出再压入栈 Y。

（3）前进一步：将 b 从栈 Y 弹出压入 X。

（4）打开新的页面：将 d 压入 X。

（5）清空 Y，此时就不能通过前进或者后退进入页面 c 了。

9.5.10　JavaScript 访问 HTML 元素的几种方式

题面解析：本题通常出现在面试中，面试官提问该问题主要是想考查应聘者对 JavaScript 使用的熟悉程度。应聘者应从 ID、CSS 选择器、节点关系等不同方面来回答。

解析过程：

JS 动态修改 HTML 元素，访问 HTML 元素有 3 种方式：

1. 根据 ID 访问 HTML 元素

document.getElementById(idval)：返回文档中 ID 属性值为 idval 的 HTML 元素。

2. 根据 CSS 选择器访问 HTML 元素

Element querySelector（Selectos）：该方法的参数既可以是一个 CSS 选择器，也可以是用逗号隔开的多个 CSS 选择器。该方法返回 HTML 文档中第一个符合选择器参数的 HTML 元素。

NodeList querySelectorAll（Selectos）：该方法与前一个方法类似，只是该方法返回符合 CSS 选择器的所有 HTML 元素。

3. 利用节点关系访问 HTML 元素

Node parentNode：返回当前节点的父节点，只读属性。

Node previousSibling：返回当前节点的前一个兄弟节点，只读属性。

Node nextSibling：返回当前节点的后一个兄弟节点，只读属性。

Node[ ] childNodes：返回当前节点的所有子节点，只读属性。

Node[ ] getElementByTagName（tagname）：返回当前节点的具有制定标签名的所有子节点。

Node firstChild：返回当前节点的第一个节点，只读属性。

Node lastChild：返回当前节点的最后一个节点，只读属性。

9.5.11　在 HTML 页面中如何引用 JavaScript

题面解析： 本题主要考查应聘者对 HTML 页面从多种方式使用 JS 的熟练程度。看到此问题，应聘者需要把关于 HTML 使用 JavaScript 的相关知识在脑海中回忆一下，然后再进一步考虑 HTML 从多种方式来使用 JS，最后从头部、主体、元素、外部方式来分析如何实现。

解析过程：

在 HTML 中引用一些 JS 特效，我们可以通过四种方式去实现：

1. 在 HTML 页面的头部 head 标签中引用

HTML 中页面的头部引用 JS，就是在头部<head></head>标签内编写 JS。代码如下：

```
<head>
    <title></title>
    <script type="text/javascript">
    </script>
</head>
```

☆**注意**☆　JS 代码要放在<script type="text/javascript"></script>标签之间，要求 type 的属性值也要对应为"text/javascript"。

2. 在 HTML 页面的主体 body 标签内引用

在 HTML 的主体部分引用 JS，是在<body></body>标签内进行编写，代码如下：

```
<!DOCTYPE html>
<html xmlns="http://www.w3.org/1999/xhtml">
<head>
    <title></title>
</head>
<body>
    <script type="text/javascript">
    </script>
</body>
</html>
```

3. 在元素事件中引用

元素事件中引用是在元素中直接编写 JS 文件，例如：

```
<input type="button" onClick="alert('php 中文网')" value="按钮"/>
```

4. 引入外部 JS 文件

引入外部把 JS 文件存放在.js 后缀当中，并且使用<script></script>标签来引用，引用的文件可以放在头部，也可以放在主体部分，例如：

```
<script src="js/index.js" type="text/javascript"></script>
```

9.5.12　请解释 JavaScript 中 this 是如何工作的

题面解析： 本题主要考查 JavaScript 中 this 的使用，应聘者应从不同的角度去分析问题，包括方法调用模式、函数调用模式、构造器调用模式以及使用 apply()或 call()方法调用模式。看到问题时，应聘者要根据 this 在不同模式中的应用分别作答。

解析过程：

1. 方法调用模式

当函数被保存为对象的一个属性时，该函数调用该对象的方法。函数中 this 的值为该对象。

2. 函数调用模式

当函数并不是对象的属性时，函数中 this 的值为全局对象。

note 方法：note()方法中的内部函数的 this 的值也是全局对象，而非外部函数的 this。

3. 构造器调用模式

使用 new 调用的函数，其中 this 会被绑定到新构造的对象上。

4. 使用 apply()或 call()方法调用模式

该模式调用时，函数中 this 被绑定到 apply()或 call()方法调用时接受的第一个参数。

apply()或 call()方法调用时强制修改，使 this 指向第一个参数。

使用 Function.bind()方法创建新的函数，该新函数中的 this 指向所提供的第一个参数。

9.5.13　v-if 和 v-show 有什么区别

题面解析：本题主要考查 v-if 和 v-show 的区别，应聘者应从不同的方面来考虑问题，包括实现的本质方法、编译、编译的条件、性能、用法等。看到此问题时，应聘者脑海中要快速地想到这两个知识点，能够快速准确地回答出该问题。

解析过程：

Vue 中显隐方法主要有两种：v-show 和 v-if，但这两种是有区别的。

1. 实现本质方法区别

v-show 本质就是将标签 display 的值设置为 none，控制隐藏。

v-if 是动态地向 DOM 树内添加或者删除 DOM 元素。

2. 编译的区别

v-show 其实就是在控制 CSS。

v-if 切换局部编译/卸载的过程，切换过程中适当地销毁和重建内部的事件监听和子组件。

3. 编译的条件

v-show 会编译，初始值为 false，只是将 display 的值设置为 none，但它也编译了。

v-if 初始值为 false，但它不会编译。

4. 性能

v-show 只编译一次，后面其实就是控制 CSS；而 v-if 则在不停地销毁和创建，故 v-show 性能更好一点。

5. 用法

v-if 更灵活。如果你的页面不想让其他程序员看到就用 v-if，因为它不会在页面中显示。

总结：v-if 判断是否加载，可以减轻服务器的压力，在需要时加载，但有更高的切换开销。v-show 调整 DOM 元素的 CSS 的 display 属性，可以使客户端操作更加流畅，但有更高的初始渲染开销。如果需要非常频繁地切换，则使用 v-show 较好。如果在运行时条件很少改变，则使用 v-if 较好。

9.5.14　请简述$compile 的用法

题面解析：本题主要考查应聘者对$compile 用法的掌握程度。看到此问题，应聘者需要把关于$compile 的相关概念在脑海中回忆一下，然后可以清楚地知道什么时候使用$compile，使用它时都有哪些步骤，需要注意什么。熟悉了$compile 的基本知识之后，该问题将迎刃而解。

解析过程：

在 AngularJS 里比较重要但又很少手动调用的要属$compile 服务了，通常在写组件或指令时，AngularJS 可以自动编译完成，但有时可能需要手动编译，比如封装一个 table 组件、根据参数实现自定义渲染、增加一列复选框或者一列按钮等，这时就需要使用$compile。

$compile 在 Angular 中即"编译"服务，它涉及 Angular 应用的"编译"和"链接"两个阶段，从 DOM 树遍历 Angular 的根节点（ng-app）和已构造完毕的\$rootScope 对象，依次解析根节点的后代，根据多种条件查找指令，并完成每个指令相关的操作（如指令的作用域、控制器绑定以及 transclude 等），最终返回每个指令的链接函数，并将所有指令的链接函数合成一个处理后的链接函数，返回给 Angular 的 Bootstrap 模块，最终启动整个应用程序。

在 Angular 中，ng 对页面的处理过程：

（1）浏览器把 HTML 字符串解析成 DOM 结构。

（2）ng 把 DOM 结构给$compile 服务，并返回一个 link 函数。

（3）传入具体的 scope()方法调用这个 link 函数。

（4）得到处理后的 DOM 元素。

$compile 是个编译服务。编译服务主要是为指令编译 DOM 元素、编译一段 HTML 字符串或者 DOM 的模板，产生一个将 scope 和模板链接到一起的函数。

9.6　名企真题解析

通过对前面面试及笔试题的解答，相信读者已经掌握了基本的知识点，下面再来看一下各大企业往年的面试及笔试题，读者可以根据以下题目进行自测。

9.6.1　如何使用 JavaScript 实现冒泡排序

【选自 MT 笔试题】

题面解析：本题不仅会出现在笔试中，而且在以后的开发过程中也会经常遇到。首先应聘者应该知道冒泡排序的机制以及冒泡排序的过程，然后就是分析过程，例如在进行数据交换时有多种方法，我们可以简单地一一列举出来。

解析过程：

首先解释一下冒泡排序的机制：遍历要排序的数列，比较相邻两个元素，如果它们的顺序和我们想要的不一致，就把它们交换过来。走访数列的工作是重复进行的，直到没有再需要交换的，也就是说直到该数列已经排序完成。冒泡排序有小数上浮或者大数下沉两种方法，这里只讲解大数下沉的实现。

外层循环的作用是提取出目前未排序数组中最大的数，放置于已排数据的左边。也就是说第一次外层循环，是把最大数的位置交换到数组的最右边，第二次外层循环是把第二大的数交换到数组的次右边，依次类推。一个数组的长度为 length，我们只需要提出 length-1 个大数，则数组的第一个必定为未被提取的最小数，那么在外层 for 循环的条件判断 i 的取值范围也就可以理解了。

而内层循环的作用就是实现我们想要的大数下沉的过程。每次比较的是相邻两个数据，所以一个数组的长度为 length，我们只需要做 length-1 次相邻的比较就可以实现大数下沉，而之前循环已经沉淀的大数并不需要再进行排序了，所以内层循环的条件判断 j 的取值范围也容易理解了。

接下来我们要做数据交换了，我们想做的是大数沉淀，也就是当相邻两个数据左边比右边大时，交换位置，这里提供了三种方法。

第一种方法需要开辟新的内存空间，所以这个方法的变量为全局变量时性能较好，这一种方法是使用最多的方法，也最易于理解。

第二种方法则是利用加法实现了两个数据的交换，并且加法可以使用，减法肯定也可以使用，毕竟减法在某种意义上来讲也是加法。

第三种方法可以使用位运算或按位异或，它是直接对数据在内存中的二进制形式进行运算。这里使用按位异或的特性实现了数据的交换：一个数据按位异或，另一个数据两次等于它本身。

9.6.2 如何取消$timeout()以及停止一个$watch()

【选自 RRW 笔试题】

题面解析：本题主要考查应聘者对$timeout()和$watch()语法的灵活应用，应聘者不仅需要知道这两个语法的格式和使用情况，而且还要能够准确地使用它们。

解析过程：

停止$timeout()我们可以用 cancel。

```
var customTimeout = $timeout(function () {
    //your code
}, 1000);
$timeout.cancel(customTimeout);
```

停止一个$watch()。方法如下：

```
//.$watch() 会返回一个停止注册的函数
function that we store to a variable
var deregisterWatchFn = $rootScope.$watch('someGloballyAvailableProperty', function (newVal) {
  if (newVal) {
    //we invoke that deregistration function, to disable the watch
    deregisterWatchFn();
  }
});
```

9.6.3 JavaScript 实现倒计时

【选自 TX 笔试题】

试题题面：在网页中实现一个倒计时，能够动态显示"某天某时某分某秒"。

题面解析：本题主要考查 JavaScript 语法的使用，应聘者需要灵活地运用 JavaScript 语法以及对 JS 动态显示的应用。我们首先需要搭建一个简单的页面，然后一步一步地分析 JS 动态显示的过程，快速准确地回答出该问题。

解析过程：

1. 页面布局

```
<h1 id="show">距离 2020 年元旦还有：<span></span>天<span></span>小时<span></span>分
<span></span>秒</h1>
```

2. JS 动态显示

getTime()获得设定的时间与 1970 年 1 月 1 日时间相差的毫秒数。

（1）获得插入数字的位置。

```
var show=document.getElementById("show").getElementsByTagName("span");
```

（2）声明现在的时间和未来的时间。

```
var timeing=new Date();
var time=new Date(2020,1,1,0,0,0);
```

（3）获得两个时间差。

```
var num=time.getTime()-timeing.getTime();
```

（4）计算天数（24 小时 60 分钟 60 秒*1000 毫秒），parseInt()取整。

```
var day=parseInt(num/(24*60*60*1000));
```

（5）获得去除天数后剩余的毫秒数。

```
num=num%(24*60*60*1000);
```

（6）计算小时和去除小时后剩余的毫秒数。

```
var hour=parseInt(num/(60*60*1000));
num=num%(60*60*1000);
```

（7）计算分钟和去除分钟后剩余的毫秒数。

```
var minute=parseInt(num/(60*1000));
num=num%(60*1000);
```

（8）计算秒。

```
var second=parseInt(num/1000);
```

（9）页面上显示。

```
show[0].innerHTML=day;
show[1].innerHTML=hour;
show[2].innerHTML=minute;
show[3].innerHTML=second;
```

（10）设置定时器每一秒获取一次新的时间。

9.6.4　请写出完整的 vue-router 导航解析流程

【选自 YMX 笔试题】

题面解析：本题主要考查应聘者对 vue-router 导航的使用情况，因此应聘者需要知道解析 vue-router 导航的具体过程。

解析过程：

vue-router 导航使用时需要以下 12 个步骤：

（1）导航被触发。

（2）在失活的组件里调用离开守卫。

（3）调用全局的 beforeEach 守卫。

（4）在重用的组件里调用 beforeRouteUpdate 守卫（2.2+）。

（5）在路由配置里调用 beforeEnter。

（6）解析异步路由组件。

（7）在被激活的组件里调用 beforeRouteEnter。

（8）调用全局的 beforeResolve 守卫（2.5+）。

（9）导航被确认。

（10）调用全局的 afterEach 钩子。

（11）触发 DOM 更新。

（12）用创建好的实例调用 beforeRouteEnter 守卫中传给 next 的回调函数。

第10章

数据库

本章导读

从本章开始主要带领读者来学习数据库的基础知识以及在面试和笔试中常见的问题。本章先告诉读者要掌握的重点知识有哪些，然后将教会读者应该如何更好地回答这些问题，最后总结一些在企业的面试及笔试中较深入的真题。

知识清单

本章要点（已掌握的在方框中打钩）
- [ ] 数据库的分类
- [ ] SQL
- [ ] 视图、触发器和存储过程
- [ ] 事务
- [ ] 并发控制和死锁
- [ ] 索引
- [ ] 安全机制

10.1 数据库的分类

早期比较流行的数据库模型有三种，分别为层次式数据库、网络式数据库和关系数据库。而在如今的互联网中，最常用的数据库模型主要有两种，即关系数据库和非关系数据库。

10.1.1 关系数据库

关系模型是最重要的一种数据模型。

1. 关系模型的数据结构

（1）关系：一个关系对应一张表。

（2）元组：表中的一行即为一个元组。

（3）属性：表中的一列即为一个属性，给每一个属性起一个名称即为属性名。

（4）码：也称为码键，表中的某个属性组，它可以唯一确定一个元组。

（5）域：一组具有相同数据类型的值的集合，属性的取值范围来自某个域。

（6）分量：元组中的一个属性值。

（7）关系模式：对关系的描述。一般表示为：关系名（属性 1，属性 2，…，属性 n）。

关系模型要求关系必须规范化，关系必须满足一定的规范条件，这些规范条件中最基本的就是关系的每一个分量必须是一个不可分的数据项，也就是说，不允许表中还有其他表。

2. 关系模型的数据操纵与完整性约束

关系模型的数据操纵主要包括查询、插入、删除和更新数据，它的数据操纵是集合操作，操作对象和操作结果都是关系。

这些操作必须满足关系的完整性约束条件：实体完整性、参照完整性和用户定义的完整性。

3. 关系模型的优缺点

（1）优点：关系模型建立在严格的数学概念的基础上；概念单一，无论实体还是实体之间的联系都使用关系来表示；对数据的检索和更新结构也是关系（也就是常说的表）；它的存取路径对用户透明，从而具有更高的独立性、更好的安全保密性，简化了程序员的工作和数据库开发建立的工作。

（2）缺点：存取路径的隐蔽导致查询效率低于格式化数据模型。

10.1.2　非关系数据库

非关系数据库（NoSQL）的主要特点：

（1）NoSQL 不是否定关系数据库，而是作为关系数据库的一个重要补充。

（2）NoSQL 为了高性能、高并发而产生，忽略了影响高性能、高并发的功能。

（3）NoSQL 典型产品特性包括 Memcached（纯内存）、Redis（持久化缓存）和 MongoDB（文档数据库）。

10.2　SQL

SQL 是关系数据库系统的标准语言。所有关系数据库管理系统（RDMS），如 MySQL、Oracle、SQL Server 等都使用 SQL 作为它们的标准数据库语言。

1. SQL 进程

SQL 进程中包含了各种组件，分别为查询调度程序、优化引擎、经典查询引擎、SQL 查询引擎等。

2. SQL 标准命令

SQL 命令包括创建、选择、插入、更新和删除操作，可以简单分为以下几组：

（1）数据定义语言

数据定义语言（DDL）用于改变数据库的结构，包括创建、更改和删除数据库对象。常用的操纵表结构的数据定义语言命令有：

- **CREATE TABLE**：创建（在数据库中创建新表、视图或其他对象）
- **ALTER TABLE**：更改（修改现有的数据库对象，如表）
- **DROP TABLE**：删除（删除数据库中的整个表或其他对象的视图）

（2）数据操纵语言

数据操纵语言（DML）用于检索、插入和修改数据，数据操纵语言是最常见的 SQL 命令。

数据操纵语言命令包括：

- **INSERT**：插入（创建记录）
- **DELETE**：删除（删除记录）
- **UPDATE**：修改（修改记录）
- **SELECT**：检索（从一个或多个表中检索某些记录）

（3）数据控制语言

数据控制语言（DCL）为用户提供权限控制命令。

权限控制的命令包括：

- **GRANT**：授予权限
- **REVOKE**：撤销已授予的权限

10.3 数据库对象

数据库对象是数据库的组成部分，常见的对象包括表、索引、视图、图表、默认值、规则、触发器、存储过程、用户和序列等。

10.3.1 视图

视图是一张虚拟的表，字段可以自己定义，视图查询出来的数据只能进行查看，不能添加、修改和删除。

视图的作用：通过视图可以把想要查询的信息显示在一个表中，为了减少数据的冗余，所以只存放基本信息，但当要查看详细信息时需要建立多表之间的联系。为了减少书写的 SELECT 语句，因此需要在多个表中创建视图。这时就可以看到比较详细的信息了，如果有一些不想让别人看到的信息别人通过视图也是看不到的。

10.3.2 触发器

触发器是一种特殊类型的存储过程，它会在指定表中的数据发生变化时自动生效，唤醒调用触发器以响应 INSERT、UPDATE 或 DELETE 语句。

1. 定义一个 UPDATE 触发器

```
CREATE TRIGGER t_UPDATE
ON 教师信息
for update
as
```

```
If(update(姓名) or update(性别))
begin
print '事务不能被处理，基本数据不能修改！'
ROLLBACK TRANSACTION
end
else
print '数据修改成功！'
```

2. 执行 UPDATE 操作

当执行 UPDATE 操作时会触发触发器，此触发器执行的功能是如果更改姓名和性别，则会显示事物不能被处理，然后回滚此次操作。也就是说教师信息表里的数据除了姓名和性别两列之外，其他数据都可以更改，更改完成之后会显示"数据修改成功"的消息提示。

10.3.3　存储过程

存储过程能实现特定操作功能的 SQL 代码集，它与特定数据库相关联，存储在 SQL Server 服务器上。

1. 存储过程的作用

（1）提高效率（存储过程本身执行速度非常快，调用存储过程大大减少了与数据库的交互次数）。

（2）提高代码重用性（可以用更简短的代码实现多次相同的操作，减少冗余）。

2. 如何使用存储过程

存储过程大致可分为无参存储过程和带参存储过程。

1）无参存储过程

```
create procedure pro4()
begin
select 语句;
end  //tips: 写存储过程时也要记得修改命令停止标识符
```

2）带参存储过程（分为带 in、out、inout 三种参数）

```
create procedure pro10( in n int)
begin
select StudentName from studentinfo
where GradeID=n;
end
//tips: in 参数就是可以当作条件中的某个参数;
mysql> create  procedure pro_10(in cid int(11),out cnum int(11))
-> begin
-> select c_num into cnum from commodity where c_id = cid;
-> end$
Query OK,0 rows affected (0.00 sec)
//tips: into 关键字可以将查询到的数据传给 cnum 参数，可以传出去
```

10.4　事务

事务是在数据库上按照一定的逻辑顺序执行的任务序列，既可以由用户手动执行，也可以

由某个数据库程序自动执行。

10.4.1　事务特性

事务必须具备以下四个属性，简称 ACID 属性：

1）原子性

事务是一个完整的操作，事务的各步操作是不可分的（原子的），要么都执行，要么都不执行。

2）一致性

当事务完成时，数据必须处于一致状态。

3）隔离性

事务独立运行。一个事务处理后的结果，影响了其他事务，那么其他事务会撤回。事务的100%隔离，需要牺牲速度来达到。

4）持久性

事务完成后，它对数据库的修改被永久保存。

10.4.2　隔离级别

（1）READ-UNCOMMITTED（读取未提交）：最低的隔离级别，允许读取尚未提交的数据变更，可能会导致脏读、幻读或不可重复读。

（2）READ-COMMITTED（读取已提交）：允许读取并发事务已经提交的数据，可以阻止脏读，但是幻读或不可重复读仍有可能发生。

（3）REPEATABLE-READ（可重复读）：对同一字段的多次读取结果都是一致的，除非数据被本身事务所修改，可以阻止脏读和不可重复读，但幻读仍有可能发生。

（4）SERIALIZABLE（可串行化）：最高的隔离级别，完全服从 ACID 属性。所有的事务依次逐个执行，这样事务之间就完全不产生干扰，该级别可以防止脏读、不可重复读以及幻读。

隔离级别如表 10-1 所示。

表 10-1　隔离级别

隔 离 级 别	脏　　读	不可重复读	幻　　读
READ-UNCOMMITTED	√	√	√
READ-COMMITTED	×	√	√
REPEATABLE-READ	×	×	√
SERIALIZABLE	×	×	×

10.5　并发控制和死锁

多个并发事务的一种执行顺序称为一种调度，它表示事务在系统中执行的时间顺序。对于两个或多个并发事务，存在多种可能的调度，不同的调度可能会产生不同的结果。

10.5.1　并发控制

事务是并发控制的基本单位，为了保证事务的隔离性和一致性，数据库管理系统需要对并发操作进行正确的调度。

并发操作带来的数据不一致，其中包括读"脏"数据、丢失修改、不可重复读以及幻读。

（1）脏读（Dirty read）：一个事务正在访问数据并且对数据进行了修改，而这种修改还没有提交到数据库中，这时另外一个事务也访问了这个数据，然后使用了这个数据。因为这个数据是还没有提交的数据，那么另外一个事务读到的这个数据就是"脏数据"，依据"脏数据"所做的操作可能是不正确的。

（2）丢失修改（Lost to modify）：在一个事务读取一个数据时，另外一个事务也访问了该数据，那么如果在第一个事务中修改了这个数据后，第二个事务也修改了这个数据，这样第一个事务内的修改结果就被丢失，因此称为丢失修改。

（3）不可重复读（Unrepeatableread）：在一个事务内多次读同一数据。一个事务还没有结束时，另一个事务也访问该数据。那么，在第一个事务中的两次读数据之间，由于第二个事务的修改导致第一个事务两次读取的数据可能不太一样。这就发生了在一个事务内两次读到的数据是不一样的情况，因此称为不可重复读。

（4）幻读（Phantom read）：幻读与不可重复读类似。一个事务（T1）读取了几行数据，接着另一个并发事务（T2）插入了一些数据。在随后的查询中，第一个事务（T1）就会发现多了一些原本不存在的记录，就好像发生了幻觉一样，所以称为幻读。

数据不一致的原因：

（1）并发操作破坏了事务的隔离性。并发控制机制就是要用正确的方式调度并发操作，使一个用户事务的执行不受其他事务的干扰，从而避免造成数据的不一致。

（2）对数据库的应用有时允许某些不一致性。

10.5.2　死锁和活锁

死锁是多线程中最差的一种情况，多个线程相互占用对方资源的锁，而又相互等待对方释放锁，此时若无外力干预，这些线程则一直处于阻塞的假死状态，形成死锁。

活锁在多线程中确实存在。活锁与死锁相反，死锁是大家都拿不到资源并且都占用着对方的资源，而活锁是拿到资源却又相互释放不执行。当多线程中出现了相互谦让，都主动将资源释放给别的线程使用，这个资源在多个线程之间跳动而又得不到执行，这就是活锁。

10.5.3 封锁协议和两段锁协议

1. 封锁协议

所谓封锁就是事务 T 在对某个数据对象操作之前，先向系统发出请求，对其加锁。加锁后事务 T 就对该数据对象有了一定的控制，在事务 T 释放锁之前，其他事务不能更新数据对象。

基本的封锁类型有两种：排他锁（简称 X 锁）和共享锁（简称 S 锁）。

排他锁和共享锁的控制方式可以使用如表 10-2 所示的相容矩阵来表示。

表 10-2 相容矩阵

T1···T2	X	S	
X	N	N	Y
S	N	Y	Y
	Y	Y	Y

一级封锁协议：事务 T 在修改数据 R 之前必须先加 X 锁，直到事务结束才释放。可防止丢失修改。

二级封锁协议：在一级封锁协议的基础上增加事务 T，在读取数据 R 之前必须加 S 锁，读完后即可释放 S 锁。防止丢失修改，还可进一步防止读"脏"数据。

三级封锁协议：在一级封锁协议基础上增加事务 T，在读取数据 R 之前必须先对其加 S 锁，直到事务结束才释放。防止丢失修改和读"脏"数据外，还进一步防止了不可重复读。

2. 两段锁协议

（1）在对任何数据进行读、写操作之前，首先要申请并获得对该数据的封锁。

（2）在释放一个封锁之后，事务不再申请和获得其他任何封锁。

事务执行分为两个阶段：获得封锁的阶段，称为扩展阶段；释放封锁的阶段，称为收缩阶段。

若并发执行的所有事务均遵守两段锁协议，则对这些事务的任何并发调度策略都是可串行化的。

☆**注意**☆ 两段锁协议和防止死锁的一次封锁的异同之处：一次封锁法要求每个事务必须将所有要使用的数据全部加锁，否则就不能继续执行，因此一次封锁法遵守两段锁协议；但是两段锁协议并不要求事务必须一次将所有要使用的数据全部加锁，因此遵守两段锁协议的事务可能发生死锁。

10.6 索引

在关系数据库中，索引是一种单独的、对数据库表中一列或多列的值进行物理排序的一种存储结构，它是某个表中一列或若干列值的集合，也是相应的指向表中物理标识这些值的数据页的逻辑指针清单。

索引的物理分类和逻辑分类如表 10-3 所示。

表 10-3　索引分类

物 理 分 类	逻 辑 分 类
分区或非分区索引	单列或组合索引
B 树索引（标准索引）	唯一索引或非唯一索引
正常或反向索引	基于函数索引
位图索引	

创建索引时需遵循以下原则：

（1）频繁搜索的列可以作为索引。

（2）经常排序、分组的列可以作为索引。

（3）经常用作连接的列（主键/外键）可以作为索引。

（4）将索引放在一个单独的表空间中，不要放在有回退段、临时段和表的表空间中。

（5）对大型索引而言，考虑使用 NOLOGGING 子句创建大型索引。

（6）根据业务数据发生的频率，定期重新生成或重新组织索引，并进行碎片整理。

（7）仅包含几个不同值的列不可以创建为 B 树索引，可以根据需要创建位图索引。

（8）不要在仅包含几行的表中创建索引。

10.7　安全机制

数据库系统的安全保护措施是否有效是数据库系统主要的性能指标之一。数据库系统常用的安全控制方法包括：用户标识与鉴别、存取控制、视图机制、审计技术和数据加密。

10.7.1　用户标识与鉴别

用户标识与鉴别是系统提供的安全保护措施之一。用户标识与鉴别主要是指：

（1）系统提供一定的方法使用户标识自己的姓名和身份；

（2）系统内部保存所有合法用户的标识；

（3）每次用户要求进入系统与数据库进行连接时，系统会核查用户所提供的身份标识是否合法；

（4）通过鉴别的合法用户才能进入系统，与数据库建立连接。

用户标识比较容易被盗用，因此当用户进入系统时，系统要求用户提供用户标识（用户名）和口令（password）。

口令一般由字母和数字组成，口令长度在 5～16 个字符之间。用户输入的口令保存在系统数据库的表中。

☆**注意**☆　用户在输入口令时，系统不会显示输入的口令，防止被他人盗窃；只有当输入的用户名和口令全部正确时才能成为合法用户；为了防止非法用户重复猜测合法用户的口令，同时考虑到用户可能也会输入错误的口令，因此用户名和口令可以重复输入，但重复的次数不能超过规定的次数，如规定 3 次或 5 次。

10.7.2　存取控制

存取控制是数据库系统最重要的安全措施，其主要是通过授权从而使有资格的用户获取访问数据库的权限，而未被授权的用户不能访问。存取控制又分为自主存取控制和强制存取控制。

1. 自主存取控制

自主存取控制主要是通过授权来实现各种操作，因此又被称为授权。SQL 语句也适用于自主存取权限，一般通过 GRANT 语句和 REVOKE 语句实现授权与回收授权。

用户权限由存取控制的数据库对象和操作类型组成。数据对象及对象上的操作类型如表 10-4 所示。

表 10-4　数据对象及对象上的操作类型

存取控制的类型	对　象	操　作　类　型
数据库模式	模式	CREATE SCHEMA
	基本表	CREATE/ALTER TABLE
	视图	CREATE VIEW
	索引	CREATE INDEX
数据	基本表	SELECT、INSERT、UPDATE、DELETE、REFERENCES、ALL PRIVILEGES
	属性列	SELECT、INSERT、UPDATE、DELETE、REFERENCES、ALL PRIVILEGES

1）权限的授予和回收

（1）授予权限

使用 GRANT 语句来授予权限，语法格式如下：

```
GRANT <权限权列表> ON <对象名> TO <用户/角色列表>
```

该语句将<对象名>所标识的对象上的一种或多种存取权限赋予一个或多个用户或角色。其中存取权限由<权限列表>指定，用户或角色由<用户/角色列表>指定。

（2）收回权限

使用 REVOKE 语句来收回权限，语法格式如下：

```
REVOKE <权限列表> ON <对象名> FROM <用户/角色列表>
{CASCADE | RESTRICT}
```

该语句将<对象名>所标识的对象上的一种或多种存取权限从一个或多个用户或角色中收回。其中存取权限由<权限列表>指定，用户或角色由<用户/角色列表>指定。<权限列表>、<对象名>和<用户/角色列表>与授权语句相同。

2）角色

当一组用户必须具有相同的存取权限时，可以使用角色定义存取权限并对用户授权。

使用角色进行授权必须先创建角色，将数据库对象上的存取权限授予角色，才能将角色授予用户，使用户拥有角色所具有的所有存取权限。

（1）创建角色和角色授权

创建角色使用语句如下：

```
CREATE ROLE <角色名>
```

使用 GRANT 语句对角色授权，语法格式如下：

```
GRANT <权限列表> ON <对象名> TO <用户/角色列表>
```

（2）使用角色授权

将一个或多个角色授予一个或多个用户或其他角色，语句如下：

```
GRANT <角色列表> TO <用户/角色列表>
[WITH ADMIN OPTION]
```

<角色列表>是一个或多个角色名，中间用逗号隔开；<用户/角色列表>是一个或多个用户名或角色名，中间用逗号隔开。获得角色授权的用户或角色具有<角色列表>中角色所具有的存取权限。可选短语 WITH ADMIN OPTION 允许获得角色授权的用户传播角色授权；默认时不能传播。

（3）收回授予角色的权限

使用 REVOKE 语句收回授予角色的权限，语法格式如下：

```
REVOKE <权限列表> ON <对象名> FROM <用户/角色列表>
{CASCADE | RESTRICT}
```

（4）收回角色

REVOKE 语句还可以从一个或多个用户或角色收回角色，语法格式如下：

```
REVOKE <权限列表> FROM <用户/角色列表>
{CASCADE | RESTRICT}
```

2. 强制存取控制

强制存取控制即每一个数据对象被强制标以一定的密级，每一个用户也被强制授予某一个级别的许可，系统规定只有具有某一许可级别的用户才能存取某一个密级的数据对象。

☆**注意**☆ 强制存取控制不是用户能直接感知或进行控制的，它适用于对数据有严格而固定密级分类的部门。

1）主体与客体

在 MAC 中，DBMS 管理的全部实体被分为主体和客体两大类。

（1）主体：活动实体。主体可以是 DBMS 管理的实际用户、代表用户的各进程。

（2）客体：被动实体，受主体操纵。

2）敏感度标记

（1）主体的敏感度标记称为许可证级别。

（2）客体的敏感度标记是密级。

☆**注意**☆ MAC 机制就是通过对比主体和客体的敏感度标记，确定主体是否能够存取客体。

3）强制存取控制规则

（1）仅当主体的许可级别大于或等于客体的密级时，该主体才能读取相应的客体。

（2）仅当主体的许可级别小于客体的密级时，该主体才能写相应的客体，即用户可以为写入的数据对象赋予高于自己的许可级别的密级。

4）MAC 与 DAC

在自主存取控制（Discretionary Access Control，DAC）中，同一用户对于不同的数据对象具有不同的存取权限，但是哪些用户对哪些数据对象具有哪些存取权限并没有固定的限制；而在强制存取控制（Mandatory Access Control，MAC）中，每一个数据对象被标以一定的密级，每一个用户也被授予某一许可证级别。只有具有一定许可证级别的用户才能访问具有一定密级的数据对象。

自主存取控制比较灵活，DBMS 都提供对它的支持；而强制存取控制比较严格，只有那些"安全的"DBMS 才提供对它的支持。

10.7.3　视图机制

视图不仅可以隐藏不想让用户看到的数据信息，还可以与授权相结合，限制用户只能访问所需要的数据，实现一定程度的安全保护。

视图的中心思想是通过定义视图，屏蔽一部分需要对某些用户保密的数据；在视图上定义存取权限，将对视图的访问权授予这些用户，但不允许他们直接访问定义视图的关系。

1. 创建视图的语法格式

```
CREATE VIEW VIEW_NAME(COLUMN_NAME1,COLUMN_NAME2,...) AS
SELECT COLUMN_NAME1…
FROM TABLE_NAME
WHERE 条件;
```

2. 删除视图

```
DROP VIEW VIEW_NAME CASCADE;//联级删除视图
```

3. 查询视图

先看视图是否存在，如果存在，则从数据字典中取出视图的定义，把定义中的子查询与用户的查询结合起来，换成等价的对基本表的查询，再修正执行查询基本表。

4. 更新视图

并不是所有的视图都可以更新，有以下情况时不能更新：

（1）由两个以上基本表导出。

（2）视图字段来自字段表达式或常数，不能执行 UPDATE 和 INSERT 操作，但可以执行 DELETE 操作。

（3）视图字段来自聚集函数。

（4）视图定义中含有 GROUP BY、DISTINCT 或嵌套查询语句，并且内层查询的 FROM 子句中涉及的表也是导出该视图的基本表。

10.7.4　审计技术

审计技术属于一种监视措施，它能够跟踪数据库中的访问活动，检测可能的不合法行为。审计中有一个专门的审计日志（audit log），自动记录所有用户对数据库的更新、插入、删除和修改操作。审计日志中记录的信息有如下几点：

（1）操作类型。

（2）操作终端标识和操作者标识。

（3）操作日期和时间。

（4）操作包含的数据，如关系、数组和属性等。

（5）数据操作前的值和操作后的值。

☆**注意**☆ 审计日志中的追踪信息，可以重现导致数据库现有状况的一系列事件，找出非法存取数据的用户、时间和内容等；审计还可以对每次成功或失败的数据库连接、授权或回收授权进行跟踪记录。

10.7.5 数据加密

数据加密的核心是按照一定的加密算法，将原始数据（明文）转变成不可直接识别的格式（密文），从而使不知道解密方法的人不能获取数据信息，达到保护数据的目的。

加密技术的性质有以下几点：

（1）对授权用户来说，加密数据和解密数据比较简单。

（2）加密模式不能依赖于算法的保密，而是算法参数，即依赖于密钥。

（3）对于非法入侵者来说，确定密钥是非常困难的。

10.8 精选面试、笔试题解析

根据前面介绍的数据库知识，本节总结了一些在面试或笔试过程中经常遇到的问题。通过本节的学习，读者将会掌握在面试或笔试过程中回答问题的方法。

10.8.1 什么是数据的物理独立性和逻辑独立性

题面解析：本题主要考查应聘者对物理独立性和逻辑独立性的熟练掌握程度。看到此问题，应聘者需要把关于数据的所有知识在脑海中回忆一下，其中包括数据的物理独立性、逻辑独立性等，熟悉了数据的基本知识之后，该问题将迎刃而解。

解析过程：

数据独立性表示应用程序与数据库中存储的数据不存在依赖关系，包括数据的物理独立性和数据的逻辑独立性。数据库管理系统的模式结构和二级映像功能保证了数据库中的数据具有很高的物理独立性和逻辑独立性。

物理独立性是指用户的应用程序与存储在磁盘上的数据库中的数据是相互独立的。即数据在磁盘上怎样存储，都是由 DBMS 统一管理，用户程序不需要了解存储过程，应用程序要处理的只是数据的逻辑结构，当数据的物理存储改变时，应用程序不用发生改变。

逻辑独立性是指用户的应用程序与数据库的逻辑结构是相互独立的，即当数据的逻辑结构改变时，应用程序也可以不变。

10.8.2 关于数据库的概念区分

试题题面：分别解释一下什么是数据、数据库、数据库系统和数据库管理系统？

题面解析：本题是对数据库和数据库管理系统知识点的考查，应聘者在回答该问题时，要阐述自己对数据、数据库、数据库系统和数据库管理系统的理解，另外，还要解释关于数据库更深一层的含义。

解析过程:

（1）数据（Date）：描述事物的符号记录称为数据。数据的种类有数字、文字、图形、图像、声音等。现代计算机能存储和处理的对象十分广泛，表示这些对象的数据也越来越复杂。数据与其语义是不可分的，例如，50 这个数字可以表示一件物品的价格是 50 元，也可以表示一段路程是 50 公里，还可以表示一个人的体重为 50 公斤。

（2）数据库（Database，DB）：数据库是长期存储在计算机内的、有组织的、可共享的数据集合。数据库中的数据按照一定的数据模型组织、描述和存储，具有较小的冗余度、较高的数据独立性和易扩展性，并可为各种用户共享。

（3）数据库系统（Database System，DBS）：数据库系统是指在计算机系统中引入数据库后的系统结构。数据库系统和数据库是两个概念。数据库系统是一个系统，数据库是数据库系统的一个组成部分。但是，在日常工作中人们常常把数据库系统简称为数据库。

（4）数据库管理系统（Database Management System，DBMS）：数据库管理系统是位于用户与操作系统之间的一层数据管理软件，主要用于科学地组织和存储数据、高效地获取和维护数据。DBMS 是一个大型的、复杂的软件系统，是计算机中的基础软件。DBMS 的主要功能包括数据定义功能、数据操纵功能、数据库的运行管理功能、数据库的建立和维护功能。

10.8.3 SQL 中提供了哪些自主存取控制语句

题面解析: 本题主要考查应聘者对 SQL 语句的掌握程度，根据所学知识，应聘者需要进一步说明 SQL 语句中提供了哪些自主控制语句。

解析过程:

SQL 中的自主存取控制是通过 GRANT 语句和 REVOKE 语句来实现的。例如:

```
GRANTSELECT, INSERTON Student
TO 王平
WITH GRANT OPTION;
```

以上语句表明：将 Student 表的 SELECT 和 INSERT 权限授予用户王平，后面的 WITH GRANT OPTION 子句表示用户王平获得了该权限，从而可以把得到的权限继续授予其他用户。

```
REVOKE INSERTON Student FROM 王平 CASCADE;
```

将 Student 表的 INSERT 权限从用户王平处收回。选项 CASCADE 表示，如果用户王平将 Student 的 INSERT 权限又转授给了其他用户，那么这些权限也将从其他用户处收回。

10.8.4 数据库系统的安全性控制方法

题面解析: 本题考查数据库的安全机制，应聘者需要知道数据库系统的安全保护措施是否有效是数据库系统主要的性能指标之一。应聘者在回答此问题时需要先概述数据库系统常用的安全控制方法具体有哪些，然后再分开解释。

解析过程:

数据库系统常用的安全控制方法包括：用户标识与鉴别、存取控制、视图机制、审计技术和数据加密。

（1）用户标识和鉴别。该方法由系统提供一定的方式让用户标识自己的名字或身份。每次用户要求进入系统与数据库进行连接时，系统会核查用户所提供的身份标识是否合法；通过鉴别的合法用户才能进入系统，与数据库建立连接。

（2）存取控制。存取控制是数据库系统最重要的安全措施，其主要是通过授权从而使有资格的用户获取访问数据库的权限，而未被授权的用户不能访问。在数据库管理系统中，存取控制机制可以实现对授权和权限的检查。存取控制又分为自主存取控制和强制存取控制。

（3）视图机制。为不同的用户定义视图，通过视图机制把要保密的数据对无权存取的用户隐藏起来，从而自动地对数据提供一定程度的安全保护。

（4）审计技术。审计能够跟踪数据库中的访问活动，检测可能的不合法行为。同时建立审计日志，把用户对数据库的所有操作自动记录下来放入审计日志中，DBA 可以利用审计跟踪的信息，重现导致数据库现有状况的一系列事件，找出非法存取数据的人、时间和内容等。

（5）数据加密。对存储和传输的数据进行加密处理，从而使得不知道解密算法的人无法获取数据的内容。

10.8.5　产生死锁的原因有哪些

题面解析：本题是对死锁知识点的考查。应聘者不仅需要知道什么是死锁，而且还要知道什么是活锁，两者之前有什么区别。了解死锁的概念后，再从根源分析产生死锁的原因。

解析过程：

死锁是由于两个或两个以上的线程互相持有对方需要的资源，导致这些线程处于等待状态，无法执行。

1. 产生死锁的四个必要条件

（1）互斥性：线程对资源的占有是排他性的，一个资源只能被一个线程占有，直到释放。

（2）请求和保持条件：一个线程对请求被占有资源发生阻塞时，对已经获得的资源不释放。

（3）不剥夺：一个线程在释放资源之前，其他的线程无法剥夺占用。

（4）循环等待：发生死锁时，线程进入死循环，永久阻塞。

2. 产生死锁的原因

产生死锁的原因及解决方法如表 10-5 所示。

表 10-5　产生死锁的原因和解决方法

产生的原因	解决方法
互斥条件	打破互斥条件
占用并等待（请求与保持）	资源静态分配
非抢占（不剥夺）	抢占
循环等待	资源定序

3. 避免死锁的方法

（1）破坏"请求和保持"条件

自己已有资源的就不要去竞争那些不可抢占的资源。比如进程在申请资源时，一次性申请所有需要用到的资源，不要一次一次来申请，当申请的资源有一些繁忙时，那就让进程等待。不过这个方法比较浪费资源，进程可能经常处于饥饿状态。还有一种方法是，要求进程在申请资源前，释放自己拥有的资源。

（2）破坏"不可抢占"条件

允许进程抢占：

方法 1：如果去抢资源，被拒绝，就释放自己的资源；

方法 2：操作系统允许抢资源，只要优先级大，可以抢到。

（3）破坏"循环等待"条件

将系统中的所有资源统一编号，进程可在任何时刻提出资源申请，但所有申请必须按照资源的编号顺序（升序）。

10.8.6　SQL 的约束有哪几种

题面解析：本题是在笔试中出现比较频繁的问题之一，本题主要考查 SQL 的约束。在回答本题之前应聘者需要知道什么是 SQL 的约束，同时还需要把 SQL 约束有哪几种方法进行回答。

解析过程：

SQL 约束主要用于限制加入表的数据的类型。

可以在创建表时规定约束（通过 CREATE TABLE 语句），或者在表创建之后规定约束（通过 ALTER TABLE 语句）。

SQL 的约束方式有以下几种：

1. 主键约束

主键用来标识表中的一行，定义方式有两种：

```
id INT(10)PRIMARY KEY,
CONSTRAINT emp_id PRIMARY KEY(id);   //emp_id是主键名
```

2. 默认值约束

默认值约束若某行无定义值，将会使用默认值。

```
id INT(10)DEFAULT'10'
```

3. 唯一约束

（1）约束唯一标识数据库表中的每条记录；

（2）Unique 和 PRIMARY KEY 都为数据提供了唯一性约束；

（3）PRIMARY KEY 拥有自动定义的 UNIQUE 约束。

☆**注意**☆　每个表中只能有一个 PRIMARY KEY 约束，但是可以有多个 UNIQUE 约束。

Unique 约束语法如下：

```
name int unique
unique(column_name)
CONSTRAINT uc_PersonID UNIQUE (Id_P,LastName)    //添加多个约束
alter table table_name add unique(column_name)    //增加表中的约束
ALTER TABLE table_name DROP CONSTRAINT 主键名     //删除约束
```

4. 外键约束

一个表可以有多个外键，每个外键必须 REFERENCES（参考）另一个表的主键，被外键约

束的列，取值必须在它参考的列中有对应值。外键约束语法如下：

```
//emp_id是被约束列名，emp_name是参考列名
CONSTRAINT emp_fk FOREIGN KEY(emp_id) REFERENCES employee(emp_name);
```

5. 非空约束

插入值不能为空。例如：

```
id INT(10)NOT NULL;
```

10.8.7　数据库中表和视图有什么关系

题面解析： 本题主要考查应聘者对数据库中的表和视图的熟练掌握程度。在解答本题之前，应聘者需要知道什么是表、什么是视图，然后在两者之间进行比较，本题答案自然就解答出来了。

解析过程： 视图是从数据库的基本表中选取出来的数据组成的逻辑窗口，它不同于基本表，它是虚拟表，其内容由查询定义。在数据库中，存放的只是视图的定义，而不存放数据，这些数据仍存放在原来的基本表结构中。只有在使用视图时，才会执行视图的定义，从基本表中查询数据。

同真实的表一样，视图包含一系列带有名称的列和行数据。但是，视图并不在数据库中以存储的数据值的形式存在。行和列数据来自由定义视图的查询所引用的表，并且在引用视图时动态生成其中所引用的基础表，视图的作用类似于筛选。定义视图可以来自当前或其他数据库的一个或多个表，或者其他视图。分布式查询也可用于定义使用多个异类数据的视图。如果有几台不同的服务器分别存储不同地区的数据，那么当需要将这些服务器上相似结构的数据组合起来的时候，这种方式就非常有用。

10.8.8　数据库中的索引在什么样的情况下会失效

【选自 CSDN 面试题】

题面解析： 本题在数据库的面试题中是比较常见的，本题主要考查数据库中的索引在哪些情况下会失效，应聘者这时就要对索引方面的知识点进行全方面地回忆，并对索引失效情况进行叙述。

解析过程：

（1）Where 子句的查询条件里有 Where，MySQL 将无法使用索引；

（2）Where 子句的查询条件中使用了函数，MySQL 将无法使用索引；

（3）如果条件中有 OR，即使其中有条件带索引也不会使用，如果想使用 OR，又想索引有效，只能将 OR 条件中的每个列加上索引；

（4）对于多列索引，不是使用的第一部分，则不会使用索引；

（5）LIKE 查询以%开头；

（6）如果列类型是字符串，那么一定要在条件中的数据使用引号，否则不使用索引；

（7）索引列中有函数处理或隐式转换，不使用索引；

（8）当索引列倾斜，个别值查询时，使用索引的代价比全表扫描高，所以不使用索引；

（9）索引列没有限制 NOT NULL，索引不存储空值，如果不限制索引列是 NOT NULL，

Oracle 会认为索引列有可能存在空值，所以不会按照索引计算，因此不使用索引。

10.8.9　自主存取控制和强制存取控制

试题题面：什么是自主存取控制和强制存取控制，两者之间有什么区别？

题面解析：本题属于对概念类知识的考查，在解题的过程中应聘者需要了解什么是自主存取控制和强制存取控制，然后分别介绍各自的特点，最后再分析自主存取控制和强制存取控制之间的区别。

解析过程：

1. 自主存取控制和强制存取控制

（1）自主存取控制：定义各个用户对不同数据对象的存取对象。当用户对数据库访问时首先检查用户的存取权限。防止不合法用户对数据库的存取。

（2）强制存取控制：每一个数据对象被（强制地）标以一定的密级，每一个用户也被（强制地）授予某一个级别的许可，系统规定只有具有某一许可证级别的用户才能存取某一个密级的数据对象。

2. 两者区别

（1）自主存取控制机制仅仅通过对数据的存取权限进行安全控制，对数据本身并无安全标记；强制存取控制机制则对数据本身进行密级标记，无论数据如何复制，标记与数据是一个不可分的整体，只有符合密级标记要求的用户才可以操纵数据，从而提供了更高级别的安全性。

（2）强制存取控制的安全性级别更高。

（3）DAC 的数据存取权限由用户控制，系统无法控制；MAC 安全等级由系统控制，不是用户能直接感知或进行控制的。

10.8.10　存储过程

试题题面：什么是存储过程，需要什么来调用？存储过程的优缺点有哪些？

题面解析：本题是对存储过程知识点的考查，应聘者不仅需要知道什么是存储过程，还要知道存储过程有哪些优缺点，以及存储过程可以使用什么方法来调用。在解题的过程中我们需要先解释什么是存储过程，然后再介绍存储过程的优缺点。

解析过程：

1. 什么是存储过程，需要什么来调用

存储过程是用户定义的一系列 SQL 语句的集合，涉及特定表或其他对象的任务，用户可以调用存储过程，而函数通常是数据库已定义的方法，它接收参数并返回某种类型的值，并且不涉及特定用户表。

存储过程用于执行特定的操作，可以接收输入参数、输出参数，返回单个或多个结果集。在创建存储过程时，既可以指定输入参数（IN），也可以指定输出参数（OUT），通过在存储过程中使用输入参数，可以将数据传递到执行部分；通过使用输出参数，可以将执行结果传递到应用环境。存储过程可以使对数据库的管理、显示数据库及其用户信息的工作更加容易。

2. 存储过程有哪些优缺点

存储过程存储在数据库内，可以由应用程序调用执行。存储过程允许用户声明变量并且包含程序流、逻辑以及对数据库的查询。具体而言，存储过程的优缺点如下：

优点：

（1）存储过程增强了 SQL 的功能和灵活性。存储过程可以用流程控制语句编写，有很强的灵活性，可以完成复杂的判断和运算。

（2）存储过程可以保证数据的安全性。

（3）通过存储过程可以使相关的动作在一起发生，从而维护数据库的完整性。

（4）在运行存储过程前，数据库已对其进行了语法和句法分析，并给出了优化执行方案。这种已经编译好的过程可极大地改善 SQL 语句的性能。

（5）可以降低网络的通信量，因为不需要通过网络来传送很多 SQL 语句到数据库服务器。

（6）把体现企业规则的运算程序放入数据库服务器中，以便集中控制。

缺点：

（1）调试不是很方便。

（2）可能没有创建存储过程的权利。

（3）重新编译问题。

（4）移植性问题。

10.8.11　数据库的触发器是什么

题面解析：本题是对触发器知识点的考查，应聘者在回答该问题时，要阐述自己对触发器概念的理解，另外，还要解释关于数据库的触发器更深一层的含义。

解析过程：触发器（Trigger）是数据库提供给程序员和 DBA 用来保证数据完整性的一种方法，它是与表相关的特殊的存储过程，是用户定义在表上的一类由事件驱动的特殊过程。触发器的执行不是由程序调用，也不是由手工启动，而是由事件来触发的，其中，事件是指用户对表的插入（INSERT）、删除（DELETE）和修改（即更新 UPDATE）等操作。触发器经常被用于加强数据的完整性约束和业务规则等。

10.8.12　索引有什么作用，优缺点有哪些

题面解析：本题主要考查关于索引的知识点。看到此问题，应聘者需要在脑海中回顾关于索引的各个知识，如什么是索引、索引有哪些作用、索引的特点等问题。此问题在笔试中比较常见，所以在解答这道题时，我们首先需要回答索引的作用，然后对索引的优缺点进行阐述。

解析过程：

在关系数据库中，索引是一种单独的、对数据库表中一列或多列的值进行物理排序的一种存储结构，它是某个表中一列或若干列值的集合，也是相应的指向表中物理标识这些值的数据页的逻辑指针清单。

索引的作用：创建索引能够大大地提高系统的性能。

优点：

（1）通过创建唯一性索引，可以保证数据库表中的每一行数据的唯一性；

（2）提升了数据的检索速度，这也是创建索引最主要的原因；

（3）提升表与表之间的连接，在实现数据的参考完整性方面特别有意义；

（4）在使用分组排序和子句进行数据检索时，同样可以减少查询中分组排序的时间；

（5）通过使用索引，可以在查询的过程中，使用优化隐藏器，提高系统的性能。

缺点：

（1）创建索引和维护索引需要时间，时间会随着数据量的增加而增加；

（2）索引需要占用物理空间，除了数据表占用数据空间之外，每一个索引还要占用物理空间，如果要建立聚簇索引，需要的空间更大；

（3）当对表中的数据进行增加、删除和修改的操作时，索引也要动态地维护，这就降低了数据的维护速度。

索引是在数据库表中的列上创建的。因此，在创建索引时，要考虑哪些列上适合加索引，哪些列上不适合加索引。

10.8.13　数据库的完整性规则指什么

题面解析：本题主要考查应聘者对数据库完整性的理解，完整性是数据库的特性之一，因此应聘者不仅需要知道什么是数据库的完整性，而且还要知道数据库的完整性规则。

解析过程：

数据库完整性（Database Integrity）是指数据库中的数据在逻辑上的一致性、正确性、有效性和相容性。数据库完整性由各种各样的完整性约束来保证，因此可以说数据库完整性设计就是数据库完整性约束的设计。数据库完整性约束可以通过 DBMS 或应用程序来实现，基于 DBMS 的完整性约束作为模式的一部分存入数据库中。通过 DBMS 实现的数据库完整性不是按照数据库设计步骤进行设计，而是由应用软件实现的数据库完整性规则纳入应用软件设计。

不管是 SQL Server 还是 MySQL，它们都是关系数据库，既然是关系数据库，就要遵守"关系数据库的完整性规则"。关系数据库提供了三类完整性规则，分别是实体完整性规则、参照完整性规则和用户自定义完整性规则。在这三类完整性规则中，实体完整性规则和参照完整性规则是关系模型必须满足的完整性约束条件，它们适用于任何关系数据库系统，主要是针对关系的主关键字和外部关键字取值必须有效而做出的约束。用户自定义完整性规则是根据应用环境的要求和实际的需要，对某一具体应用所涉及的数据提出约束性条件。这一约束机制一般不应由应用程序提供，而应由关系模型提供定义并检验，用户自定义完整性主要包括字段有效性约束和记录有效性。

关系数据库的完整性规则如下：

1）实体完整性规则

实体完整性规则是指关系的主属性（就是俗称主键的一些字段，主键的组成部分）不能为空值。现实生活中的每一个实体都具有唯一性，即使是两台一模一样的计算机都会有相应的 MAC（Media Access Control，物理地址）地址来表示它们的唯一性。现实之中的实体是可以区分的，它们具有某种唯一性标识。在相应的关系模型中，以主键作为唯一性标识，主键中的属性即主属性不能是空值，如果主属性为空值，那么就说明存在不可标识的实体，即存在不可区分的实体，这与现实的环境相矛盾，因此，这个实体一定不是完整的实体。

2）参照完整性规则

参照完整性规则指的是如果关系 R1 的外键和关系 R10 的主键相符，那么外键的每个值必须在关系 R10 的主键的值中可以找到或者是空值；如果在两个有关联的数据表中，那么一个数据表的外键一定在另一个数据表的主键中可以找到。因此，定义外部关键字属于参照完整性。

3）用户自定义完整性规则

用户自定义完整性规则是指某一具体的实际数据库的约束条件，由应用环境决定。自定义完整性反映某一具体应用所涉及的数据必须满足的要求，用户根据现实生活中的一种实际情况定义的一个用户自定义完整性，必须由用户自定义完成。用户自定义完整性不属于其他任何完整性类别的特定业务规则，所有完整性类别都支持用户自定义完整性，包括 CREATE TABLE 中所有的列级约束、表级约束、存储过程和触发器。

在用户自定义完整性中，有一类特殊的完整性称为域完整性。域完整性是针对某一具体关系数据库的约束条件，它保证表中某些列不能输入无效的值，可以认为域完整性指的是列的值域的完整性。例如，数据类型、格式、值域范围、是否允许空值等。域完整性限制了某些属性中出现的值，把属性限制在一个有限的集合中。

可以使用 CHECK 约束、UNIQUE 约束、DEFAULT 默认值、IDENTITY 自增、NOT NULL/NULL 保证列的值域的完整性。例如，在设计表的时候有个年龄字段，如果设置了 CHECK 约束，那么这个字段里的值一定不会小于 0，当然也不能大于 1000，因为现实生活中还没人能活到 1000 岁。

10.8.14　什么是关系数据库，它有哪些特点

题面解析：本题主要考查应聘者对关系数据库概念的理解。看到此问题应聘者需要快速地在大脑中回忆关于关系数据库的知识，在解答本题前需要先解释一下什么是关系数据库，然后再总结它的特点。

解析过程：RDBMS（Relational Database Management System，关系数据库管理系统）是 E.F.Cod 博士在其发表的论文《大规模共享数据银行的关系型模型》基础上设计出来的。关系数据库是将数据组织为相关的行和列的系统，而管理关系数据库的计算机软件就是 RDBMS。它通过数据、关系和对数据的约束三者组成的数据模型来存放和管理数据。自关系数据库管理系统被提出以来，RDBMS 获得了长足的发展，许多企业的在线交易处理系统、内部财务系统、客户管理系统等大多采用了 RDBMS。

关系数据库，顾名思义是建立在关系模型基础上的数据库，借助于集合代数等数学概念和方法来处理数据库中的数据。现实世界中的各种实体以及实体之间的各种联系均用关系模型来表示。结构化查询语言（Structured Query Language，SQL）就是一种基于关系数据库的语言，这种语言执行关系数据库中数据的检索和其他操作。关系模型由关系数据结构、关系操作集合、关系完整性约束三部分组成。

RDBMS 的特点包括以下几点：

（1）数据以表格的形式出现；

（2）每一行存储着一条单独的记录；

（3）每一列作为一条记录的一个属性而存在；

（4）许多的行和列组成一张表；

（5）若干的表组成数据库。

10.9 名企真题解析

接下来，我们收集了一些大企业往年的面试及笔试真题，读者可以根据以下题目来作参考，看自己是否已经掌握了基本的知识点。

10.9.1 什么是视图，是否可以更改

【选自 GG 笔试题】

题面解析：本题是在大型企业的面试中最常问的问题之一，主要考查关于视图的知识点。

解析过程：

视图看上去非常像数据库的物理表，对它的操作同任何其他的表一样。当通过视图修改数据时，实际上是在改变基表（即视图定义中涉及的表）中的数据；相反，基表数据的改变也会自动反映在由基表产生的视图中。由于逻辑上的原因，有些 Oracle 视图可以修改对应的基表，有些则不能（仅仅能查询）。

10.9.2 存储过程和函数有什么区别

【选自 WR 笔试题】

题面解析：本题主要考查存储过程和函数的区别，在解题之前需要知道什么是存储过程，什么是函数，对两者进行比较，从而得出本题答案。

解析过程：存储过程和函数都是存储在数据库中的程序，可由用户直接或间接调用，它们都可以有输出参数，都是由一系列的 SQL 语句组成。

具体而言，存储过程和函数的不同点如下：

（1）标识符不同。函数的标识符为 FUNCTION，存储过程为 PROCEDURE。

（2）函数必须有返回值，且只能返回一个值，而存储过程可以有多个返回值。

（3）存储过程无返回值类型，不能将结果直接赋值给变量；函数有返回值类型，在调用函数时，除了用在 SELECT 语句中，在其他情况下必须将函数的返回值赋给一个变量。

（4）函数可以在 SELECT 语句中直接使用，而存储过程不能。例如，假设已有函数 FUN GETAVG()返回 NUMBER 类型的绝对值，那么，SQL 语句"SELECT FUN GETAVG（COLA）FROM TABLE"是合法的。

10.9.3 权限的授予和回收应如何实现

【选自 BD 面试题】

题面解析：本题也是在大型企业的面试中最常问的问题之一，主要是在数据库的安全知识

中考查权限的授予和收回是如何实现的。

解析过程：

初始，所有的权限都归 DBA。一般来说，一个数据库系统至少有一个用户具有 DBA 特权。DBA 可以创建模式、基本表、视图和索引，并将这些数据对象的访问权授予其他用户。DBA 还可以通过授权，允许其他用户创建模式、基本表、视图和索引。一般来说，数据对象/模式的创建者拥有数据对象/模式的所有权限，并且可以通过授权将数据对象/模式的存取特权授予其他用户。

SQL 包括授予和回收权限语句。

1. 授予权限

GRANT 语句用于授权，其语法格式如下：

```
GRANT <权限列表> ON <对象名> TO <用户/角色列表>
[WITH GRANT OPTION]
```

该语句将<对象名>所标识的对象上的一种或多种权限赋予一个或多个用户或角色，其中存取权限由<权限列表>指定，用户或角色由<用户/角色列表>指定。包含可选短语 WITH GRANT OPTION 时，获得授权的用户还可以将其获得的权限授予其他用户；没有该短语时，获得权限的用户不能传播权限。授权者必须是 DBA 或执行授权语句的用户。

<权限列表>可以是所有权限，或者是如下权限的列表：

（1）SELECT：查询。

（2）DELETE：删除。

（3）INSERT[(<属性列>,…<属性列>)]：插入，(<属性列>,…<属性列>)时，只能在值的属性列上为新元组提供值，否则允许插入整个元组。

（4）UPDATE[(<属性列>,…<属性列>)]：修改，(<属性列>,…<属性列>)时，只能修改元组在指定属性列上的值，否则允许修改整个元组。

（5）REFERENCES[(<属性列>,…<属性列>)]：赋予用户创建关系时定义外码的能力。如果用户在创建的关系中包含参照其他关系的属性的外码，那么用户必须在这些属性上具有 REFERENCES 权限。

<对象名>可以是基本表或视图名。当对象名为基本表名时，表名前可以使用保留字 TABLE（可以省略）。

例如：

```
GRANT SELECT ON Students TO PUBLIC;
```

下面的语句将对 Students 和 Courses 表的所有权限授予用户 U1 与 U2。

```
GRANT ALL PRIVILIGES ON Students, Courses TO U1, U2;
```

但 U1 与 U2 都不能传播它们获得的权限。如果允许它们传播得到权限，可以使用如下语句：

```
GRANT ALL PRIVILIGES ON Students, Courses TO U1, U2;
WITH GRANT OPTION;
```

把对表 sc 的插入元组权限和修改成绩（Grade）的权限赋予用户 U3，可以使用如下语句：

```
GRANT INSERT, UPDATE (Grade) ON TABLE sc TO U3;
```

2. 收回权限

收回权限用 REVOKE 语句，其语法格式如下：

```
REVOKE <权限列表> ON <对象名> FROM <用户/角色列表>
{CASCADE|RESTRICT}
```

该语句将<对象名>所标识的对象上的一种或多种存取权限，从一个或多个用户或角色收回。其中存取权限由<权限列表>指定，用户或角色由<用户/角色列表>指定，三者的授权语句相同。

短语 CASCADE 或 RESTRICT 分别表示回收是级联或受限的。当数据对象 O 上的权限 P 从用户 U 回收时，级联回收导致其他用户从 U 获得的数据对象 O 上的权限 P 也被回收；受限回收时，当其他用户没有用户 U 授予数据对象 O 上的权限 P 时，才能从用户 U 收回数据对象 O 上的权限 P。

例如：

```
REVOKE UPDATE ON Students FROM U2 RESTRICT;
```

将返回一个错误的信息，而不会收回用户 U2 在 Students 上的 UPDATE 权限，因为用户 U4 和 U5 还持有 U2 授予的 Students 上的 UPDATE。

```
REVOKE UPDATE ON Students FROM U2 CASCADE;
```

将收回用户 U2 在 Students 上的 UPDATE 权限，同时级联地收回 U2 授予 U4 和 U5 的 Students 上的 UPDATE 权限。

☆**注意**☆　U1 授予 U4 的 Students 上的 UPDATE 权限并未收回。

用户权限定义和合法权检查机制一起组成了 DBMS 的安全子系统。在授权机制中，授权定义中的数据粒度越细，子系统就越灵活，能够提供的安全性就越完善。然而，授权定义中数据粒度越细，系统检查权限的开销也就越大。

10.9.4　数据库中的 SQL 语句怎样优化

【选自 GG 笔试题】

题面解析： SQL 语句在数据库中占着举足轻重的地位，应聘者不仅需要知道怎样使用 SQL 语句，而且在使用的过程中还要学会优化，这样才能提高数据库的性能。本题主要考查 SQL 语句怎样优化，因此应聘者不仅需要知道什么是 SQL 语句，还要知道怎样使用优化。

解析过程：

优化就是 WHERE 子句利用了索引，不可优化即发生了表扫描或额外开销。

在数据库中，SQL 语句的优化方法有以下几点：

（1）选择最有效率的表名顺序。

数据库中的解析器按照从右到左的顺序处理 FROM 子句中的表名，FROM 子句中写在最后的表将被最先处理，在 FROM 子句中包含多个表的情况下，必须选择记录条数最少的表放在最后，如果有 3 个以上的表连接查询，那就需要选择那个被其他表所引用的表放在最后。

（2）WHERE 子句中的连接顺序。

数据库采用自右而左的顺序解析 WHERE 子句，根据这个原理，表之间的连接必须写在其他 WHERE 条件的左边，那些可以过滤掉最大数量记录的条件必须写在 WHERE 子句的右边。

（3）SELECT 子句中避免使用"*"号。

数据库在解析的过程中，会将"*"号依次转换成所有的列名，这个工作是通过查询数据字典完成的，这意味着将耗费更多的时间。

（4）用 TRUNCATE 替代 DELETE。

（5）尽量多使用 COMMIT，因为 COMMIT 会释放回滚点。

（6）用 WHERE 子句替换 HAVING 子句，WHERE 先执行，HAVING 后执行。

（7）多使用内部函数提高 SQL 效率。

（8）使用表的别名。

（9）使用列的别名。

以上介绍的是优化数据库中的 SQL 语句的方法，那么数据库应该怎样优化呢？虽然这个问题和本题无关，但是应聘者还是需要了解。

优化数据库的方法有以下几点：

（1）关键字段建立索引。

（2）使用存储过程，可以使 SQL 变得更加灵活和高效。

（3）备份数据库和清除垃圾数据。

（4）SQL 语句语法的优化。

（5）清理删除日志。

SQL Server 性能的最大改进得益于逻辑的数据库设计、索引设计和查询设计方面。SQL 优化的实质就是在结果正确的前提下，用优化器可以识别的语句，充分利用索引，减少表扫描的 I/O 次数，尽量避免表搜索的发生。